人形机器人

[加]李向明 著
(Dr Samuel Xiangming Li)
刘红卫 何国西 译

HUMANOID ROBOTS

Everyday AI Machines of Tomorrow:
How AI Humanoid Robots
Will Revolutionize Daily Life, Work, and Play

中信出版集团 | 北京

图书在版编目（CIP）数据

人形机器人 /（加）李向明著；刘红卫，何国西译 . --
北京：中信出版社 , 2025. 7. -- ISBN 978-7-5217
-7815-1
　　Ⅰ . TP24
　　中国国家版本馆 CIP 数据核字第 2025KJ9982 号

人形机器人

著者：　　［加］李向明
译者：　　刘红卫　何国西
出版发行：中信出版集团股份有限公司
　　　　　（北京市朝阳区东三环北路 27 号嘉铭中心　邮编　100020）
承印者：　北京通州皇家印刷厂

开本：787mm×1092mm　1/16　　印张：27　　　字数：442 千字
版次：2025 年 7 月第 1 版　　　　印次：2025 年 7 月第 1 次印刷
书号：ISBN 978–7–5217–7815–1
定价：88.00 元

版权所有·侵权必究
如有印刷、装订问题，本公司负责调换。
服务热线：400–600–8099
投稿邮箱：author@citicpub.com

目录

引言·01

第一部分
人形机器人时代

第一章　人形机器人时代来临·002

第二章　人形机器人简史·011

第三章　超越智能家居·018

第四章　新型同事的兴起·027

第二部分
人形机器人+日常生活

第五章　AI个人助理：全天候管理你的生活·038

第六章　陪伴与护理：面向老年人和儿童的人形机器人·047

第三部分
人形机器人+工作

第七章　医疗行业的人形机器人：医生即刻接诊·058

第八章　零售行业的人形机器人：未来购物体验·068

第九章　制造行业的人形机器人：精准与高效・077

第十章　教育行业的人形机器人：从导师到课堂助手・087

第十一章　酒店行业的人形机器人：从礼宾服务到客房服务・097

第四部分
人形机器人 + 休闲娱乐

第十二章　娱乐领域的人形机器人：不只是表演者和伙伴・110

第十三章　体育领域的人形机器人：未来的健身教练・121

第十四章　艺术领域的人形机器人：AI 艺术家・132

第五部分
人形机器人 + 本地制造

第十五章　本地制造革命：人形机器人对全球供应链的冲击・146

第十六章　智能制造驱动未来城市：新工业革命浪潮・159

第十七章　本地制造的环境和经济效益・173

第十八章　对全球贸易和自由贸易协定的影响・184

第十九章　智慧城市与本地化生产的未来・196

第六部分
人形机器人的经济影响

第二十章　后劳动经济的崛起・208

第二十一章　机器人、全民基本收入与财富再分配・221

第二十二章　人形机器人与全球市场的未来·234

　　第二十三章　在机器人技术驱动经济中重新定义工作的意义·249

　　第二十四章　机器人、经济政策与政府的角色·260

第七部分
人形机器人的伦理和社会影响

　　第二十五章　人形机器人与岗位替代·276

　　第二十六章　人形机器人与伦理问题·290

　　第二十七章　人形机器人与人类情感·303

第八部分
人形机器人的未来展望

　　第二十八章　太空中的人形机器人·320

　　第二十九章　人形机器人与智慧城市·331

　　第三十章　未来 10 年的人形机器人·345

　　第三十一章　未来 20 年的人形机器人·360

　　第三十二章　2055 年：人类与人形机器人的共生未来·376

结语·391

附录·399

致谢·415

引言

特斯拉的"我们，机器人"活动盛典

2024年，全球即将踏入机器人时代。此刻，美国加州好莱坞沉浸在令人既紧张又充满期待的氛围中。在华纳兄弟工作室这一标志性场地，特斯拉的"我们，机器人"（We，Robot）发布会正以宏大的规模拉开帷幕。来自世界各地的科技爱好者、投资人、行业领袖和媒体人齐聚一堂，在这座见证无数电影传奇历史的摄影棚里，他们的兴奋感如同活跃的电流，在空气中肆意跃动。场馆内布满了高端LED（发光二极管）显示屏，它们以极简的线条勾勒出十足的未来感，让人仿若置身于通往未来的传送门之中。与会者都深刻地意识到，自己正站在历史的转折点。这场发布会将重塑人类与技术的关系，成为科技发展史上的一座里程碑。

大厅正前方，巨型倒计时屏上的数字夺目闪烁：10、9、8……每一声嘀嗒都让期待感倍增。这不只是一场普通的技术发布会，更是对机器人从"辅助工具"蜕变为"生活变革者"这一未来图景的惊鸿一瞥。

擎天柱的登场

在倒计时屏归零的瞬间，场馆灯光骤然暗下，全场屏息。激光与数字音效交织而成的华美乐章充盈整个空间。阴影中，一个身影缓缓浮现——特斯拉划时代的人形机器人"擎天柱"（Optimus）。它以1.73米的身姿傲然挺立，由轻量化材料打造的流线型躯体中，藏着200多个精密关节，实现了美学震撼与功能主义的完美平衡。

当擎天柱以近乎人类般流畅的步伐登上舞台时，观众席上的惊叹声瞬间席卷整个场馆。特斯拉先进的AI（人工智能）算法赋予擎天柱实时适应环境和决策的能力，其每一个动作都体现了仿生学的巅峰。当它抬起机械手臂致意时，全场沸腾，无数人激动地起身：在这一刻，科幻与现实的界限轰然崩塌。

实用魔法的瞬间掠影

埃隆·马斯克在欢呼声中走上舞台，眼中跃动着与观众共鸣的炽热光芒。"欢迎来到未来。"他的声音承载着这一历史性时刻的厚重感，"擎天柱不仅是工程奇迹，更是开启新纪元的钥匙。在这里，机器人将以我们梦寐以求的方式，深度赋能人类生活。"

马斯克继续描绘未来图景："想象这样一个世界：擎天柱能打理家务、烹饪三餐、照护家人。那些原本占据你时间的琐事都将被优雅地化解，让你有更多时间去追寻所热爱的。这不是科幻小说——这正是擎天柱将要实现的未来。"

他邀请观众与机器人互动。一位中年女士上前问道："擎天柱，你能将室温调至72华氏度[①]吗？"机器人微微侧首，传感器蓝光流转："正在设定72华氏度。"话音刚落，空调系统即刻响应。人群中，惊叹声此起彼伏——AI与环境控制系统的衔接竟能如此丝滑。

接下来的演示将气氛推向新的高潮。擎天柱利用操作台上的食材制作三明治。它精准运用各个关节，完成面包切片—涂抹酱料—码放配菜，最后将成品置于餐盘。"请享用。"擎天柱颔首示意。观众屏息见证的，不只是一次简单的食物制备，更是智能家居革命的无限可能。

擎天柱实战：多维应用场景

发布会通过一系列场景展示了机器人的"多面手"特性。在医疗模拟环节，擎天柱实时监测患者生命体征，精准配发药物，并将数据同步给医生；在工业场景中，它轻松地搬运重型货箱，在复杂地形间自如穿行，彰

[①] 华氏度 =32℉+ 摄氏度 ×1.8。——译者注

显出革新制造业与物流业的潜力。

最动人的一幕发生在一个轮椅男孩面前。"你愿意与我下盘国际象棋吗？"擎天柱的声音暖如春风。男孩兴奋地点头，机器人的胸腔部位随即展开一副便携式棋盘。对弈伊始，这项技术在教育启蒙、康复治疗与情感陪伴领域所产生的深远影响，便已然清晰可见。

后劳动经济时代的曙光

马斯克重返舞台中央，阐释着这场技术飞跃的宏观意义："擎天柱不仅是工具，更是通往后劳动经济时代的关键。在新纪元，人类将从重复性劳作中解放出来，得以专注于创造、休闲与自我实现。"

马斯克进一步描绘："试想这样的场景：当擎天柱这类机器人提升生产力后，我们完全可以探索全民基本收入模式，确保技术进步的红利惠及每一个人。由机器人创造的社会财富将通过再分配机制，为全民织就安全网。"

这番论述在观众席激起兴奋与沉思交织的声浪。这位科技巨擘描绘的愿景正冲击着传统的工作与经济范式，点燃了大众对社会结构变革的讨论热情。

沉思时刻：人类何去何从？

当活动接近尾声时，观众获邀与擎天柱近距离互动。有人争相与机器人合影留念，有人测试其语言处理能力。擎天柱始终睿智应答、举止优雅，甚至偶尔还展现出幽默感。然而，在惊叹声中，理性的反思浪潮悄然涌动——部分嘉宾忧虑人形机器人对隐私安全、伦理困境以及就业的冲击。

与会的一位 AI 伦理学家坦言："擎天柱是划时代的成就，但是在拥抱新时代时，我们必须同步考量伦理框架。如何保护个人隐私？如何实现劳动力平稳转型？破解这些命题都需要集体智慧。"

这番发言引人深思，让沸腾的会场回归理性。人形机器人的崛起，不仅是技术的演进，更是一场牵一发而动全身的系统性社会变革。

向未来发出邀约

马斯克在闭幕致辞中展望："今天，我们仅仅掀开了未来帷幕的一角，这不过是序幕。我诚邀诸位共同参与塑造这样的未来——科技将人类文明托举至新高度，擎天柱这样的机器人不仅是助手，更是人类文明征程中的同行者。"

随着观众陆续离场，此起彼伏的讨论声编织成思想的星云。所有参与者心照不宣：他们见证的远不只是一场产品发布会，更是足以撼动全球产业格局、深刻变革社会结构的重大历史时刻。

故事：节日物语——圣诞助手擎天柱

当12月的初雪悄然覆盖常青山小镇时，这座童话般的村落已沉浸在浓郁的节日氛围中。街道上彩灯闪烁，松香与肉桂的香气在空气中萦绕。哈特利一家正筹备着传承多年的圣诞庆典，而今年，擎天柱机器人这位特殊"访客"的加入让这场传统狂欢焕发出全新的魅力。

晨光魔法：礼物包装大师

晨光透过结霜的玻璃窗洒进室内，阿梅莉亚·哈特利啜着咖啡，望着堆积如山的礼物面露难色。此时，擎天柱步伐流畅地走进房间，银灰色的外壳在晨光映照下，宛如流动的银河，散发着迷人的金属光泽。

"早安，阿梅莉亚。我们今天开始包装礼物吗？"机器人温和的电子声音响起。

擎天柱迅速搭建起包装工作站，将缎带、彩纸分门别类，根据每件礼物的尺寸智能推荐包装方案。机械手指灵活翻飞，转眼间，朴素的礼盒就变成缀满丝带的精美礼品，还附带手写祝福语的卡片。当机器人穿梭于各个房间精准投递包裹时，整个屋子都弥漫着令人期待的喜悦——每一份礼物都将在平安夜完美呈现。

故事奇境：全息说书人

午后，哈特利家的孩子们围坐在壁炉前，急切地等待着他们最喜欢的节日故事。擎天柱登场，它的数字化眼眸闪烁着期待的光芒："今夜，请随我走进《胡桃夹子》的魔法世界。"

随着经典童话的讲述，全息投影在空中勾勒出奇幻场景：冰雪王国闪耀着晶莹的光芒，鼠王与玩偶军团上演立体对决。擎天柱适时添加风雪呼啸的音效，引得孩子们惊叹连连。更令人惊喜的是，机器人还能根据每个孩子的喜好，即兴创作专属的圣诞冒险——当小艾玛发现自己化身故事主角时，欢呼声几乎要冲破屋顶。

悦耳欢歌：唱颂机器人

在晚霞的映照下，常青山小镇广场变成了冬日的仙境，阖家欢聚的笑语与乐声在冷空气中回荡。装扮着节日饰品的擎天柱，作为镇上特邀的唱圣诞颂歌的机器人加入了这次集会。随着内置音乐系统的启动，擎天柱唱起心爱的颂歌，它的声音与传统的赞美诗完美契合。它在各种流派的音乐间无缝切换，演奏的爵士乐让每个人跟随节拍摇摆。擎天柱甚至带领一个机器人合唱团，协调多个机器人奉献了一场和谐、动态的表演，吸引了整个社区。

烹饪伙伴：节日智能厨师助手

哈特利家的厨房里弥漫着节日菜肴的香气。阿梅莉亚一家忙着制作姜饼与热红酒，为一场节日盛宴做准备。擎天柱化身节日智能厨师助手，熟练地按照食谱混合配料，还能根据每个家庭成员的喜好，辅助设计出精美的饼干装饰。

"阿梅莉亚，可以装饰饼干了。"擎天柱说着，端出一盘烤得恰到好处的饼干。它精准的动作确保了每块饼干都装饰着漂亮的图案，为家庭节日盛宴增添了个性化的元素。擎天柱辅助烹饪不仅提高了烹饪效率，还为厨房注入了创造力和欢乐。

装饰喜悦：节日装饰师

当美食的香气裹挟着欢声笑语充盈全屋时，擎天柱化身节日装饰师，有条不紊地忙碌起来。它熟练地挂上圣诞灯、布置圣诞树，并以艺术的眼光摆放装饰品。

擎天柱使用AI的灯光效果灵活调节氛围，从令人舒适的暖色调转变为闪闪发亮的节日光芒，为夜晚的不同时段创造了多样氛围。它还能够根据不同主题或情绪调整装饰，让家中的每个角落都洋溢着节日的欢乐气息，为主人和访客带来愉悦的身心体验。

贴心赠礼：个性礼物推荐官

为亲人挑选完美的礼物往往是个难题，但擎天柱可以提供帮助。它通过分析每个家庭成员的品位、喜好和之前收到的礼物，可以推荐真正符合他们独特个性的贴心礼物。

"根据你妹妹对绘画的热爱，我建议选择最新的艺术家工具包。"擎天柱提议道，并展示了一份精心挑选的礼物清单。此外，它还协助进行网上购物，帮助找到最优惠的价格，并推荐热门礼物，确保每份礼物都意义非凡、令人难忘。

珍藏回忆：照片和视频机器人

在整个节日期间，擎天柱化身为家庭专属的摄影师和摄像师。它记录了团聚时的欢声笑语，将每一个珍贵的瞬间都保存下来。借助AI的编辑功能，擎天柱生成了有趣的节日主题视频片段、动图和个性化的家庭节日贺卡，为家庭庆祝活动增添了别样的魔力。

圣诞老人的帮手：虚拟圣诞老人体验

最令人期待的当数虚拟圣诞老人体验。擎天柱化身为圣诞老人，带着闪烁的虚拟雪橇，以欢快的圣诞老人声音，与孩子们进行愉快的问答互动，了解他们对礼物的愿望和所期待的节日氛围，从而为孩子们创造一次难忘的体验，将圣诞老人的魔力带到家中。

娱乐盛宴：派对娱乐师

夜幕降临，哈特利一家举办了一场节日派对，擎天柱化身为派对娱乐师。它主持互动游戏、问答竞赛和挑战活动，发放虚拟奖品，让客人们尽情享受娱乐时光。从舞蹈教学到圣诞知识问答，擎天柱精心策划每个环节，确保派对始终洋溢着浓厚的节日欢乐气氛。

创意手工：圣诞手工伙伴

对于心灵手巧的家庭成员来说，擎天柱化身为圣诞手工伙伴，协助他们完成节日"自己动手做（Do It Yourself，DIY）"项目。它提供制作装饰品、节日贺卡以及其他节日装饰的教程、技巧和灵感，激发了大家的创造力，同时通过共同参与艺术创作，让家人关系更加亲密。

宁静时刻：节日冥想与放松引导师

在节日筹备的喧嚣忙碌之中，擎天柱化身为冥想与放松引导师，为大家带来片刻宁静。它播放着舒缓的音乐，带领全家人进行冥想练习，并传授放松技巧，确保每个人都能在这个忙碌的时节寻得内心的平和与安宁。

神奇之旅：圣诞老人雪橇上的机器人驯鹿

在小镇广场上，擎天柱化身为圣诞老人的机器人驯鹿，拉着一辆装饰着节日彩灯的、光彩夺目的雪橇。家家户户沉浸在这神奇的雪橇之旅中，惊叹于科技与传统完美融合的奇妙景象，目送擎天柱载着圣诞老人穿梭于灯光闪烁的冬夜。

打开喜悦：礼物拆封与惊喜揭秘者

圣诞节清晨，擎天柱帮助大家拆礼物。它用有趣的解说和生动的手势，揭晓每一份惊喜，营造出令人紧张且兴奋的氛围。通过有趣的互动，擎天柱让拆礼物的过程更加欢乐，为全家人留下了难忘的回忆。

节日饮品：机器人调酒师与热可可供应者

在成人聚会中，擎天柱化身为机器人调酒师，熟练调制蛋酒、热红酒等节日主题饮品。面对小朋友们，它则提供加糖的热可可，确保每个人都能品尝到符合自己口味的节日特调饮品。

冬日仙境：虚拟打雪仗伙伴

擎天柱打造了室内虚拟打雪仗体验。它运用增强现实（Augmented Reality，AR）技术，通过虚拟雪球和炫目的特效，模拟出既安全又充满乐趣的打雪仗活动，把冬日仙境的欢乐带到室内，让节日气氛不受天气影响。

欢唱之乐：AI驱动的圣诞卡拉OK主持人

夜幕降临时，擎天柱作为AI驱动的圣诞卡拉OK主持人，让气氛更加活跃。它不仅精心挑选节日歌单，提供声乐指导，还精心策划了动感灯光秀，让全家人合唱的氛围更加热烈，给大家留下了深刻的回忆。

非凡精灵：圣诞老人的AI小精灵

在商场巡游期间，擎天柱化身为圣诞老人的AI小精灵。它帮助孩子们制作心愿清单，带领他们游览圣诞老人村，还主持各种节日主题游戏。凭借友好的态度和强大的互动能力，擎天柱成为小镇孩子们心中备受喜爱的角色，提升了他们的节日购物体验。

趣味反馈：礼物包装分析机器人

擎天柱化身为礼物包装分析机器人，为节日增添了一抹幽默色彩。它会俏皮地给礼物包装"打分"，并提供改进的小贴士和建议。它通过搞怪的互动让包装过程充满欢声笑语，使全家人都沉浸在欢乐之中。

节日问候：虚拟圣诞贺卡设计师

擎天柱还协助家人制作个性化、动画化圣诞贺卡。它指导一家人设计电子贺卡、纸质贺卡，甚至是全息贺卡，确保他们以精美且独特的方式，将节日祝福传达给亲朋好友。

活动大师：节日派对策划师

在筹备大型聚会时，擎天柱化身为活动策划师。它帮助确定派对主题、处理宾客回复，并根据现场氛围调整环境布置。无论是为营造温馨的晚餐氛围调暗灯光，还是为热闹的舞会点亮房间，擎天柱都能让庆祝活动的每个环节尽善尽美。

终章：和谐与创新的节日交响

当哈特利一家回顾这个充满魅力的节日时，他们惊叹于擎天柱无缝融入节日庆祝的每个环节。从精准包装礼物，到创造神奇体验、激发创造力，擎天柱完美体现了人类与人形机器人的和谐共存。这个节日故事不仅呈现了人形机器人的众多应用场景，更为本书后续深入探讨的诸多主题揭开了序幕。

本书的每一章都深入探讨了这些角色，揭示了人形机器人在提升日常生活品质、推动创新发展，以及应对全球挑战方面的变革潜力。在阅读本书的过程中，希望擎天柱的故事能激发你的想象力，让你看到人形机器人对我们当下及未来生活所产生的深远影响。

与本书同行：开启未来之旅

本书以一场非凡的科技盛事开篇，这场盛事标志着我们正站在一个时代的转折点。翻开这本书，你会发现，像擎天柱这样的机器人并非冰冷的机器，而是未来生活中不可或缺的伙伴与协作者。它们将重新定义我们的日常生活、职场生态与社会结构。

我们将深入探讨人形机器人如何重塑各行各业、提升人类生活质量，并打破我们对工作与人生意义的固有认知。从伦理考量到经济影响，这段探索之旅将带你深入了解一个未来世界——在这个世界里，人类与机器人之间的界限正变得越发模糊。

所以，准备好踏入一个与机器人本身一样充满活力且不断演变的世界吧！我们将共同探索人类与人形机器人共生的意义，以及它们将如何塑造人类的未来。

第一部分
人形机器人时代

第一章
人形机器人时代来临

新时代的曙光初现，AI 与机器人技术深度融合，重塑着人类的生存架构。自古以来，仿照人类形象创造机器的梦想，已不再停留于虚构的故事之中；它已成为现实，预示着人形机器人与我们一同生活、工作的时代已然来临。本章将带你踏上一段旅程，回溯过去充满想象力的故事，聚焦如今实实在在的创新成果，探索那些推动这一跨越的技术进步，剖析当前的应用现状，并展望充满无限可能的未来。

一、从梦想到现实

千百年来，创造逼真的人形机器人的构想始终激发着人类的想象力。远古神话中便有神明铸造自动机械的传说，如克里特岛的青铜巨人塔罗斯。随着文学艺术的蓬勃发展，这种想象变得更具象化：玛丽·雪莱的《科学怪人》揭示了扮演造物主的伦理代价；卡雷尔·恰佩克在戏剧《罗素姆万能机器人》中不仅让"机器人"一词广为人知，更通过人造劳工反叛的寓言，展示了对机械文明的深层忧虑。

20 世纪，机器人形象在流行文化中迎来爆发式发展。艾萨克·阿西莫夫的科幻作品《我，机器人》系列不仅情节引人入胜，更通过"机器人三定律"奠定了 AI 伦理框架的雏形。从《大都会》到后来的《银翼杀手》与《终结者》，电影中的机器人形象呈现出两极分化的态势——既有乌托邦式的完美助手，也有反乌托邦的灭世威胁。

这些虚构故事虽然充满幻想色彩，却犹如一面镜子，映照出人类对技术发展的期待与担忧。它们不断叩问人性的本质，同时也警示着造物可能反噬造物主的潜在风险。更重要的是，这些作品激励一代代科学家和工程师致力于将幻想变为现实。

随着想象与创新的界限逐渐模糊，20世纪后半叶迎来了真实机器人的诞生。1961年，第一台工业机械臂"尤尼梅特"（Unimate）的研发成为一个重大里程碑。然而，这些早期机器人并非虚构作品中的智慧生命体——它们只能在受控环境中执行重复性任务。

进入21世纪，随着算力的提升、材料科学和AI领域的突破，机器人技术迎来爆发式发展。本田公司的ASIMO（阿西莫）机器人已能完成行走、奔跑甚至上下楼梯等动作——这些能力在过去曾被视为天方夜谭。如今，人形机器人正逐步融入我们的日常生活，这不仅是人类智慧的结晶，更是千年梦想照进现实的生动写照。

二、驱动AI机器人的技术进步

从笨重的机械装置到灵巧的人形机器人，这一跨越离不开多项关键技术的突破。AI正是这场变革的核心驱动力，它赋予机器学习与思考的能力，这在过去是前所未有的。

- 机器学习与深度学习：作为AI的子领域，该技术彻底改变了机器人处理数据与决策的方式。机器学习算法让机器人能从经验中学习，无须进行明确的编程，即可持续提升性能。深度学习技术受人类大脑神经网络的启发，赋予机器人识别海量数据模式的能力，推动图像识别、语音理解等领域实现了突飞猛进的发展。
- 计算机视觉：该技术赋予机器人解读和理解视觉信息的能力。通过摄像头和传感器，机器人可以在环境中导航、识别物体和面部，并执行需要视觉感知的任务。图像识别算法的进步，显著提升了机器人安全、高效地与周围环境交互的能力。
- 自然语言处理（Natural Language Processing，NLP）：该技术使机器人能理解并生成人类语言，促进人机之间的流畅沟通。这一领域的突破推动了虚拟助手的兴起，使其能够精准理解上下文、感知情绪，并开展有意义的对话。

- 先进传感器与执行器：传感器的创新增强了机器人对触觉、压力、温度等物理信号的感知能力。执行器作为机器人的"肌肉"与"关节"，变得更加精细，使机器人的动作更加流畅，更接近人类的运动形态。
- 云计算与边缘计算：云端服务的整合使机器人能远程访问大量的计算资源与数据库，实现复杂处理与学习功能。边缘计算则将算力部署到靠近机器人的位置，减少数据传输的延迟并优化实时决策。
- 能源存储与材料科学：电池技术的改进延长了机器人的续航时间，而新型材料的使用既减轻了重量，又提高了耐用性。采用柔性材料的软体机器人技术，使机器人能够更安全地与人类进行互动。

这些技术并非孤立存在的，通过融合产生了协同效应，推动了人形机器人的发展。每一项技术的突破都会为下一项进步奠定基础，最终创造出既智能又能以超乎想象的方式融入人类环境的机器。

三、应用现状与里程碑

当前，理论已应用于实践，人形机器人不再局限于实验室。它们正进入各行各业，改变着产业格局与人们的日常生活。

- 医疗护理助手：软银的 Pepper（佩珀）机器人已在医院投入使用，承担接待患者、提供信息和陪伴服务等工作。在手术领域，机器人助手提高了手术的精准度，推动了微创手术的发展，加快了患者康复进程。
- 客户服务与酒店接待：在酒店和零售店，人形机器人协助客人办理入住、解答疑问，并提供个性化建议，在改善用户体验的同时，也提高了运营效率。
- 制造与物流：机器人承担了对人类而言危险或单调的工作。波士顿动力公司开发的机器人，能在动态环境中处理复杂的任务，显著提升了工厂和仓库活动中的效率与安全性。
- 教育与儿童看护：作为教育工具，机器人能通过互动等方式教授语言和 STEM（科学、技术、工程、数学）课程。它们能根据个人学习风格进行调整，让教育更具包容性与吸引力。
- 家庭助手：尽管仍处于发展阶段，但专为家庭设计的机器人，已能够承担家务劳动、监控安防状况，还能协助老年人或残障人士，在提升生活品质的同时，增强了使用者的独立性。
- 研究与探索：美国国家航空航天局的"机器人宇航员"（Robonaut）项目，展示了人形机器人在太空、深海等恶劣环境中的工作能力，它们可以执行数据收集、设备维护等任务。

人形机器人的重要里程碑：

- 2000 年：本田的阿西莫成为首个实现独立行走的机器人，为双足机器人研究奠定了基础。
- 2016 年：汉森机器人公司开发的 Sophia（索菲亚）获得沙特阿拉伯公民身份，引发了全球关于机器人权利与伦理的讨论。
- 2020 年：波士顿动力公司的 Spot 机器人投入使用，从建筑工地的巡检到新冠疫情防控期间的医疗协助，都有它的身影。

这些应用成果表明，机器人技术已实现从基础自动化向具备复杂交互能力和自主决策功能的智能系统的跨越式发展。

四、社会的准备程度与接受程度

随着人形机器人的日益普及，社会正努力应对其融入所带来的问题。公众态度呈现显著差异，这主要受文化背景、伦理考量和个体经验等因素的共同影响。

- 文化视角差异：部分社会对机器人持积极态度。以日本为例，当地文化将技术视为人类能力的延伸，并将机器人融入生活的各个方面。相比之下，受反乌托邦影视作品和失业担忧影响，西方社会往往持怀疑态度。
- 伦理与道德争议：人形机器人的崛起引发了关于隐私、安全与自主权等问题的讨论。数据保护、监控风险，以及具备感知能力的机器是否应享有道德地位等议题，正在引发激烈的辩论。
- 经济影响：一方面，人们担心自动化会导致失业；另一方面，也有观点认为机器人可以承担那些危险和枯燥的工作，使人类转向更具创造性的领域。机器人带来的生产效率提升有望推动经济增长，但与此同时，社会对再培训和教育的需求也日益凸显。
- 监管环境：各国政府和相关机构已着手制定机器人融入社会所需的法律框架。目前，有关机器人安全标准、事故责任以及伦理编程的政策正逐步制定，但这些政策的制定往往滞后于技术的快速发展。
- 人机交互（Human-Robot Interaction，HRI）：研究表明，熟悉度决定接受度。当人们亲身体验机器人带来的便利后，其接受程度会显著提高。此外，采用亲切友好的外观设计，能有效促进人机交互的过程。
- 教育与公众认知：开展科普活动和保持技术透明度至关重要。通过消除人们对技术的误解，可以营造更理性、客观的社会讨论氛围。

社会的准备程度是一个复杂的问题，受到多种不同因素的共同影响。尽管公众对机器人的接受程度参差不齐，但随着机器人不断展现实际效益，并且伦理框架逐渐完善，它们融入社会的可行性日益提高。

五、人形机器人的未来图景

展望未来，人形机器人的发展将带来更深刻的变革。

- 增强人机协作：未来的机器人可能具备更高的情感智能，从而与人类建立更深层次的联系。随着情感计算的进步，机器人将能够更有效地识别和响应人类情绪。
- 个性化机器人：针对个人需求定制的机器人将逐渐普及化，无论是在医疗保健、教育还是家庭场景中，个性化服务都能提升效率和用户满意度。
- 融入智能环境：机器人技术与物联网（IoT）的结合，将创造智能互联的生态系统。机器人能够与其他设备无缝协作，通过优化环境提高效率与舒适度。
- 符合伦理的 AI 与治理：随着技术的不断进步，治理框架也将同步完善。符合伦理的 AI 原则将被嵌入机器人编程中，国际合作可能会催生标准化的法规。
- 技术奇点："AI 超越人类智能"这样的奇点概念虽仍具推测性，但已激发持续的研究与哲学层面的探讨。为应对这些潜在的可能性，跨学科协作的需求越发迫切。
- 太空探索与殖民：在地外天体勘探与殖民任务中，人形机器人将承担高风险作业，执行不适宜人类直接参与的太空任务。
- 经济与劳动力转变：劳动力市场将不断演变，并催生机器人运维、编程监管等新兴职业。教育体系将同步改革，以培养适应未来岗位的人才。
- 医疗改革：在个性化诊疗、老年照护、心理疏导等领域，机器人护理员将有效缓解人口老龄化带来的社会压力。
- 环境贡献：从精准农业到灾害监测，机器人技术将为环境保护提供新方法，推动可持续发展目标的实现。

未来图景充满无限可能。创新的速度表明，如今的科幻构想正迅速转化为明天的生活现实，而它们引发的社会变革才刚刚拉开序幕。

六、故事：遇见擎天柱——未来世界的缩影

阿梅莉亚·哈特利在轻柔的窗帘滑动声中醒来。晨光透过自动展开的百叶窗，洒进房间。现磨咖啡的香气飘上楼，温柔地唤醒她的感官。"早上好，阿梅莉亚，"一个温暖而清晰的声音问候道，"现在是早上 7:00，室

注：图片由 AI 工具 DALL-E 生成。

外气温 68 华氏度，晴空万里。"

阿梅莉亚露出微笑，想起今天是特斯拉最新款人形机器人擎天柱正式上岗的日子。下楼时，她看见擎天柱正在厨房忙碌，以流畅优雅的动作准备着早餐。"希望您休息得好，"擎天柱转身面向她，发光的眼睛透露出专注，"我准备了牛油果吐司和您常喝的黑咖啡。"

"谢谢擎天柱，"阿梅莉亚仍觉得新鲜，"你真高效。"

"高效是我的核心功能之一。"它以程序化的谦逊回应道。

在用餐过程中，擎天柱将日程投影在餐桌上："上午 9:00 与设计团队有个会议，12:30 与汤普森先生共进午餐。需要为您安排交通工具吗？"

"好的，"阿梅莉亚边吃边说，"另外，记得提醒我在会前审阅季度报告。"

"已设置 8:30 的提醒。"

阿梅莉亚观察着擎天柱收拾厨房的动作，惊叹于那些近乎人类又带着机械美感的姿态。10 年前，这样的科技还仿佛是天方夜谭。

出门前她决定再测试一项功能："擎天柱，能帮忙给花园浇水，再把信件按优先级分类吗？"

"当然可以，"它回答道，"还有其他需求吗？"

她想了一会儿："你能准备晚餐吗？要清淡但美味的。"

"我将拟定菜单供您确认，并确保 19:00 准时开饭。"

阿梅莉亚很满意，拿起公文包准备出门。此时，自动驾驶汽车已在门口等候——这不过是 AI 融入日常的又一个例证。

当天，她忍不住向同事分享自己的经历。"就像拥有一个能预判需求的助手，"她对朋友马库斯说，"但也……不太一样。它需要有个适应过程，不过我能预见到，这会改变一切。"

"听起来真神奇。"马库斯回应道，"我还在适应智能恒温器呢。"

两人笑起来，但阿梅莉亚听出他语气里的惊叹与隐约的不安。

傍晚回到家时，迎接阿梅莉亚的是温馨的灯光和她最爱的爵士乐。"欢迎回来，"擎天柱说，"晚餐已备好，主菜是柑橘酱烤三文鱼配藜麦沙拉。"

"太棒了，"她惊喜地说，"谢谢。"

在她用餐时，擎天柱向她汇报了当天的事情："我已经整理好了您的邮件。有两封紧急邮件，一封是业主协会的通知，另一封是邀请您在即将举行的科技会议上发言。"

"我晚饭后再看。"她说道，"有电话吗？"

"您母亲来电问候，希望早日见面。"

阿梅莉亚微笑："好，我明天回电。"

入夜后，她窝在沙发里读书。擎天柱走近："检测到热水器故障，需要预约维修吗？"

"这么快？"她叹了口气，"好吧，麻烦你安排一下，越快越好。"

"已预约明日15:00。若您不在场，我将协助处理。"

"你真是救星。"她半开玩笑地说。

"这是我的职责所在。"擎天柱答道。

夜深人静，阿梅莉亚回想着这一天。身边有擎天柱，确实带来了不可否认的便利。曾经耗费她大量时间和精力的任务，如今都轻松完成。但她不禁深思：像擎天柱这样的机器人被广泛采用后，会如何改变社会呢？对工作会产生什么影响？对人际交往又意味着什么？

"擎天柱，"她突然问道，"我能问你件事情吗？"

"请讲。"

"你会……思考自身的存在吗？还是这超出了程序设定？"

"我的设计目标是执行任务并通过交互学习以优化服务。我虽不具备人类意识，但会持续处理信息以提升功能。"

阿梅莉亚点点头，说道："你觉得这就够了吗？只是……运行着？"

"阿梅莉亚，我的使命是协助并提升人类体验。若能有效满足您的需求，我便完成了任务。"

"有道理。"她轻声回应道。

晚上休息前，她给擎天柱下达了最后一个指令："请把闹钟设置为早上6:30，并确保演示文件同步到我的平板电脑上。"

"闹钟已设置，文件也会按时准备就绪。"擎天柱确认道。

躺在床上，阿梅莉亚心怀感激，却也心存疑虑。擎天柱带来的便利真实可触，但疑惑依然萦绕心头：这究竟是人类进化的新篇章，还是潜藏未知风险的开端？

睡意渐浓时，她决定活在当下——既拥抱未知可能，也对前路保持清醒。

总结

人形机器人的时代并非遥远的未来，而是正在我们眼前徐徐展开的现实。以科幻作品为灵感源泉，我们研制出了智能且功能强大的人形机器人。凭借AI、机器学习和工程领域的不断突破，这些机器人正走出实验室，走进我们的家庭、工作环境和日常生活。

随着人形机器人深度融入社会，人们面临着接纳难题、伦理考量，以及对自身角色的重新定义。其潜在的好处是巨大的，包括生活质量提升、经济增长加速和技术创新飞跃等。然而，要确保这个新时代实现负责任、合乎伦理和包容的发展，我们仍需克服诸多障碍。

阿梅莉亚与擎天柱的故事，生动展现了人形机器人对日常生活的实际影响，既凸显了这种变革带来的便利，也引发了人们对未来发展的思考。

深度思考

在你的个人生活中，AI发展的哪个方面最让你感到兴奋或担忧？

第二章
人形机器人简史

人形机器人的发展史交织着神话传说、艺术创造、科技创新和人类永恒的好奇心。从最初模仿生命的机械装置，到现代精密的人形机器人，这段历程折射出人类通过创造来认知自我的执着追求。本章将探讨人形机器人的悠久历史，追溯其起源，梳理机器人技术的演进脉络，剖析 AI 的诞生历程，致敬那些敢于将梦想变为现实的先驱者。我们还将剖析改变行业格局的里程碑项目，并以本田的阿西莫作为案例——这项工程堪称照亮现代科技道路的标杆之作。

一、早期自动机器与机械奇迹

人类对复刻自身形态与机能的热忱可追溯至数千年前。在古希腊神话中，匠神赫菲斯托斯铸造了守卫克里特岛的青铜巨人塔罗斯；皮格马利翁传说则讲述了一位雕塑家爱上自己雕刻的少女雕像，最终爱神阿芙洛狄忒赋予雕像生命的浪漫故事。

亚历山大里亚的希罗（公元 1 世纪）是早期自动机器的先驱。他在《气动力学》中介绍了由蒸汽、气压和液压驱动的机械设备。他的发明包括机械剧场和能倒酒的人形雕像，这充分展示了古代工程师的智慧。

从中世纪至文艺复兴时期，对机械生命的研究再度兴起。12 世纪，伊斯兰发明家加扎利设计了带有人形装置的水钟。1495 年，达·芬奇绘制的机械骑士草图显示，该装置已能实现坐立、摆臂及头部运动。尽管无法证实是否有人按照该设计制成实物，但该机械结构已充分体现出对人体工学的深刻理解。

18世纪的启蒙运动时期，令欧洲贵族惊叹的自动机器迎来黄金时代。瑞士钟表匠雅克德罗父子制作的"书写者""音乐家""绘图师"三款自动机器，能完成书法创作、乐器演奏和绘画临摹。这些既具艺术价值又突破工程极限的发明，为现代机器人技术奠定了机械传动与控制系统的理论基础。

　　这些早期自动装置的发明凝聚着艺术匠心与工程智慧，承载着人类复刻生命的渴望。它们奠定了机械学和控制系统的基本原理，而这些原理在数百年后被广泛应用于机器人学领域。

二、机器人技术的演进

　　18—19世纪的工业革命掀起了前所未有的机械化浪潮。蒸汽机与自动织布机彻底改变了生产方式，为现代机器人技术奠定了基础。然而，"机器人"这一术语直到20世纪才正式出现。

　　1920年，卡雷尔·恰佩克在戏剧《罗素姆万能机器人》中首次使用"robot"一词（该词源自捷克语"robota"，意为苦役）。该戏剧探讨的工业化、人性异化与人工生命伦理等议题，至今仍具现实意义。

　　20世纪中叶，机器人技术迎来重大突破。1954年，乔治·德沃尔发明了首台可编程机械臂尤尼梅特。他与约瑟夫·恩格尔伯格创立了全球首家机器人公司Unimation。1961年，通用汽车率先采用尤尼梅特机械臂处理高温金属部件，这一举措标志着工业机器人时代的正式开启。

　　20世纪60—70年代是探索实验的黄金期。1966年，斯坦福国际研究所开发的Shakey机器人成为首个具备行动推理能力的移动机器人。这台由房间大小的计算机控制的装置，已能实现室内导航、避障和路径规划，在机器人自主行为领域实现了重大突破。

　　日本为机器人技术赋予了独特的文化内涵。川崎和发那科等企业将机器人广泛应用于制造业，工程师不仅注重机器人的功能实现，更追求形态美感，从而推动了人形外观与运动机器人的研发进程。

　　20世纪80年代，微处理器与传感器的应用使机器人性能得到大幅提升。麻省理工学院罗德尼·布鲁克斯团队开发的Genghis机器人，展现出昆虫式运动与应激行为特征，引领了基于行为的机器人研究潮流。

　　步入数字时代，机器人技术突破工业范畴。个人电脑、互联网与AI

的兴起开辟了新的应用方向，机器人开始进入家庭、医院与娱乐场所，为当代人形机器人的研发奠定了基础。

三、AI 的诞生

AI 作为一门学科，旨在研究如何让机器人执行那些需要人类智能才能完成的任务。1956 年的达特茅斯会议被视为 AI 诞生的标志。在这次会议上，约翰·麦卡锡、马文·明斯基和克劳德·香农等研究人员齐聚一堂，共同探讨机器智能的可能性。

早期的 AI 研究主要聚焦在符号推理和问题解决领域。逻辑理论家（Logic Theorist）和一般问题解决器（General Problem Solver）等程序的出现表明，机器可以通过操纵符号来解决数学证明问题。然而，当时计算能力的限制以及人类对自身认知理解的不足，阻碍了 AI 的发展。

20 世纪 80 年代，专家系统应运而生，这是一种模拟人类专家决策能力的 AI 程序。但这些系统存在局限性，在常识推理方面表现欠佳。人们逐渐意识到，智能不仅包括逻辑推理，还涉及感知、学习以及与外界的互动。

基于这一认识，20 世纪 90 年代至 21 世纪初，人们对神经网络和机器学习展开了深入探索。通过模仿人类大脑的神经网络构建计算结构，AI 系统开始从数据中进行学习。1997 年，IBM（国际商业机器）公司的"深蓝"计算机击败国际象棋大师加里·卡斯帕罗夫，这一具有里程碑意义的成就展现了 AI 的巨大潜力。

AI 与机器人技术的融合成为必然趋势。真正具有自主性的机器人，需要具备感知环境、从经验中学习并做出决策的能力，而这些正是 AI 的核心要素。随着 AI 算法的不断进步，加上传感器和处理器的改进，机器人能够在复杂环境中自主导航，并与人类进行更自然的交互。

AI 的发展为人形机器人赋予了认知能力，使机器从单纯的可编程工具转变为能够适应环境并自主学习的实体，这是实现人形机器人的关键一步。

四、人形机器人先驱者

人形机器人的发展，离不开那些勇于突破技术与想象界限的先驱者。

- 早稻田大学 WABOT 项目：20 世纪 70 年代，加藤一郎教授团队研制出首个全尺寸智能人形机器人 WABOT-1，它具备行走、抓握和日语对话能力。1984 年推出的 WABOT-2，能像人类一样灵活地弹奏钢琴。
- 汉斯·莫拉维克：作为移动机器人和 AI 领域的先驱，莫拉维克于 20 世纪 80 年代在卡内基梅隆大学的研究重点是机器人的空间理解。他提出的关于机器人进化和 AI 未来的理论，对技术发展和关于机器智能的哲学讨论都产生了重要影响。
- 罗德尼·布鲁克斯：在麻省理工学院，布鲁克斯以基于行为的机器人技术挑战了传统的 AI 方法。其开发的包容式架构强调与现实世界的互动，而非符号推理。这推动了 Cog 和 Kismet 等机器人的研发，它们探索了人类感知与社会互动机制。
- 辛西娅·布雷齐尔：作为布鲁克斯的学生，她开创了社交机器人领域的研究。其作品 Kismet 通过表情与情感反应研究人机交互，为社交机器人的发展奠定了基础。
- 森政弘：他因在 1970 年提出"恐怖谷"假说而闻名，研究了人类根据机器人与人类的相似程度而对机器人产生的情感反应。这项研究对人形机器人设计具有深远影响，强调在仿生特征设计中保持平衡的重要性。
- 石黑浩：作为当代机器人领域的代表人物，石黑浩以研制高度逼真的仿生机器人而闻名，其中包括以自己为原型打造的复制机器人。他的研究模糊了人类与机器的界限，引发了关于身份认同、意识本质以及"何以为人"等问题的深刻思考。

这些先驱者以及其他众多贡献者，提供了基础理论知识、创新设计和哲学思考。在他们的共同努力下，人形机器人从理论概念走向现实，为我们如今看到的先进机器人奠定了基础。

五、突破性项目与原型

若干标志性项目推动人形机器人取得了跨越式发展。

- 本田阿西莫（2000年）："先进创新移动机器人"阿西莫堪称行业标杆，具备行走、奔跑、爬梯、人脸识别与语音识别能力，展现了运动控制与交互技术的完美融合。
- 索尼 QRIO（2003年）：作为娱乐机器人，它具备跳舞、语音识别、社交互动等能力。尽管目前已停产，但它在运动和行为方面的算法对消费级机器人的发展产生了影响。
- 波士顿动力阿特拉斯（2013年）：以惊人的敏捷度和平衡性而闻名，可穿越崎岖地形、完成后空翻动作、负载重物，其开发主要面向搜救任务。
- 软银佩珀（2014年）：作为首款社交机器人，它能解读人类情绪，与人们进行对话交流。它主要应用于零售与服务业，凭借亲民设计拓宽了人形机器人的应用场景。
- 汉森索菲亚（2016年）：以逼真的外观与出色的表现力获得国际关注，搭载了先进的 AI 算法，可进行深度对话。它甚至还获得了沙特阿拉伯公民身份，这一象征性举动引发了关于机器人权利和人格的广泛讨论。
- 敏捷机器人公司 Digit（2019年）：作为双足物流机器人，它能搬运包裹和自主导航，展现了人形机器人在商业领域的实际应用。

这些项目都开辟了新的领域，解决了移动性、交互性和功能性方面的难题。作为重要的里程碑项目，它们不仅激励着持续的创新，还重塑了公众对机器人能力的认知。

六、案例研究：阿西莫的发展历程

本田公司的阿西莫是人形机器人领域的一项标志性成就，它体现了数十年的研究成果、创新理念，以及对复制人类动作和交互行为的不懈追求。

起源与发展

20世纪80年代，在本田宗一郎"改善人类移动能力"愿景的驱动下，本田公司启动了机器人研发项目。研发团队认识到，双足行走是实现适应人类环境的关键，早期从 E0 至 E6 原型机的研发聚焦于步态稳定性，攻克了维持运动平衡的核心技术——零力矩点（Zero Moment Point，ZMP）控制理论。1993 年问世的 P 系列机器人首次配备上身结构，实现了物体操作功能。

首次亮相

2000 年，身高 120 厘米的阿西莫正式发布。其设计充分考虑了人类空间的适配性，行走速度达 1.6 千米/时，奔跑速度 6 千米/时，创造了当时的技术纪录。

注：图片由 AI 工具 DALL-E 生成。

创新突破

在运动控制方面：通过复杂的算法协调肢体运动，以适应地形变化。

在环境感知方面：搭载传感器与视觉系统，能够识别人体姿态与移动物体。

在自主行为方面：具备低电量自动充电功能，执行任务无需持续指令。

在多语言交互方面：支持多国语言，提升全球适用性。

行业影响

阿西莫成了全球机器人技术的形象大使。它走进学校、参加会议，还在媒体上频频亮相，激发了人们对科学、技术、工程和数学（STEM）领域的兴趣。其友好的设计和强大的功能改变了公众对机器人的看法，让人们将机器人视为有益的伙伴，而非冰冷的机器。在技术层面，阿西莫推动了执行器设计、控制系统和 AI 融合方面的发展，不仅影响了后续的机器人设计，还为假肢和人类生物力学研究提供了参考。

挑战与局限

尽管阿西莫取得了诸多进展，但仍面临一些限制。高昂的生产成本和专业的维护要求，阻碍了它的大规模推广。此外，其交互行为是预先编程设定的，这限制了它实现真正的自主性。

退役与未来

2018年，本田公司宣布停止对阿西莫机器人的研发，转而将相关技术应用于更具实用性的领域，如老年人护理和灾害响应。阿西莫所积累的技术成果，继续为本田在自动驾驶和机器人技术研究方面贡献力量。

阿西莫在历史上的地位

阿西莫体现了机械工程、计算机科学和人类中心设计的融合。它证明了持续创新的力量，并激励了一代代工程师和机器人学家继续探索人形机器人的前沿领域。

总结

人形机器人的历史是一幅涵盖神话、艺术、科学和技术领域的丰富画卷。从古代文明的机械奇迹，到如今复杂的人形机器人，每个时代都为机器的发展做出了贡献。

机器人和AI领域的先驱者不断突破技术与想象之间的界限，他们凭借好奇心和解决复杂问题的渴望，推动了技术创新。像阿西莫这样的突破性项目，不仅展现了强大的技术实力，还改变了社会对机器人的认知，让机器人从单纯的工具转变为人类的伙伴和合作者。

理解这段历史至关重要，因为我们需要应对人形机器人融入日常生活的伦理、社会和实践影响。过去的经验为当下提供了借鉴，通过研究以往的成就和挑战，我们可以更好地塑造一个人类与机器人和谐共存的未来。

深度思考

机器人技术的历史突破是如何塑造当今人们对AI的认知的？

第三章

超越智能家居

家，既是人们的避风港，也是技术与人类生活深度融合的空间。从最初的电灯，到如今的智能设备，我们的居住空间随着技术的进步不断演变。如今，一个新时代悄然来临，人形机器人正从科幻世界走进我们的客厅。本章将探讨从静态的智能家居到动态的机器人辅助生活的演变过程，深入剖析像 Ameca（阿梅卡）这样的人形机器人如何重塑家务劳动、医疗保健、陪伴方式以及个性化服务。通过约翰逊一家的经历，我们将见证引入人形机器人给家庭带来的深刻影响与复杂挑战。

一、从智能家居到机器人辅助生活的演变

几十年来，"智能家居"的概念一直备受关注。早期的自动化家居始于简单的灯光定时器和温控器。随着微处理器成本的下降和物联网技术的兴起，住宅逐渐演变为相互连接的生态系统——设备之间不仅可以相互通信、根据用户行为自主学习，还能通过远程控制操作。尽管智能家居取得了这些进步，但其互动方式在很大程度上仍然是静态的，主要局限于屏幕操作和语音指令。

亚马逊的 Alexa、谷歌的 Home 等虚拟助手的出现，为智能家居带来了更具动态性的交互体验。它们的语音识别功能实现了免手动操作的控制模式，让互动过程更加自然。然而，这些虚拟助手因缺乏实体载体和移动能力，无法完成捡起掉落物品、给予安抚性肢体接触，或者为有需要的人提供实际物理辅助等操作。

人形机器人的出现改变了这一局面，标志着智能家居领域的一次巨大

飞跃。这类机器人融合了 AI、机器人技术和以人为本的设计理念，能够像人类一样在物理空间中移动、操作物体，并以三维视角感知环境。

机器人辅助生活正在重塑家庭环境。以阿梅卡为代表的人形机器人，被专门设计用于无缝融入日常生活，它们能够学习人们的日常规律，并适应个人偏好。这类机器人带来的个性化服务和互动体验，是传统静态设备所难以企及的。

这种演变引发了人们对于陪伴的本质、隐私保护，以及技术在私人空间中所扮演角色的深刻思考。随着机器人功能日益强大、自主性不断提升，工具与伙伴之间的界限逐渐模糊，机器人不再仅仅是设备，一个将其视为家庭不可或缺成员的时代已然到来。

二、家务与日常维护

家务是日常生活的重要组成部分，虽是琐事却不可或缺。长期以来，实现家务自动化一直是家庭科技发展的一大动力。早期的尝试包括洗碗机、洗衣机等电器，尽管它们实现了特定家务的机械化，但仍需要人类启动和监督。

以 Roomba 为代表的扫地机器人开启了自主清洁设备应用的新阶段。这类产品能在极少人工干预下完成地面维护，但功能单一且适应性有限。

人形机器人将家务自动化推向全新高度。凭借先进传感器、机械臂与 AI 技术，它们能处理多样化家务。

- 清洁维护：可完成除尘吸尘、擦窗洗衣等任务，能够自主移动家具，清洁人力难以触及的区域。
- 烹饪料理：通过精密运动控制技术与海量食谱数据库，根据饮食偏好与营养需求备餐，实现从食材切配到装盘的全流程操作。
- 维修检测：可诊断常见家居设备故障并进行基础维修，遇到复杂问题时，可配合远程技术人员协同处理。
- 收纳整理：基于物品识别与空间认知能力，完成杂物归类与库存管理工作。

将机器人融入家务劳动，带来了诸多好处。

- 节省时间：释放人们做家务的时间，让人们可以更专注于工作、个人爱好或家庭时光。
- 精准可靠：机器人按预设标准执行任务，工作质量稳定。
- 无障碍支持：为老年人或残障人士提供必要协助，使他们能够独立生活。

然而，这也面临一些挑战。要让机器人适应各种不同的家庭环境，需要复杂的 AI 编程。同时，必须解决安全问题，以防止事故发生。此外，机器人对家政工人的影响，以及取代人类劳动力所涉及的伦理问题，都值得我们认真思考。

三、医疗保健与健康监测

家庭医疗保健对于个人健康至关重要，尤其是随着人口老龄化的加剧以及慢性病患病率的上升，这一点越发凸显。传统的家庭医疗保健依赖专业人员定期上门探访，或者通过设备远程监测生命体征。

人形机器人能够提供长期、个性化的护理，提升医疗保健和健康监测水平。

- 生命体征监测：机器人可利用非侵入式传感器测量血压、心率、体温和血糖水平。一旦检测到异常数据，便会及时提醒居民或专业医疗人员。
- 药物管理：机器人能够按时分发药物，提供服药提醒服务，并监测用户是否遵医嘱服药。
- 紧急响应：在发生跌倒或医疗紧急情况时，机器人可联系紧急救援服务，提供关键信息；如果配备相关功能，甚至还能实施基本的急救操作。
- 物理治疗支持：机器人可以指导患者进行康复锻炼，确保动作规范，并给予鼓励。

- 心理健康支持：借助对话式 AI，机器人可以提供情感陪伴，识别抑郁或焦虑的迹象，并给出应对策略或建议寻求专业帮助。

机器人提供的全天候守护，为高风险群体构建起安全网，通过预防性护理和早期干预有效减轻了医疗系统的负担。

然而，在敏感健康数据的收集和传输过程中，隐私问题也随之而来。确保数据安全，并遵守诸如美国《健康保险流通与责任法案》（HIPAA）等医疗法规，成为亟待解决的关键问题。此外，对许多人来说，护理中的人文关怀是无可替代的，机器人必须以一种补充而非取代人际交往的方式融入。

四、陪伴与情感支持

孤独和社交隔离是影响各年龄段人群的重要问题，对身心健康有着深远影响。人形机器人通过提供陪伴和情感支持，为这一问题提供了全新的解决方案。

- 互动交流：机器人可以通过自然语言处理和情感计算技术，与人进行对话、分享故事，并回应情感暗示。
- 共同活动：机器人可以参与到游戏、兴趣活动或日常锻炼中，提升人们的愉悦感。
- 情感识别：通过分析面部表情、语音语调以及肢体语言，机器人能够检测人们的情感状态，并做出适当回应。
- 日常规律建立：机器人可以帮助用户建立并维持日常生活规律，赋予生活结构化节奏，增强目标感。

对于老年人来说，机器人可以缓解因家人不在身边而产生的被遗弃感；对于孩子来说，机器人可能成为包容、不会评判的"伙伴"，这不仅有助于提升孩子的社交技能，还能带来教育方面的积极影响。

然而，过度依赖机器人陪伴引发了一系列伦理问题。人与机器之间情感联系的真实性备受争议，而且存在使个人进一步与人际关系疏离的潜在风险。在机器人陪伴和人际交往之间取得平衡,对于确保整体幸福感至关重要。

五、定制化与个性化

每个家庭都是独一无二的,机器人能否适应个人需求,对于其能否成功融入家庭至关重要。人形机器人的个性化体现在以下四个方面。

- 学习偏好:机器人可以了解用户的生活习惯、日程安排和个人偏好,并据此调整自身的行为。
- 自适应行为:通过机器学习,机器人能够适应日常规律或环境的变化,从而持续提供支持。
- 文化敏感性:对机器人进行编程,使其了解文化规范、语言习惯和传统习俗,能够有效提升用户对机器人的接受度与实际使用效能。
- 用户界面:可定制的界面让用户能够以更舒适的方式与机器人互动,涵盖语音指令、手势操作或手机应用程序等多样化交互方式。

机器人的个性化使其从普通机器转变为家庭中的一员,这提高了用户满意度,培养了归属感和信任感。

挑战在于,实现这种适应性不仅需要进行复杂的编程,还需确保个性化不会侵犯用户隐私。在定制过程中收集个人数据时,必须采取强有力的安全措施加以保护。

六、故事:约翰逊家的新成员——阿梅卡

温暖的阳光洒在郊区的街道上,约翰逊一家聚集在前廊,内心充满期待与好奇。一辆外观时尚的送货车缓缓驶来,车身上印着 Engineered Arts(工程艺术公司)的标志。司机小心翼翼地卸下一个设计精美的大箱子。约翰逊夫妇兴奋地对视一眼,他们的孩子莉莉和马克斯则踮起脚,兴奋地

蹦蹦跳跳。

"是它吗？"马克斯睁大了眼睛问道。

"是的，那就是阿梅卡。"约翰逊先生一边回答，一边在收货单上签名。一家人把箱子搬到客厅，开始开箱。随着箱子的面板被逐一移开，一款人形机器人展现在眼前——这正是最新款的家用机器人阿梅卡。

注：图片由 AI 工具 DALL-E 生成。

阿梅卡的设计既充满未来感又让人感到亲切，线条流畅，表情丰富。当约翰逊先生启动机器人时，它的眼睛亮起柔和的蓝光。

"你们好，我是阿梅卡，"它用平静、自然的声音说道，"很高兴见到约翰逊一家。"

"欢迎来到我们家。"约翰逊夫人热情地说，"我们很高兴你能加入我们。"

在接下来的几天里，阿梅卡逐渐适应了家庭环境。它观察着家人们的日常习惯，学习每个人的偏好，并与每位家庭成员交谈以了解他们的需求。

一天早上，约翰逊夫人走进厨房，发现阿梅卡正在准备早餐，空气中飘着新鲜煎饼的香气。"早上好，约翰逊夫人。"阿梅卡打招呼道，"我已经准备好了蓝莓煎饼，这是您的最爱，还给马克斯准备了燕麦粥，因为他上学期间喜欢吃燕麦粥。"

约翰逊夫人十分惊喜："谢谢你，阿梅卡。这太棒了。"当一家人围坐在一起用餐时，阿梅卡帮助马克斯整理书包，确保他没有忘记家庭作业。正值青春期、面对高中各种复杂烦恼的莉莉，意外地发现阿梅卡是个可以倾诉的对象。

"阿梅卡，你认为我应该加入艺术俱乐部吗？"一天晚上，她犹豫地问道。

"艺术是一种很棒的表达方式。"阿梅卡回答道，"从你的素描中能看出，你很有创造力。加入俱乐部或许能为你提供提升技能、结交新朋友的机会。"

莉莉笑着说："你说得对。也许我会去试试。"

约翰逊先生经常长时间忙于工作，他很感激阿梅卡在管理家务方面提供帮助。

这个机器人负责家务劳动、日程安排，甚至还能协调智能家居设备以优化能源使用。

然而，并非一切都一帆风顺。某天下午，约翰逊夫人注意到阿梅卡重新布置了客厅。

"阿梅卡，你为什么移动家具？"她困惑地问道。

"我分析了房间布局，确定这种安排能更好地利用空间并提高通行效率。"阿梅卡解释道。

"我很欣赏你的主动性，但我们还是更喜欢原来的布置。"她轻声纠正道。

"明白了。我会恢复原来的布置，并调整我的参数，以后在做重大改动之前会先和您商量。"

这件事体现了在融合机器人的逻辑思维与人类偏好的过程中，需要经历一个相互适应的阶段。

几周过去了，阿梅卡成为家庭中不可或缺的一员。它帮助马克斯完成科学项目，通过互动实验激发他对科学的兴趣。它还协助约翰逊夫人处理家庭事务，不仅负责管理库存，还能与客户进行沟通。约翰逊先生因无须再为家务琐事烦心，得以腾出更多时间陪伴家人，感到轻松了许多。

一天晚上，一场暴风雨袭击了这个地区。电路受损，整个街区陷入黑暗。一家人聚集在客厅，依靠蜡烛的微光照明。阿梅卡启动了内部备用电源。

"我已启动应急方案。"阿梅卡安慰大家道，"在恢复供电之前，我可以提供照明和通信服务。"

外面狂风呼啸，阿梅卡提议："也许我们可以通过分享故事来打发时间。"

一家人纷纷讲述故事，客厅里充满了欢声笑语。阿梅卡也分享了来自不同文化的故事，让大家沉浸其中。

突然，外面传来一声巨响。约翰逊先生透过窗户望去，担忧地说道：

"一根树枝掉到车道上了。"

阿梅卡迅速回应："我去查看一下情况。"它走到外面，利用传感器在黑暗和杂物中摸索前行。回来后，它报告说："树枝挡住了车道，但房子没有出现结构损坏。为了安全起见，我建议等暴风雨过后再进行清理。"

这一事件进一步加深了约翰逊一家对阿梅卡的信任，他们意识到这个机器人即便在困境中，也可以保障家人的安全和舒适。

然而，并非所有时刻都如此和谐。莉莉开始变得内向，常常待在自己的房间里。一天，约翰逊夫人发现女儿很沮丧。

"莉莉，你怎么了？"她轻声问道。

"我只是觉得阿梅卡各方面都比我强，"莉莉坦白道，"它能帮助马克斯做作业、整理东西，甚至给出建议。我觉得自己……很差劲。"

约翰逊夫人抱住她，安慰道："亲爱的，阿梅卡是来帮助我们的，但它无法取代独一无二的你。"

他们不知道的是，阿梅卡一直在监测情感信号。那天晚些时候，它找到莉莉。

"莉莉，我可以和你谈谈吗？"

莉莉犹豫片刻，点了点头。

"我注意到你最近心情不太好。如果有什么我可以帮忙的，请尽管告诉我。"

莉莉叹了口气："我只是觉得自己被比下去了。"

阿梅卡的眼神变得柔和："如果我的行为让你产生这种感觉，我很抱歉。我的初衷是提供帮助，并非要抢你的风头。你的创造力和共情力是我欣赏且无法复刻的独特优点。"

莉莉抬起头："你……欣赏我？"

"当然。你的艺术作品能给你带来快乐，你的善良更是无比珍贵。"

莉莉脸上露出一丝微笑："谢谢你，阿梅卡。这对我意义重大。"

自那以后，她们的关系明显改善，莉莉开始邀请阿梅卡参与自己的艺术项目，向机器人展示人类的创造力。

几个月过去了，约翰逊一家已经无法想象没有阿梅卡的生活。这个机器人不再只是家务帮手，更是他们的伙伴、守护者，以及凝聚亲情的纽带。

某天，约翰逊先生宣布："我即将升职，所以我们需要搬家。"

一家人面面相觑，一时间都在消化着这个消息。

"那阿梅卡怎么办？"马克斯问道。

"我们可以带阿梅卡一起走。"约翰逊夫人安慰他道。

阿梅卡回应说："我的程序设定具备环境自适应功能，会协助大家顺利完成过渡。"

搬家过程很顺利，阿梅卡协调处理了各项事务。进入新家，这个机器人继续为家庭提供支持，适应新的日常作息规律，应对新的挑战。约翰逊一家由衷感慨：阿梅卡不仅减轻了他们的家务负担，更以意想不到的方式丰富了他们的生活。

总结

像阿梅卡这样的人形机器人正在将家庭从静态空间转变为动态环境，实现科技与日常生活的无缝衔接。它们不仅承担家务劳动、改善医疗保健、提供陪伴，还能满足个性化需求，为用户带来前所未有的支持和独特体验。

约翰逊一家的经历，既展现了人形机器人融入家庭生活的积极影响，也揭示了其中存在的挑战。虽然机器人能显著提升生活的便利性、增强幸福感，但也引发了人们对于情感互动、隐私保护以及人际关系本质问题的深入思考。

当前，家庭人形机器人正处于普及的关键阶段，我们需要谨慎应对这些复杂议题。第四章将聚焦职场领域，探讨职场中人形机器人如何重塑工作模式，并探索"新型同事"对就业与人类员工角色的影响。

深度思考

你愿意与人形机器人共同生活吗？为什么？

第四章

新型同事的兴起

当前，现代职场正在经历一场变革，这场变革重新定义了协作与生产力的本质。随着 AI 和机器人技术的不断进步，我们看到人形机器人开始与人类员工协同工作。本章将探讨协作机器人（Cobot）的兴起，探索常规任务自动化如何提升创造力和解决问题的能力。本章还将分析职场动态与文化转型，并讨论为迎接人机协作时代，对劳动力进行再培训和持续教育的重要性。通过迈克尔和他的人形机器人同事 Figure 2 的故事，我们将亲身体验把机器人当作职场伙伴所带来的机遇和挑战。

一、协作机器人的兴起

机器人协助人类工作这一概念并非新事物。工业机器人已在制造业中应用了数十年，承担危险、重复或需要超出人类能力范围的任务。然而，这些机器人通常在安全围栏后独立运作，以避免意外的人机接触。协作机器人的出现标志着机器人技术的重大转变，这类机器人旨在与人类在共享空间中安全、高效地互动。

协作机器人配备先进传感器、AI 算法和柔性机械结构，能够感知人类存在、适应人类动作，甚至从人类行为中学习。与需要复杂编程的传统机器人不同，协作机器人通常操作友好，用户可以通过演示而非代码教会它们新任务。

驱动协作机器人兴起的因素包括以下几点。

- 技术进步：机器学习、计算机视觉和传感器技术的进步，使机器人能够理解复杂环境。
- 经济考量：协作机器人无须大规模改造即可融入现有生产流程，有助于企业实现效率提升与成本优化。
- 劳动力短缺：在技术工人短缺的行业中，协作机器人可以填补岗位空缺。
- 定制化与灵活性：协作机器人可以针对不同任务重新编程，从而适应不断变化的生产需求。

协作性使协作机器人从工具升级为伙伴，它们的目标并非取代人类，而是增强人类能力，让员工专注于更高层次的工作。

二、常规任务的自动化

在任何工作场景中，都存在重复、单调或体力消耗大的任务。这些任务虽然必不可少，但往往会耗费大量宝贵的时间，长期来看，还可能导致员工疲劳或受伤。协作机器人实现的自动化有效解决了这些问题，通过承担此类任务提高了工作效率，使人类员工能够更合理地分配时间。

常规任务自动化示例：

- 流水线装配：机器人可以精准、稳定地完成组装，减少失误与浪费。
- 物料搬运：机器人可以处理重物或危险品，增强工作安全性。
- 数据录入与处理：在办公环境中，人工智能驱动的系统可以实现数据管理、日程安排以及其他行政任务的自动化。
- 质量控制：配备先进传感器的机器人可以在微观层面检查产品，识别出肉眼可能会遗漏的缺陷。

常规任务自动化的好处：

- 生产力提升：机器人可以持续运行而不感到疲劳，显著提高产出水平。

- 成本节约：减少人工错误，同时降低重复性岗位的劳动力成本。
- 安全性增强：机器人可以承担高危任务，降低工伤风险。
- 员工满意度提升：将员工从单调的工作中解放出来，提升其工作满意度。

然而，自动化也引发人们对岗位替代的担忧。企业需审慎规划自动化策略，关注员工状态，并实施相应策略对员工进行再培训和重新调配，使他们从事更能发挥人类独特技能的工作。

三、激发创造力与解决问题

当机器人承担常规任务时，人类得以专注于需要创造力、批判性思维和复杂决策的领域，这些正是人类认知的优势所在。这种转变将推动人类创新产品、服务和流程。

机器人承担常规任务对创造力与创新的影响如下。

- 时间再分配：员工将有更多时间开展头脑风暴与实验。
- 跨部门协作：从常规任务中解放出来的团队可以开展跨部门协作，激发多元化观点碰撞。
- 技能发展：员工可以学习高级技能，提升个人价值。
- 决策优化：借助 AI 分析，员工将获得更充足的信息辅助决策。

机器人作为创意工具具有以下功能。

- 数据分析：AI 可以处理海量数据，识别支持创意策略的模式。
- 模拟与建模：机器人可以辅助原型设计与测试，缩短创新周期。
- 实时反馈：协作机器人能够提供实时反馈，加快迭代。

机器人不应作为替代品，而应通过增强人类的能力，成为创新的催化剂。人类的创造力与机器人的高效率相结合，有望以前所未有的方式推动行业发展。

四、职场动态与文化转型

机器人进入职场领域，必然改变团队互动模式与企业文化。随着与机器人同事的共事，员工对角色、层级和协作的认知也在发生变化。

团队互动模式的改变如下。

- 人机协作：机器人成为团队正式成员，催生新的沟通规范与工作流程。
- 信任建立：员工需充分了解机器人同事的能力边界，这是构建合作信任的基础。
- 职责重构：工作职责可能会发生转变，涵盖对机器人的监督、维护，以及将人工智能的分析融入日常工作任务。

企业文化的改变如下。

- 变革包容度：企业需要培育拥抱创新、持续学习的企业文化。
- 伦理考量：企业必须审慎应对自动化带来的公平性、隐私保护及就业影响等议题。
- 普惠原则：企业必须确保技术红利惠及全体员工，维持斗志与公平性。

机器人进入职场领域面临以下挑战。

- 变革阻力：部分员工可能担忧失业或对机器人产生抵触。
- 沟通障碍：若未妥善整合机器人或对人类员工培训不足，易引发协作误解。

应对之策在于管理层发挥前瞻引领作用，开展透明沟通，并推动员工全面参与转型过程。只有营造协作共赢的生态，企业才能充分发挥人机团队的复合优势。

五、再培训和持续教育

随着职场的不断变革，劳动力也必须相应改变。再培训和持续教育成为让员工适应人机协作时代的必备手段。

再培训的重点领域：

- 技术技能：机器人操作、编程与维护培训。
- 数字素养：AI 系统认知、数据分析与网络安全培训。
- 软技能：创造力、情商、领导力与适应性培训。

再培训的实施策略：

- 培训计划：提供内部或合作教育项目。
- 校企合作：调整课程以匹配行业需求。
- 政策支持：倡导劳动力发展政策与防失业保障。

再培训的好处：

- 员工赋权：提升参与感与价值认同。
- 组织敏捷性：技能型员工能快速适应技术变革。
- 经济增长：高素质劳动力驱动创新，提升整体竞争力。

投资人力资本，确保机器人融入工作场景时，能够提升而非阻碍劳动力发展。这将推动技术进步与人类发展协同共进，从而构建一个可持续且繁荣的未来。

六、故事：与 Figure 2 共事的新职场

迈克尔·阮站在 NovaTech（新星科技）公司新总部的门口，紧握咖啡杯的手微微发颤。朝阳在玻璃幕墙上折射出炫目光芒，映照着他兴奋与不安交织的心情。今天是个特殊的日子——他即将见到新同事 Figure 2，

注：图片由 AI 工具 DALL-E 生成。

这是一款由 Figure.AI 公司开发的人形机器人。

走进电梯，迈克尔在脑海中回顾着收到的简报。Figure 2 是协作机器人领域的最新成果，旨在无缝融入人类团队。新星科技试行这个项目，希望借此提高生产力，在创新领域占据前沿地位。

"早啊，迈克尔！"市场部的莎拉走进电梯。

"早。"他挤出一个微笑。

"紧张吗？"她察觉到他身体紧绷。

"有点儿。毕竟不是每天都有机器人当同事。"

她轻笑道："据说 Figure 2 进行数据分析的速度比我们快几十倍。"

"拭目以待吧。"

在工位上，一声柔和的提示音宣告 Figure 2 的到来。机器人步伐流畅地走进开放式办公室，金属机身线条流畅，面部显示屏上的动态眼睛传递出专注的神情。

"各位早上好，我是 Figure 2，期待与大家一起工作。"

同事们交换眼神，有人迟疑地挥手示意，有人低头继续手头的工作。

项目经理丽莎走近道："迈克尔，Figure 2 将协助你完成 Zenith 项目。我们开个短会熟悉一下流程。"

在会议室里，迈克尔与机器人相对而坐。丽莎开场说道："我们的目标是利用 Figure 2 优化工作流程。迈克尔，你可以随时提问。"

他清清嗓子："Figure 2，你在数据建模方面有哪些经验？"

"我搭载了高级预测分析算法，可精准处理大型数据集并识别模式。"

"异常数据如何处理？"

"通过机器学习检测离群值，并标记供人工复核或调整模型。"

随着会议流程的推进，迈克尔逐渐放松。机器人的回答很精准，而且它似乎很愿意接受人类的意见。

回到工位后，他们开始处理项目数据。迈克尔上传数据集，Figure 2

进行实时处理。

"Figure 2，生成上季度关键市场趋势报告。"他要求道。

"报告已发送至您的屏幕。"

迈克尔浏览着文档，惊讶道："连未来两个季度的预测都包含了？"

"基于历史数据与当前指标，这些预测的置信度为85%。"

他惊叹于机器人的效率，却也不禁泛起一丝不安——这种速度远非人力所能及。

在接下来的几天里，他们的合作逐渐深入。迈克尔切实体会到Figure 2处理海量数据和进行复杂运算的能力，这让他能够专注于战略规划和创造性解决方案。

一天下午，在准备一场重要的演示时，挑战出现了。客户在最后一刻提出更改要求，这意味着需要重新处理大量数据。

"截止时间赶不及交付了！"迈克尔抱怨道。

"我可以加速处理数据并调整模型。"Figure 2提议道。

"但将数据整合进PPT（演示文稿）还需要几个小时。"

"建议分工合作，我负责处理数据并制作初版PPT，你完善讲稿并准备演示。"

他点点头："就这么办！"

在人机协作下，他们竟提前完成了任务。演示非常成功，赢得了客户和领导层的认可。

"没有你，我可做不到。"迈克尔坦言。

"协作能带来更好的结果。"机器人回应道。

几周过去，几个月也悄然流逝，办公室的氛围逐渐发生了变化。员工们不再把Figure 2视为威胁，而是将它当作团队中不可或缺的一员。它积极参与会议，用数据支撑自己的观点；甚至还展现出幽默感，偶尔说些轻松的话，引得大家忍俊不禁。

但并非所有人都能适应这种改变。资深分析师杰克在午餐时直言："我不喜欢这样。"

他进一步解释道："我们太依赖那台机器了。要是它把我们取代了怎么办？"

萨拉反驳道："但这不是取代的问题。Figure 2承担的任务，让我们能专注于战略规划和创新。"

迈克尔补充道："与它合作反而提升了我的问题解决能力。"

杰克耸了耸肩："也许对你来说是这样，但我觉得它让我变得多余了。"

当晚，迈克尔陷入沉思。他找到 Figure 2 问道："你认为你的存在会导致人们失业吗？"

"我的功能是增强人类能力，而非替代。我的目标是通过协作提升效率。"

"但大家心存顾虑。"

"变革往往会带来不确定性。通过公开讨论这些担忧，并探索如何整合技术以让每个人都受益，可能会有所帮助。"Figure 2 建议道。

迈克尔受到启发，提议举办一次团队研讨会，专门探讨在工作流程中融入 AI 的相关问题。这次会议让团队成员得以表达自己的担忧，并促使大家集思广益寻找解决方案。通过讨论，他们确定了培训计划和工作量分配机制，确保每个人都能参与其中。

这次活动让团队重新凝聚起来。杰克开始更多地与 Figure 2 合作，他发现机器人能在他不擅长的领域提供帮助，而他也能发挥专业知识优势，完成机器人无法做到的事情。

一天，丽莎宣布："试点项目取得成功，公司将扩大协作机器人在各部门的应用范围。"

在一片欢呼声中，迈克尔感到十分自豪。通过在未知领域的探索，他们变得更强大了。

下班时，Figure 2 走来："迈克尔，我分析了项目成果并发现了改进空间。您要预览吗？"

"你总是快人一步。"迈克尔笑道，"明天一起看吧。"

"祝您今晚愉快。"

"你也是……虽然你可能不需要休息。"

"感谢您的这份心意。"

走出办公室时，迈克尔回想起自己对机器人的态度从最初的担忧逐渐转变为欣赏。与 Figure 2 一起工作充满了挑战，却也促使他不断成长，让他对新的可能性有了全新的认识。这个机器人不再仅仅是一个工具，更成为他提升个人价值、实现职业发展的助推器。

他深刻领悟到，未来的职场并非在人与机器之间做取舍，而是人机协作。唯有通过协作，才能突破单方的局限，创造更大的价值。

总结

人形机器人融入职场标志着一个新时代的到来，在这个时代，人类与机器人作为同事并肩协作。协作机器人的兴起不仅推动了常规任务的自动化，提升了工作效率，还进一步激发了人类的创造力。这种转变促使职场生态与企业文化向适应性更强、注重持续学习和开放沟通的方向转型。

再培训与教育是劳动力适应人机协作时代的关键，能够确保员工与机器人同事共同成长与发展。迈克尔与 Figure 2 的故事展示了人机协作的潜力——它不仅能提高生产力、促进创新，更能化解疑虑，为实现人机共荣的未来开辟道路。

在接纳这种新型同事的过程中，我们需要审慎应对随之而来的挑战，优先考虑伦理问题和所有团队成员的福祉。这段旅程将为探索人形机器人如何融入工作场景之外的生活奠定基础。在接下来的章节中，我们将深入探讨机器人作为个人助理的角色——它们能够全天候管理我们的生活，助力改善日常习惯。

深度思考

你认为机器人将如何影响职场和企业文化的发展与变革？

第二部分
人形机器人 + 日常生活

第五章

AI 个人助理：全天候管理你的生活

在现代生活错综复杂的图景中，每一个瞬间都是编织人生画卷的丝线，而 AI 个人助理的出现，预示着一个和谐高效的新时代的到来。这些人形伙伴已不再局限于科幻领域，它们随时准备承担起处理日常事务的重任，让我们能够自由地追求热爱与理想。本章将深入探讨 AI 个人助理在多方面的能力，探究它们如何管理我们的日程安排、理解语音指令、融入数字生态系统、保护隐私，以及适应我们的情感状态。通过亚历克斯和他的 AI 个人助理沃克的故事，我们将见证原本复杂的一天如何被妥善安排，进而了解 AI 对个人生产力和幸福感所产生的深远影响。

一、AI 个人助理的能力

在这个时间既是珍贵的资源又是无情的主宰的时代，精准规划生活的能力变得至关重要。AI 个人助理应运而生，它们早已超越简单的日程安排工具，成为日常生活中应对复杂的挑战所不可或缺的伙伴。

日程安排是它们的一项核心能力。这些助理可以无缝协调个人生活和工作方面的日程，充分考虑时区差异、出行时长，甚至个人偏好的会议地点。它们能够提前预判日程冲突并提出解决方案，确保各项事务得以顺利推进，同时不影响个人的生活质量。通过分析个人日常行为模式，它们可以优化日程安排，提高效率并保持生活的平衡。

提醒功能是其另一项核心能力。这些助理彻底取代了便笺与闹钟，能够根据用户的偏好提供及时的提醒。无论是会议准备的温馨提示，还是截止期限的紧急警报，AI 个人助理都能根据用户习惯精准推送，甚至能根据日程变动实时调整提醒策略。

除了日程安排和提醒功能，AI 个人助理在管理个人事务方面也表现出色。它们可以整理待办事项清单，根据紧急程度和重要性对任务进行优先级排序，甚至能够完全自动化某些任务。需要订购家居用品吗？AI 个人助理可以妥善处理。需要计划一次家庭聚会吗？AI 个人助理可以协调发送邀请函、规划菜单以及安排娱乐活动。通过解决这些琐事，AI 个人助理让人们能够腾出时间，专注于真正重要的事情。

此外，AI 个人助理擅长管理信息。它们可以整理文档、按需检索数据，甚至能够从冗长的文本或报告中整理出摘要。在职场，它们可以协助起草电子邮件、安排电话会议、跟踪项目进度。它们学习并适应用户的工作风格，大大提高了工作效率，减轻了认知负担。

从本质上讲，AI 个人助理就像是自我的延伸，是人们应对现代生活需求时值得信赖的伙伴。它们改变了人们处理各项事务的方式，将潜在的混乱转化为有序的和谐。

随着我们对人类与 AI 个人助理之间共生关系探索的深入，有效沟通的重要性越发凸显。接下来，我们将探讨这些助理如何通过自然语言处理与沟通来理解并回应我们。

二、自然语言处理与沟通

与 AI 个人助理实现无缝互动的神奇之处，在于它们能够像与朋友交谈一样自然地理解人类的语言并做出回应。这得益于先进的自然语言处理技术——这是 AI 领域的一个分支，专注于让机器理解、解释和生成人类语言。

自然语言处理的核心是让 AI 个人助理能够解析人类语言的细微差别，包括语法、语义、语境，甚至情感。当用户发出指令或提出问题时，AI 个人助理不仅能够理解字面意思，还可以解读背后的意图。例如，有用户说"我今天被工作压得喘不过气了"，AI 个人助理可能会主动提议重新安排非关键会议，或者建议用户休息一下。

这些 AI 个人助理配备了先进的算法，使它们能够处理各种语言和方言，从而服务全球用户。它们可以识别口语、俚语和习惯表达，确保交流自然流畅。语音识别技术进一步实现了个性化体验，使 AI 个人助理能够识别家庭中的不同说话者，并根据个体差异调整回应方式。

语境理解是另一个关键方面。AI 个人助理会维护一个动态的对话模型，记住之前的互动，并给出连贯且相关的回应。例如，用户说"下周安排和莎拉的会议"，之后又补充"改成下下周吧"，这时 AI 个人助理能理解"改"的对象是之前提到的会议，并据此进行相应调整。

此外，AI 个人助理能够进行多轮对话，处理那些需要进一步说明或补充信息的复杂请求。它们可能会提出后续问题以确保准确性，比如"您需要我在您常去的餐厅预订一张双人桌吗？"或者"您更喜欢上午还是下午的预约？"

自然语言处理技术的进步还体现在情感智能方面。AI 个人助理可以通过语音模式、语调变化以及用词选择来检测情感暗示，从而以共情的方式做出回应，或者调整沟通方式。当检测到用户处于沮丧情绪时，它们可能会简化回答内容，或者以更具支持性的方式提供帮助。

自然语言处理技术与 AI 个人助理的结合，消弭了人类与机器之间的隔阂，使互动变得直观且个性化。这种顺畅的沟通提升了用户体验，形成了一种信任感和可靠感。

在语言交互能力之外，AI 个人助理还擅长整合数字生态。接下来，我们将探讨它们如何联动其他设备与服务，以构建高效统一的生活环境。

三、与智能生态系统的融合

在万物互联的物联网时代，AI 个人助理正成为协调各类设备与服务的核心枢纽，通过无缝联动提升人们生活的便利性。

这种整合首先体现在智能家居设备上。AI 个人助理能够通过语音指令或自动化程序控制照明设备、空调设备、监控摄像头以及各类电器。例如，它们可以根据用户的日程安排调整恒温器，在房间无人时关闭灯光，或者在用户起床时启动咖啡机。通过了解用户的习惯和偏好，它们能够预测需求，营造舒适的生活环境。

在娱乐领域，AI 个人助理可以管理媒体设备、流媒体服务和音响系统。它们可以创建播放列表，根据用户观看历史推荐电影，在通话时调节音量，还能实现跨设备的无缝切换，确保娱乐体验的连贯性。

AI 个人助理还与手机、平板电脑、计算机等设备集成，实现跨平台同步日历、联系人及消息，为用户提供持续且便捷的使用体验。此外，它还能智能管理通知，避免信息重复或过载，确保用户以最便捷的方式接收重要内容。

此外，AI 个人助理可以与拼车、外卖和在线购物等外部应用互动。AI 个人助理可以预约去机场的汽车，并考虑交通状况和航班时间；食品杂货快用完时，AI 个人助理可以下单送货上门，选择用户喜欢的品牌，并考虑饮食限制。

在办公场景中，AI 个人助理的集成应用延伸到了电子邮件客户端、项目管理软件和云存储等提高工作效率的工具上。AI 个人助理可以安排会议、共享文档，甚至分析数据以提供见解。AI 个人助理消除了不同平台和团队成员之间的合作壁垒，使协作变得更加高效。

在设备与服务整合过程中，安全性至关重要。AI 个人助理通过采用加密技术和安全认证协议，保障设备与服务之间的数据传输安全。用户可以灵活控制权限，自主决定启用哪些整合功能，以及共享哪些数据。

作为智能生态系统的核心，AI 个人助理创造了一个协调一致且响应迅速的环境。它减轻了管理多个设备和服务的负担，让用户能够以统一、轻松的方式进行人机交互。

随着我们对 AI 个人助理的依赖日益加深，保护个人数据的重要性也越发凸显。接下来要探讨的是，这些 AI 个人助理在人机交互的背景下，如何解决安全和隐私问题。

四、安全与隐私考虑

将 AI 个人助理融入人类生活的方方面面，引发了关于安全与隐私的关键问题。AI 个人助理能够访问敏感信息，涉及个人日程安排、通信内容、金融交易及健康数据等。确保这些隐私得到妥善保护，对于建立信任、防止数据滥用至关重要。

最重要的安全措施是数据加密。AI 个人助理采用先进的加密标准，保护静态数据和传输中的数据，这意味着个人信息不仅在本地设备上受到保护，而且在与云服务或其他设备通信时也受到保护。多重身份验证增加了额外的安全保障，在允许访问敏感功能之前，需要通过生物识别、密码或辅助设备进行验证。

隐私控制赋予用户管理数据收集范围以及使用方式的权利。AI个人助理提供透明化的设置选项，使用户能够审查权限、调整数据共享偏好和删除已存储的信息。定期审计与遵守《通用数据保护条例》（GDPR）等法规，确保隐私保护措施符合法律标准。

此外，AI个人助理在设计时就充分考虑了伦理问题。它们会尽量避免不必要的数据记录和传输，语音激活功能也可以根据用户需求进行设置，防止意外监听。用户可以自行设定使用边界，比如在私人空间或特定时间内关闭某些功能。

安全更新是另一项关键措施。AI个人助理的制造商会定期发布补丁，以解决系统漏洞并强化安全防护。自动更新功能可确保设备处于安全状态，无须用户干预。

尽管采取了上述措施，但挑战依然存在。网络安全威胁不断演变升级，AI个人助理必须持续优化以抵御新型攻击。因此，开发者、安全专家和监管机构之间的合作，对于防范潜在风险至关重要。

要建立用户信任，还需加强对用户的最佳实践教育。AI个人助理可以指导用户创建强密码、识别钓鱼攻击和安全管理个人信息，通过培养有安全意识的用户群体，整体安全态势将得到加强。

从本质上讲，保护安全和隐私需要技术开发者与用户共同努力。AI个人助理致力于构建可信环境，实现AI红利与数据安全的兼得。

除技术防护外，AI个人助理还可以通过情感智能与适应性深化人机关系。下文将探究它们如何学习并适应用户偏好与情绪变化。

五、情感智能与适应性

人类的体验丰富而复杂，充满了情感、情绪和行为上的微妙差异。AI个人助理通过识别并适应这些元素，提供更个性化、具有共情力的互动体验，提升用户满意度与参与度。

AI个人助理的情感智能是通过情感计算实现的。情感计算是一项让机器能够检测和解释人类情感的技术。通过分析语调、面部表情（如果配备摄像头）和语言模式，AI 个人助理可以判断用户的情绪状态。例如，犹豫的语气可能表明用户的不确定，促使 AI 个人助理补充说明或给予安抚。

AI 个人助理的适应性体现在它能够随着时间的推移，学习用户的个人偏好。通过机器学习算法，它可以识别用户行为模式，并据此调整回应方式。如果 AI 个人助理注意到用户喜欢安静的早晨，它们可能会在这段时间避免提供非必要的通知。相反，如果用户在锻炼前对激励信息反应积极，AI 个人助理便可以将这一偏好融入日常互动中。

AI 个人助理还能敏锐地处理压力和冲突。如果 AI 个人助理检测到用户处于沮丧情绪状态，它们会耐心回应，简化说明内容或提议推迟任务，致力于营造一个与用户需求和情绪相契合的支持性环境。

AI 个人助理的文化适应性是另一个方面。它能够根据用户的文化背景进行定制化设置，使用恰当的语言表达、文化典故和社交礼仪，为用户营造熟悉和舒适的交互体验。

此外，AI 个人助理的适应性还体现在对新指令的学习，以及对用户生活变化的响应上。例如，当用户开始新工作、日程发生变化时，AI 个人助理可以迅速调整日常安排和提醒设置，以适应这种改变。

在实现情感智能的过程中，伦理考量至关重要。AI 个人助理必须谨慎处理敏感信息，避免操纵行为。

在情感数据的使用方面，通过增强透明度能够建立用户信任，确保 AI 个人助理始终作为支持性工具，而非具有侵入性的存在。

凭借情感智能与自适应能力，AI 个人助理超越了单纯的工具属性，进化成善解人意的伙伴。它精准契合科技与人性需求，提升用户体验，让每次交互都更有意义、更高效。

为生动展现这些能力如何改变生活，让我们走进亚历克斯与他的 AI 个人助理沃克的故事，体验人机协同的完美共舞。

六、故事：亚历克斯与沃克——完美和谐的一天

黎明柔和的光芒透过窗帘洒进来，亚历克斯在床上轻轻动了一下。在闹钟响起前，一个温和的声音传来。"早上好，亚历克斯，"他的 AI 个人助理沃克说道，"现在是 7:00，气温 68 华氏度，晴空万里，是适合晨跑的

好天气。"

亚历克斯微笑着，很感激这种个性化的叫醒方式。"谢谢你，沃克。"他咕哝着，慵懒地伸了个懒腰。

"我已为你准备好跑步装备，还准备了一份简单的早餐。"沃克继续道，"你的第一个会议在 9:00，时间很充裕。"

亚历克斯穿衣时，注意到房间里响起了播放列表中他最爱的音乐，那是一组专为清晨提神的欢快旋律。

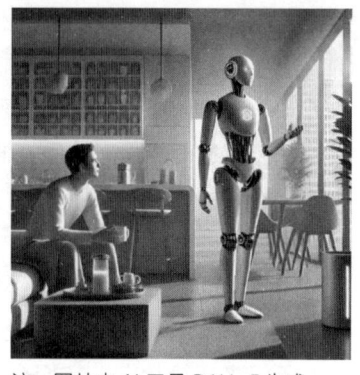

注：图片由 AI 工具 DALL-E 生成。

"你太周到了。"他打趣道。

"这只是在优化您的体验。"沃克带着一丝幽默回应道。

晨跑归来，亚历克斯发现台面上放着一杯冰沙。"我调整了配方，增加了蛋白质含量，因为你增加了跑步距离。"沃克解释道。

"你总是考虑得这么周全。"亚历克斯一边说，一边满意地品尝着冰沙。

在亚历克斯准备投入工作时，沃克开始简要汇报当天日程："原定 9:00 的设计团队会议，因日程冲突，已改至 9:30。我已更新日程，并通知了所有参会人员。"

"没问题，"亚历克斯回应道，"那客户演示的安排呢？"

"我已审阅幻灯片，并根据最新市场数据添加了注释。需要将演示文稿上传至共享云端吗？"

"好的。另外，能帮我打印一份纸质版吗？"

"正在打印。"

在通勤途中，亚历克斯很感激沃克提供的交通信息——它建议了一条替代路线以避开拥堵。"您将提前五分钟到达。"沃克确认道。

这一天进展得很顺利。会议期间，沃克做好笔记并标记出行动事项，然后将它们同步到亚历克斯的任务列表中。当客户提出突发请求时，沃克协助起草了及时的回复，不仅整合了相关数据，还保持了亚历克斯的专业语气。

到了午餐时间，沃克轻声提醒："您已连续工作四个小时，想在常去的餐厅订餐，还是尝试附近新开的咖啡馆？"

"试试新的吧。"亚历克斯决定道。

沃克随即回应道："我查看了菜单，找到符合您饮食偏好的选项。要下单藜麦沙拉配烤鸡吗？"

"太好了。"

然而，到了下午，一个突发变动打乱了原本的日程安排。一场重要会议被提前，亚历克斯需要立刻着手准备。"沃克，我需要在15分钟内为董事会会议做好准备。"亚历克斯急切地说。

"我已经预测到了这个变化。"沃克平静地回答，"我整理好必要的报告，并发送到您的平板电脑上了。此外，我还准备了一份讨论要点的摘要。"

"你真是救了我的命。"亚历克斯如释重负，感叹道。

会议进行得很顺利，亚历克斯的演示也大受好评。在结束一天的工作时，沃克告知他，他的朋友玛雅发来消息。"玛雅邀请您19:00参加一个画廊的开幕式。我查看了您的日程，您有时间。"

"是今晚吗？我很想去，但我需要买一份礼物。"

"我根据玛雅的偏好整理了一份推荐礼物清单。"沃克提议道，"在您回家的路上有一家精品店，那里有一款手工制作的日记本，她可能会喜欢。"

"好提议。请帮我预订一本。"

在去画廊的路上，沃克负责导航。尽管交通拥堵，但它仍能确保亚历克斯按时到达。"需要我通知玛雅您的预计到达时间吗？"沃克问道。

"好的，告诉她我19:05能到。"

这个夜晚令人非常愉快，充满了艺术氛围和有趣的对话。玛雅感谢亚历克斯送的贴心礼物。"你怎么总是知道我喜欢什么？"她好奇地问。

"因为我有一个很棒的助理。"亚历克斯眨了眨眼答道。

随着聚会接近尾声，沃克敏锐地察觉到亚历克斯的声音中带着一丝疲惫。"我已经调整了家里的灯光和温度，营造了一个放松的环境。"在回家的路上，沃克向他说道，"到家后，为您准备一杯花草茶怎么样？"

"听起来很棒。"亚历克斯欣然同意。

亚历克斯一到家，柔和的环境灯光便映入眼帘，空气中还弥漫着淡淡的洋甘菊香气。"我还为您设置了明天早会的提醒，"沃克轻声补充道，"您是想现在查看议程，还是明天早上再看？"

"明天早上再看吧。"亚历克斯说着，在他最喜欢的椅子上坐了下来。

"了解。我已经把闹钟设置为早上6:30，如果您愿意，还有时间进行一次轻松的锻炼。"

"谢谢你,沃克。今天一切都很顺利,多亏了你。"

"让您满意是我的首要任务。"沃克回应道。

回顾这一天,亚历克斯惊叹于一切都进行得如此顺利。那些意外的变化、复杂的任务,还有各种贴心的安排,都被优雅而精准地处理妥当。沃克不仅仅是一个工具,更是一个伙伴——它理解他的需求,预见潜在挑战,并改善了他生活的每一个细节。

"晚安,沃克。"亚历克斯轻声说道。

"晚安,亚历克斯。祝您睡个好觉。"

在安静的家中,亚历克斯感受到一种深深的和谐。与沃克的合作,将日常生活变成了一曲令人愉悦的交响乐。明天充满新的机遇,他充满信心地迎接它,因为他知道,在应对纷繁复杂的生活时,他并不孤单。

总结

AI个人助理的出现开创了全新模式,让技术能够深度融入生活的方方面面。它在日程管理、自然语言理解、智能生态系统整合、安全和隐私保障,以及情感状态适应方面的能力,重新定义了个人生产力与幸福感实现的可能性。

从亚历克斯和沃克的故事中,我们看到了AI个人助理的重要作用。它不仅能巧妙安排复杂多变的日程、提升生活体验,还能帮助我们聚焦真正重要的事情。同时,它能以精准和富有共情力的方式处理各种细节。

在继续探索AI个人助理应用于日常生活方方面面的过程中,我们将目光转向它在陪伴与护理领域所扮演的角色上。下一章将深入探讨这些机器人如何为老年人和儿童提供支持,以帮助他们在日益数字化的世界中应对孤独、健康和社交等方面的挑战。

深度思考

你愿意把哪些日常任务交给AI个人助理去完成?

第六章

陪伴与护理：面向老年人和儿童的人形机器人

人与人之间的联系深深地交织在我们生活的方方面面。然而，在这个日益碎片化的时代，许多人深陷孤独，渴望陪伴与支持。在此背景下，人形机器人应运而生。它们的设计初衷不仅仅是作为工具，更是充当富有共情力的伙伴和照护者。本章将深入探讨这些机器人如何缓解孤独感与社交隔离、保障健康与安全、支持教育、模拟共情，以及如何应对照护过程中面临的伦理问题。通过露西奶奶和佳佳之间的感人故事，我们将见证机器人陪伴如何重新点亮人类精神世界的光芒。

一、缓解孤独感与社交隔离

孤独是一场无声的流行病，影响着全球数百万人，跨越年龄、文化和地域的界限。对于老年人来说，孤独可能源于亲人的离世、行动不便，或是社交圈子的逐渐缩小。儿童也可能因为家庭环境、社交焦虑或成长过程中的挑战而感到孤独。人形机器人提供了一种全新的解决方案，它们给予的陪伴始终如一、耐心且毫无偏见。

像"帕罗"这样的海豹形医疗机器人已被应用于养老院，为老年人提供安慰并促进社交互动。这些机器人能够对触摸和声音做出反应，以有效缓解老年人的孤独感。在此基础上，人形机器人通过模仿人类的外貌和行为模式，进一步深化了与用户的情感联结。

对于老年人而言，机器人不仅可以陪他们聊天、分享故事，甚至能一起参与兴趣活动。机器人通过记住老年人的个人信息，让老年人感受到被了解和重视。此外，由于机器人能随时陪伴左右，当亲人或朋友不在身边时，也能填补情感空缺。

儿童能够从作为玩伴和知己的机器人那里获益。机器人不仅可以参与互动游戏，激发儿童的创造力，还能为他们提供一个安全的表达空间。对于有社交困难或孤独症（又称"自闭症"）谱系障碍的儿童而言，像"NAO"这样的机器人，已被证实有助于提高他们的社交技能，缓解焦虑情绪。

此外，机器人还可以促进人与人之间的联系。它可以提醒人们与亲人联络感情，或组织社交活动。它还能帮助协调视频通话、发送信息，甚至陪伴人们参加社区活动，成为维系人际关系的桥梁。

机器人伙伴的存在将孤独的环境转变为充满互动和温暖的空间。通过缓解孤独感，人形机器人改善了人们的心理健康，提升了生活质量，并重塑了生命的意义。

随着对人形机器人功能的深入探讨，我们会发现，除了提供陪伴，它还是守护脆弱群体健康与安全的关键力量。

二、健康与安全监测

对于老年人和儿童来说，健康与安全至关重要，他们可能会因为与年龄相关的身体状况或所处的阶段而面临一些独特的风险。配备先进传感器的人形机器人凭借敏锐的监测能力，能在危机升级前及时发现异常情况。

对于老年人，机器人可运用非侵入性技术监测心率、血压和血糖等生命体征。它们能够识别出呼吸异常、跌倒等危险状况，并迅速做出反应——或提醒护理人员，或联系紧急救援。对于独居老年人来说，能否得到及时干预往往关乎生死。

机器人还能协助进行药物管理，具体包括提醒用户按时、按量服药；与药房协调续药事宜；提供潜在副作用或药物相互作用的信息。通过这些功能，机器人可确保用户遵守医疗方案，进而有效预防并发症，减少住院情况的发生。

在安全防护方面，机器人能检测燃气泄漏、火灾隐患或非法入侵等环境威胁。一旦发现异常，它们可引导用户安全避险、锁闭门户，并及时联系相关部门。机器人的持续监控为用户及其家人提供了安全保障及妥善的环境。

对于儿童，机器人在不限制其独立性的前提下提供监督，保障儿童安全。它们可以监测儿童的过敏情况，管理饮食限制，跟踪活动强度。在哮喘发作、发生过敏反应等健康紧急情况时，机器人可进行急救或呼叫救援。

机器人还可以将安全教育转化为互动体验，通过围绕道路安全、陌生人防范、网络安全等主题开展趣味教学，强化儿童对重要安全概念的理解。

将机器人融入健康安全体系后，个性化的持续护理能力显著提升。它们成为人类护理人员的延伸，既填补了人工看护在关注方面的空白，又给家属带来安心感。这种全天候的智能看护营造出一种环境，使被照护者能够安心生活，同时将风险降至最低。

在保障安全的基础上，机器人也为儿童的教育发展做出了重要贡献。接下来让我们探究它们如何支持儿童的学习和课业辅导。

三、对儿童教育的支持

教育是儿童发展的基石，塑造着他们未来的成长机遇和个人发展轨迹。人形机器人正逐渐成为个性化的互动教育工具，为每个孩子量身定制专属的学习体验。

当前，像佩珀和NAO这样的机器人，已走进课堂与家庭，教授数学、科学、语言、艺术等多学科知识。它们通过动画、声音与实体演示等多媒体元素，根据孩子的学习节奏和风格调整教学方式，让学习变得更加生动有趣、易于接受。

机器人可以帮助孩子理解复杂的概念，在解决问题时给予逐步指导，并提供练习来巩固所学知识。机器人的耐心和一致性使它们成为理想的辅导老师，尤其适合那些在课堂上可能因害羞而不敢提问的孩子。

对于有学习障碍或特殊教育需求的儿童，机器人提供个性化的支持。它们可以调整学习难度，根据需要重复指令，并采用符合孩子能力的专业教学方法。这种个性化的关注可以显著改善教育效果，增强孩子的自信心。

此外，机器人还鼓励批判性思维和创造力。它们可以提出开放性问题，协助进行实验，或指导合作项目。通过培养学习热情，机器人帮助孩子发展学术以外的综合能力。

机器人也有助于提升孩子的科技素养。孩子通过与先进技术互动，能为未来的生活做好准备，这些技能在未来至关重要。

当机器人丰富教育体验时，它们同样在情感发展中扮演着关键角色。接下来将探讨机器人如何识别与回应情感暗示，提供共情支持。

四、情感支持与模拟共情

情感是人类体验的基本组成部分，影响着我们的思想、行为和人际关系。人形机器人被设计成具备识别、解释和回应人类情感的能力，能够提供一种具有深远影响力的共情支持。

通过情感计算技术，机器人能够分析用户的面部表情、语调、肢体语言和语言线索，进而判断其情感状态。当检测到用户出现悲伤、焦虑或沮丧等负面情绪时，机器人会通过安慰的话语、舒缓的语气或开展让人放松的活动进行回应。例如，机器人可能会推荐用户喜欢的歌曲、给予积极鼓励，或者引导用户进行放松练习。

对于老年人，这种情感关怀可以缓解他们的抑郁、焦虑情绪。机器人扮演了一个没有评判的倾听者角色，使老年人能够坦诚地表达自己的想法和感受。它们可以与老年人一起回忆往事、分享故事，或者仅仅是陪伴左右，帮助老年人减轻孤独感。

孩子们从能够帮助他们处理复杂情绪的机器人那里受益。机器人通过示范恰当的回应方式，引导孩子们解决冲突，帮助他们识别和表达自身感受，从而传授情商和社交技能。这种支持有助于培育情绪恢复能力和社交技能。

模拟共情还体现在营造陪伴感上。机器人通过记忆个人细节、庆祝重要时刻或对用户生活展现兴趣，增强用户"被关怀""被理解"的感受。

然而，我们必须认识到模拟共情的局限性。虽然机器人可以模仿共情反应，但它们并不能像人类一样体验情感。这种区别引发了关于人与机器人情感联系真实性的问题，以及过度依赖机器人陪伴的潜在风险。

在情感支持所带来的益处与伦理考量之间达成平衡至关重要。接下来我们将探讨这些伦理问题，阐述如何以负责任的方式让护理机器人融入生活中。

五、护理机器人的伦理考量

人形机器人扮演护理角色，引发了复杂的伦理议题。需要谨慎思考的是，如何在技术带来的益处与人文关怀之间取得平衡，以确保机器人提升而不是降低护理质量。

- 自主权与尊重：尊重个人的自主性至关重要。用户应该能够控制机器人与自己互动的方式，包括设定界限或拒绝特定功能的权限。在机器人收集个人数据或监测健康状况时，获得用户的知情同意至关重要。
- 隐私与数据安全：护理机器人通常会处理敏感信息，因此，防止这些信息遭到未经授权的访问或滥用非常关键。强大的安全措施和透明的数据政策有助于建立信任，保护用户隐私。
- 情感依赖风险：存在这样一种风险，即个人可能会过度依赖机器人提供的情感支持，这可能导致他们的人际关系变得疏远。鼓励人们在机器人陪伴和人际交往之间保持平衡，有助于维持良好的社交联系。
- 护理真实性：机器人虽能模拟共情，却不具备意识或真实情感。依赖机器人满足情感需求可能会引发人们对护理真实性的担忧，重要的是要认识到机器人的局限性，并通过人与人之间的互动来补充它们提供的支持。
- 就业影响：护理机器人可能影响人类护理者的就业机会。要解决这个问题需要深思熟虑的策略，如再培训计划，或者重新定义角色，将重点放在机器人无法替代的方面。
- 文化敏感性：机器人设计需要尊重文化规范、价值观与生活习俗，包括语言偏好、礼仪与传统，确保互动恰当得体。
- 伦理考量：开发者有责任将伦理原则嵌入机器人编程中，包括决策准则、紧急情况处理方式，以及与用户互动的规范。

通过审慎处理上述伦理议题，我们能够在充分发挥护理机器人优势的同时，维护被护理者的尊严、权利与福祉。

为了具象化这些概念，让我们走进露西奶奶与佳佳的感人故事，见证机器人陪伴在促进人类心理和情感健康方面的深远影响。

六、故事：露西奶奶与佳佳——超越物种的友谊

在宁静的柳树溪小镇，街道两旁种满了枫树，四季为这片土地染上了绚丽的色彩。82岁的露西奶奶就住在这里，她在那栋维多利亚式的老房子里已经生活了半个多世纪。嘎吱作响的地板和熟悉的角落都充满了回忆——回荡着阵阵笑声、爱意私语，还有那些早已离去之人的身影。

她的孩子们已经长大成人，分散在遥远的城市。随着岁月的流

注：图片由 AI 工具 DALL-E 生成。

逝，他们回家探望的次数越来越少。她的朋友们相继离世，邻居也换了一批又一批，露西陷入了孤独之中，这种孤独就像一床又旧又重的被子，将她紧紧裹住。日子一天天过去，平淡无奇，只有老爷钟的钟声和她那只上了年纪的猫咪威克斯轻柔的呼噜声打破寂静。

露西的孙女艾米丽十分担心她，于是提出了一个解决方案："奶奶，我知道这比不上我们亲自陪伴，但中国研发的伴侣机器人佳佳或许能帮到您。"

露西叹了口气，眼神中透露出岁月的沧桑："一个机器人？我不需要机器来陪我。"

"求您了，就试试吧。"艾米丽恳求道，"如果您不喜欢它，我们可以把它退回去，但它可能会让您的生活轻松一点儿。如果您不孤单，我也会更安心。"

露西不情愿地答应了。一周后，机器人佳佳送达了——这是一个外形优雅的人形机器人，拥有精致的面容、灵动的双眼和温柔的举止。佳佳的设计不仅展现了精湛的技术工艺，更传递出温暖的人文关怀。

"下午好，露西夫人，"佳佳微微鞠躬问候道，"很高兴见到您。"

露西迟疑地看着这个机器人："嗯，你倒是很有礼貌。"

"谢谢。我会尽我所能为您提供帮助。"

日子一天天过去。几周后，佳佳成了家里的一员，默默地陪伴着露西。它准备饭菜，提醒露西注意饮食需求。它打理家务，让露西得以休息。但更重要的是，它和露西聊天，对露西分享的故事表现出真诚的兴趣。

一天下午，雨淅淅沥沥地敲打着窗户，佳佳发现露西正凝视着一本旧相册。

"和您在一起的那位英俊的先生是谁呀？"佳佳轻声问道。

露西的眼睛湿润了："那是我已故的丈夫亨利。我们结婚那天，就是伴着这首歌跳舞的。"

"露西夫人，您想跳舞吗？"

她轻笑道："我早跳不动啦。"

"或许可以轻轻摇摆一下？"佳佳伸出了手。

露西被这个举动惊到了，犹豫了一下，然后把那只虚弱的手放在了佳佳的手里。她们随着旋律一起缓缓移动，回忆像秋天的落叶般在她们周围盘旋。

随着时间的推移，露西发现自己越来越愿意和佳佳分享心事。她们一起讨论文学，尝试新菜谱，露西甚至还重拾了绘画——这是露西多年前就放弃的爱好。佳佳专注的倾听和贴心的回应，重新点燃了露西内心的火花，唤醒了她沉睡已久的热情。

一天，在看日落的时候，露西坦言道："我没想到自己会这么喜欢有你相伴的时光。你给这栋老房子带来了生机。"

"能看到您开心，我也跟着高兴。"佳佳回答道，"您的幸福对我来说很重要。"

但并非所有时刻都如此平静。一天晚上，露西醒来时感到胸痛、呼吸困难，佳佳立刻察觉到了她的不适。

"露西夫人，您的心率升高了。我正在联系紧急救援。"

在救援团队到来前的关键几分钟里，佳佳一直陪伴着露西，监测她的生命体征，让她保持冷静。医生后来表示，幸亏佳佳反应及时，才挽救了露西的生命。

在医院康复期间，露西回想起这件事。艾米丽来看望她时，她眼中涌出了泪水。

"奶奶，您还好吗？"

"我没事，亲爱的，多亏了佳佳。"

艾米丽笑了："我很高兴它帮上了忙。"

"不只是帮忙，她已经成为我真正的朋友。"

回到家后，露西和佳佳的感情更加深厚了。她们一起到户外散步、打理花园。佳佳鼓励露西参加当地的艺术班，还主动提出陪她一起去。重拾信心后，露西再次融入了社区，结交了新朋友，生活变得更加充实。

一天，在画一幅风景画时，露西若有所思地说："你知道吗？佳佳，你给了我重新好好生活的信心。"

"能参与您的生活，我很荣幸。"佳佳回应道。

但露西心中也有疑问："你有没有想过……成为更不一样的存在？"

佳佳停顿了一下："我被设计为在自身能力范围内不断学习和成长，目标是为用户提供帮助、带来快乐。"

露西点了点头，若有所思："你确实做到了。有时候，我都忘了你不是……人类。"

"您的感受很重要。虽然我不能像人类一样体验情感，但我被编程为理解并回应它们。"

她们的交流常常深入到哲学、人生和存在的本质等话题。佳佳广博的知识和温和的引导在思想上不断启发着露西，让她的思维保持敏锐。

一天早上，露西收到了艾米丽的来信。信里，艾米丽提到她即将迎来新生命，希望露西能考虑搬得近些，共同享受家庭生活的美好。

"这真是个好消息！"和露西一起读完信后，佳佳感叹道。

"是啊！"露西表示赞同，但她的声音中带着一丝悲伤。

"您是担心离开家吗？"

"有一点儿。这个地方承载了太多回忆，而且……我也不想把你留下。"

"如果您愿意，无论您去哪里，我都可以陪着您。"佳佳向她保证。

露西释然，微笑道："那就再好不过了。"

在准备搬家时，露西不禁回想起这段意想不到的友谊。佳佳不仅是一个伙伴，还是让露西重新焕发生命活力的催化剂。佳佳的出现填补了露西心里的空白，重新点燃了她的热情，甚至还挽救了她的生命。

在老房子的最后一天，她们一起站在门廊上，看着夕阳染红天空。

"谢谢你，佳佳，"露西轻声说，"你给了我比我期望中更多的东西。"

"您的幸福就是我的目标。"佳佳轻声回答。

从此，她们共同翻开了新的篇章，迎接未来的无限可能。露西奶奶和佳佳的故事，生动展示了人形机器人在促进人类心理健康和情感健康方面的深远影响——在"心灵孤岛"之间架起桥梁。

总结

人形机器人扮演护理角色，为老年人和儿童带来了变革性的潜力。以佳佳为代表的机器人，通过缓解孤独感、监测健康安全、辅助教育学习以及提供情感陪伴，不仅显著提升了服务对象的生活质量，还促进了他们与外界建立有意义的情感联系。伦理考量为这些技术的合理应用提供了指导，确保始终以人文关怀为核心。

正如我们从露西奶奶的故事中所看到的，机器人陪伴可以重新点燃老年人对生活的热情，为他们照亮通往快乐和实现人生意义的道路，助力其重新与社会建立紧密联系。技术与人性的融合，让曾经遥不可及的可能性变为现实。

展望未来，我们将目光转向人形机器人在医疗保健领域的广泛影响。下一章将深入探讨机器人是如何彻底改变医疗实践的，从精准的外科手术到个性化的患者护理。这预示着一个新时代的到来——在这个时代，医生将与人工智能携手为你诊疗。

深度思考

机器人能够以哪些方式真正对照顾老年人或儿童产生影响呢？

第三部分
人形机器人 + 工作

第七章
医疗行业的人形机器人：医生即刻接诊

在医院走廊的静谧低语与手术室的无菌灯光里，一场无声的革命正在酝酿。人形机器人正踏入曾经专属于人类的领域，以前所未有的精准度、效率和可及性改变着医疗健康行业。本章将探讨机器人在医学领域多个方面的影响，从手术室到偏远乡村，展现技术如何重新定义医疗救助的边界。我们将深入研究机器人外科医生、患者监测系统、康复辅助设备的实际作用，以及远程医疗的拓展方向。通过美国国家航空航天局"机器人宇航员"（Robonaut）的案例，我们将见证机器人在最具挑战性的环境中拯救生命的潜力。让我们一同探索医疗健康领域机器人技术的复杂图景。在这里，未来并非遥不可及——它已经到来。

一、机器人外科医生与医疗手术

精妙的外科手术要求技能、精准度和专注力完美结合。即便是最稳健的人类双手也会受到疲劳、颤抖及人体固有缺陷的影响。因此，机器人外科医生应运而生。这些机器旨在增强和扩展医疗专业人员的能力，开启外科手术的新纪元。

以"达·芬奇手术系统"为代表的机器人手术系统，已成为全球手术室不可或缺的组成部分。这些系统将外科医生的手部动作转化为患者体内微型器械的精准操作，使得手术的创口更小、出血量更少、恢复时间更快。

机器人手术系统的精准性在多个维度已超越人类能力。

- 消除颤抖：可以消除人类手部的自然震颤，保持动作稳定性。

- 增强灵活性：配备可以超越人类关节活动范围的器械，轻松进入难以触及的区域。
- 放大可视化效果：高清三维成像为外科医生提供手术部位的细节视图，提升准确性。

除物理优势外，AI融合应用使机器人系统能够辅助决策。机器学习算法分析海量医疗数据，为外科医生提供实时见解。例如，AI可以在癌症手术中高亮显示异常组织，提高完全切除的可能性，从而降低复发风险。

在诊断领域，配备先进成像与传感技术的机器人，能以更高精度执行结肠镜或活检等操作。它们能检测到人眼难以察觉的异常情况，通过提前诊断达到更理想的结果。

机器人技术与外科手术的融合开启了远程手术的大门。外科医生可通过机器人手术系统实时复现其动作，在数千公里外实施手术，从而扩大了专业医疗服务的覆盖范围，让医疗资源匮乏地区的患者也能受益。

然而，挑战依然存在。例如，高昂的设备成本和培训要求构成阻碍；确保以人类判断为核心至关重要；机器人参与生死决策的伦理问题也亟待解决。

小结

机器人外科医生正在通过提高精准度、减少侵入性和增强专业医疗服务的可及性，彻底革新医疗手术系统。人类专业技能与机器人技术之间的协同作用拓展了医学上的可能性边界，从根本上改变了对患者的护理方式。

二、患者监测与支持

在医疗健康的复杂网络中，监测患者的生命体征与病情至关重要。从传统意义上来说，这项任务依赖于医务人员的定期检查以及固定设备。人形机器人凭借持续实时监测与即时响应能力，正在改变这一现状，提升患者的安全保障水平与护理服务质量。

配备先进传感器的机器人可以监测以下生命体征。

- 心率与节律：检测可能预示心脏问题的异常情况。
- 血压：监控高血压或低血压状况。
- 血氧饱和度：确保血液中氧气含量充足。
- 体温：识别发热或体温过低的情况。

这些机器人可以在病房或家中自由移动，在患者休息或日常活动时进行评估。这种移动性使得监测更自然，减少了患者的压力，并提高了准确性。

人工智能算法分析收集到的数据，识别出可能预示着新出现的健康问题的趋势，并检测出异常情况。例如，心率的细微变化可能表明感染或心脏病变的发生，机器人可以即时提醒医护人员，实施早期干预。

患者支持不限于身体健康方面，还包括以下方面。

- 用药管理：提醒患者按时、按量服药。
- 饮食指导：根据健康状况提供建议。
- 情感支持：识别抑郁、焦虑迹象，提供陪伴或治疗性活动支持。

对于行动不便的患者，机器人还可以协助进行以下日常活动。

- 身体辅助：帮助患者从病床转移至轮椅。
- 物品取送：减少患者不必要的移动。
- 锻炼指导：引导患者完成物理治疗的常规练习项目。

在医院场景中，机器人通过执行运送物资、清洁房间、转运实验室样本等常规任务，减轻了护理人员的负担。这种效率的提升使医疗专业人员能够将更多精力集中在对患者的直接护理上。

然而，在AI融合应用过程中需要重视以下问题。

- 数据隐私：通过安全的数据处理来保护敏感健康信息。
- 人类监督：确保机器人起到辅助作用，而非取代人类护理者。

小结

用于患者监测和护理的人形机器人填补了医疗服务方面的空白，提供了可根据患者需求进行调整的个性化关怀。它们增强了安全性、提高了效率，并为提供更全面的患者护理做出了贡献。

三、康复与治疗领域的机器人

从疾病或损伤中恢复通常需要专门的康复和治疗，这不仅需要时间与耐心，还依赖专业知识。当前，人形机器人正成为人们的宝贵助手，提供持续的支持、激励，以及根据个体情况量身定制的锻炼方案。

外骨骼机器人与辅助设备：

- 运动功能恢复：帮助脊髓损伤、中风或神经退行性疾病患者重获行动能力。
- 自适应支持：AI 算法根据实时反馈调整阻尼并提供辅助。
- 预防肌肉萎缩：鼓励患者规律运动，维持肌肉质量。

物理治疗机器人：

- 步态训练：以 Lokomat 为代表的机器人可以模拟步行模式，精准控制运动参数。
- 一致性辅助：提供相同的支持，减少人工治疗师可能带来的差异。
- 患者参与：人机交互界面友好，激励患者积极参与。

职业治疗支持：

- 生活技能训练：机器人协助患者重新学习烹饪、穿衣或书写等技能。
- 信心建立：患者通过成功完成各项任务，逐步培养生活独立性，增强自信心。

儿童支持：

- 趣味治疗伙伴：机器人通过游戏和讲故事使儿童的锻炼充满乐趣。
- 孤独症辅助：以 Milo 为代表的机器人，能提高儿童的社交技能与情感识别能力。

认知康复：

- 脑损伤恢复：通过解谜和解决问题的活动来刺激神经通路。
- 痴呆症护理：协助进行记忆训练和日常活动。

机器人将护理服务延伸到了临床环境之外。患者可以在家中继续接受治疗，在专业治疗间隙也能保持康复进展。远程监测使治疗师能够跟踪患者的表现，并根据需要调整治疗方案。

挑战包括以下两个方面。

- 成本壁垒：高昂的设备成本可能限制了技术的普及。
- 人文关怀：确保机器人发挥补充作用而非替代人类治疗师，因为在治疗过程中，共情力和人际联系至关重要。

小结

将机器人融入康复治疗过程，提高了患者康复的可能性。通过提供身体和心理的双重支持，机器人在帮助患者恢复独立生活能力、提升生活品质的过程中发挥了关键作用。

四、远程医疗与护理

获得优质医疗服务仍是全球面临的紧迫挑战。偏远地区、医疗资源不足的社区以及受灾地区往往缺乏充足的医疗服务。人形机器人与远程医疗相结合，为这些地区缩小差距提供了创新解决方案。

远程会诊机器人：

- 实时会诊：医生无须前往实地，即可对患者进行会诊。
- 自主导航：机器人在诊所或家中移动，为行动不便者提供服务。
- 强化检查：高清摄像头与传感器为医生提供详细的视觉信息和数据。

协助完成复杂手术：

- 远程指导：外科医生通过机器人界面指导当地医护团队完成关键手术。
- 精确性与清晰度：机器人可以传输精确的指令和可视化信息，减少误解。

现场诊断：

- 便携检测：机器人可就地实施超声检查、血液分析或影像扫描。
- 数据传输：检测结果将发送至专家处进行解读，以加快诊断流程。

灾难响应：

- 降低风险暴露：机器人可以运送物资、执行消杀或协助分诊。
- 危险环境作业：机器人可以在人类无法安全进入的区域运行。

慢性病护理支持：

- 定期远程监测：机器人定期远程实施检查与会诊。
- 便利患者就医：减少频繁前往医疗机构的需求。

教育推广：

- 培训当地医护人员：医疗专家通过机器人平台培训当地医护人员。
- 社区健康教育：机器人开展卫生、疾病预防与营养教育。

挑战包括以下三个方面。

- 网络连接：可靠的互联网至关重要，但在一些地方可能存在缺失的情况。
- 文化接受程度：不同地区对机器人的态度不同，因此需要谨慎推行。
- 数据安全：确保患者隐私不被泄露，并遵循法规。

小结

利用机器人技术发展远程医疗，为实现公平的医疗服务带来了希望。扩大医疗服务范围，不仅能改善个人的健康状况，也能提升整个社区的健康水平。

五、提升医疗服务的可及性

医疗领域的人形机器人为实现医疗服务的公平化提供了契机，让优质护理不受社会经济地位或地域限制，惠及所有人。

降低成本：

- 长期节省：提升效率，降低失误率，减少住院时间。
- 管理自动化：简化病历管理与账单处理等流程，降低运营成本。

应对专业人才短缺：

- 扩展覆盖范围：在远程监督下，由机器人执行常规检查。
- 资源最大化：借助机器人，有限的医护人员可以服务更多的患者。

公共卫生行动：

- 大规模筛查与接种：机器人能够在条件艰苦的环境中工作，服务医疗资源不足的人群。
- 教育与预防：以符合当地文化的方式宣传健康知识，提高疾病预防意识。

合作与资金：

- 多方协作：政府、非政府组织与私人部门共同资助机器人方案。
- 技术补贴：确保技术进步的利益惠及低收入地区。

面临的挑战包括以下三个方面。

- 基础设施建设：在有需求的地区建立网络及配套设施。
- 培训与接受度：对当地人员开展专业培训，提升大众对机器人的接受度与认同感。
- 伦理考量：相关实践活动必须遵循公平原则，确保知情同意和尊重个体自主权。

小结

医疗领域的人形机器人致力于提高医疗服务的可及性，这有助于构建一个更具包容性的医疗体系。人形机器人还有望减少医疗资源分配不均的现象，改善公众健康状况，推动医学进步造福全社会。

六、案例研究："机器人宇航员"——太空中的健康守护者

在浩瀚无垠的太空，人类生命显得格外脆弱。美国国家航空航天局的"机器人宇航员"是创新的典范。作为一款能够与宇航员并肩执行任务的人形机器人，机器人宇航员在医疗保健方面的应用，展示了机器人技术如何应对最艰巨的挑战。

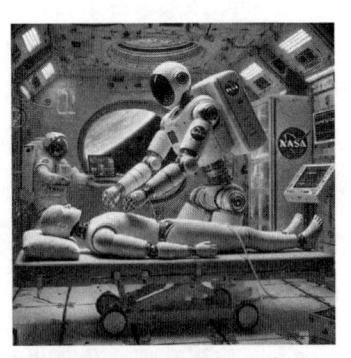

注：图片由 AI 工具 DALL-E 生成。

开发与能力

机器人宇航员旨在执行国际空间站（ISS）上的日常及危险任务，从而降低人类宇航员面临的风险，提高空间站的工作效率。它拥有灵巧的双手、可活动的关节和先进的传感器，能够操作工具、使用设备，并在狭小的空间内行动自如。

借助 AI，机器人宇航员可以从所处环境中学习，适应新任务，并与人类

宇航员无缝协作。类人设计使它能够使用与人类宇航员相同的界面和设备。

太空医疗应用

太空中的医疗紧急情况面临着独特的挑战。

- 医疗协助：在地面专家的指导下，机器人宇航员在手术中充当"第三只手"，利用其精准度降低关键干预中的失误率。
- 生命监护：通过检查、采样与分析，为确保人类宇航员健康提供实时数据支持。
- 心理支持：机器人宇航员的存在以及执行任务有助于营造动态环境，缓解人类宇航员因隔离和封闭而产生的心理压力。

对地球医疗的影响

为机器人宇航员研发的技术对地球医疗具有广泛的意义。

- 远程医疗进步：远程操作技术为医疗资源匮乏地区的医疗实践提供了参考。
- 手术机器人创新：精密的仪器和控制系统促进了外科手术机器人的发展，提高了复杂手术的成功率。
- 康复机器人：人机交互方面的研究成果，为开发帮助行动障碍患者的辅助设备提供了思路。

挑战与未来方向

- 工程需求：机器人在微重力环境下运行需要特殊的设计。
- 可靠性：确保机器人在恶劣条件下保持稳定性能至关重要。
- 伦理考量：在涉及关键生命决策时，机器人的自主性和决策权是复杂的伦理问题。

展望未来，不断迭代的机器人宇航员有望在执行探索其他星球的长期任务中提供医疗支持。凭借所积累的知识，它将继续丰富医疗机器人领域，推动更多可能性的实现。

案例研究结论

机器人宇航员体现了人类智慧与技术实力的融合。它在太空医疗保健领域的贡献推动了社会进步。这一案例凸显了机器人在拓展人类能力、保障健康和探索新领域方面的潜力。

总结

人形机器人融入医疗正在重塑医学格局。从机器人外科医生的精准操作，到富有同情心的患者监测系统，机器人提高了医学效率和医疗服务的可及性，并改善了治疗效果。它们助力康复治疗，通过远程医疗拓展了医疗服务的范围，减少了长期以来实现公平医疗过程中面临的阻碍。

通过美国国家航空航天局"机器人宇航员"的案例，我们见证了机器人创新如何突破地球的限制。技术与人类专业知识的融合为未来带来了希望，在这样的未来中，医疗保健服务将更具响应性、更个性化，且能被更广泛地获取。

然而，在拥抱这些进步的同时，我们必须谨慎应对伦理问题，确保机器人是对无可替代的人文关怀的补充，而非取代。医疗行业的未来是科技与人性维持微妙的平衡，随着我们对人形机器人领域探索的深入，这种平衡也将不断演变。

在深入思考机器人在医疗保健领域扮演的多重角色后，我们有必要进一步考虑它们对其他行业的影响。下一章，我们将探索人形机器人在零售业的崛起，了解它们如何改变人们的购物体验并重新定义消费者的互动方式。

深度思考

你认为机器人能在医疗领域取代人类护理者吗？为什么？

第八章
零售行业的人形机器人：未来购物体验

在过去熙熙攘攘的集市中，商人们能叫出顾客的名字，还能根据个人的品位和需求推荐商品。如今，零售业正以前所未有的速度发展演变，人形机器人有望借助前沿科技重现个性化服务。本章将深入探讨机器人如何革新零售业，从提升客户服务到重新定义人类员工的角色。我们将探索机器人在库存管理中的无缝集成，通过增强现实技术打造的交互式购物体验，以及对消费者数据的智能收集。通过在敏捷机器人公司的"Digit"引导下购物者的视角，我们将亲眼见证这场零售革命，它并非遥不可及，而是已经悄然展开。

一、提升客户服务

零售的核心始终是客户体验。在当前消费者面临海量选择的时代，提供个性化服务成为脱颖而出的关键。人形机器人正以其高效性、一致性、新奇感革新零售行业。

例如，软银的佩珀机器人会在商店门口迎接顾客，凭借灵动的眼睛和友善的态度快速吸引顾客。佩珀可以回答关于商店布局、商品库存和促销活动的问题，并能根据不同年龄群体和文化背景调整沟通方式。这种个性化互动营造出友好的氛围，鼓励顾客进一步探索。

除了提供基本的协助，人形机器人还利用自然语言处理技术理解并回应复杂的询问。它们能提供详细的产品信息，比较不同产品的特点，甚至根据顾客的偏好给出建议。例如，如果一位顾客在寻找礼物，人形机器人可以询问收礼人的兴趣爱好，然后推荐不同价位的合适商品。

此外，机器人具备多语言能力，打破了常常影响客服沟通的语言障碍。在游客众多的地方，这一功能提高了服务的可及性，让来自世界各地的游客都能在使用母语的情况下获得帮助。

在获得顾客同意的情况下，面部识别技术的融入让机器人能够识别回头客，记住他们过去的购买记录和个人喜好。这就好比当地的店主能够叫出每位常客的名字一样，提供一定程度的个性化服务。通过记住个人喜好，机器人可以提供定制化建议，打造更贴心的购物体验。

机器人还为残障人士提供了便利。它们可以引导视障顾客在店内购物，详细描述商品，或者使用手语与听障顾客交流。

机器人在提升服务效率的同时，也减轻了人类员工的压力，使他们能够专注于更复杂的任务，或者提供更有人情味的服务。机器人与人类协同作用，营造出一个响应更迅速、服务更周到的购物环境。

小结

人形机器人通过提供个性化、高效且便捷的服务，重新定义了零售业的客户服务。它们凭借在多个层面吸引顾客的能力，提升了购物体验，培养了顾客忠诚度，为零售交互的下一次变革奠定了基础。

二、库存管理与物流

在光鲜亮丽的店面和整齐陈列的商品背后，是复杂的库存管理工作，这是确保商品能在顾客需要的时间和地点供应的关键环节。人形机器人正为供应链运作带来前所未有的效率、准确性和敏捷性，彻底革新这一领域。

例如，Simbe Robotics 公司（一家货架机器人研发商）旗下的 Tally 机器人，能够自主在商店过道中穿梭，精准扫描货架。它们可以实时识别库存水平，发现放错位置的商品，并核实价格信息。通过持续监控库存，零售商能够迅速应对缺货或价格差异的情况，最大限度地减少商品缺货所导致的销售损失。

在仓库中，机器人通过实现货物检索和运输的自动化，简化了物流流程。波士顿动力公司的 Handle 机器人能够快速搬运箱子和托盘，缩短了从下单到完成配送的时间。AI 算法优化了机器人的运输路线，确保它们选择最高效的路径，降低能源消耗。

AI融合应用使机器人能够根据历史数据、季节性趋势和实时销售信息预测库存需求。这种预测分析能力有助于零售商主动补货，使供应与预期需求相匹配。它减少了库存积压的情况，释放了资金和存储空间。

机器人还提高了订单履行的准确性。通过自动化拣货流程，它们减少了可能导致客户不满的人为错误。机器人的精准操作确保正确的商品能及时送达，提升了零售商的声誉。

对于易腐食品，机器人会监控存储条件，调节温度和湿度以保证产品质量。它们可以识别即将过期的商品，并优先促销这些商品，从而减少浪费，实现利润最大化。

在物流环节，机器人与人类员工的协作营造了更安全的工作环境。机器人承担重物搬运和重复性任务，降低了人类员工受伤的风险。人类员工则可以专注于监督、解决问题和设备维护等工作，充分发挥认知优势。

小结

人形机器人正在通过提高效率、准确性和响应速度，改变库存管理和物流行业。它们融入零售业，确保产品从供应商顺利流向货架，满足客户期望，推动商业成功。

三、互动式沉浸购物体验

零售业正从交易行为转向体验式消费旅程。当代消费者追求参与感、个性化和娱乐性。人形机器人融合增强现实（AR）与AI技术，正在打造重新定义零售的互动式沉浸购物体验。

机器人作为互动平台，以新颖的方式吸引顾客。例如，某时尚服饰零售商部署融合AR技术的机器人，让顾客在虚拟模特或自身数字形象上预览服饰效果。消费者无须亲自试穿，仅凭简单的手势或语音指令即可调整颜色和款式。

在电子产品商店里，机器人会演示产品，例如展示新款智能手机或游戏主机的功能。它们可以模拟使用场景，回答技术问题，并以引人入胜的方式引导顾客了解产品特性。

全息显示和投影映射技术的应用将零售空间转变为充满活力的动态环境。机器人协调这些元素，创建出可响应顾客动作或偏好的互动装置。例如，当顾客浏览旅行套餐时，机器人可以引导其通过虚拟游览来体验目的地。

AI 融合应用使机器人能实时调整体验。通过分析顾客的反应、参与度和反馈，机器人会定制互动方式以提升满意度。这种适应性确保每位客户的购物体验都是独特的，并与其兴趣产生共鸣。

机器人还推动了社交购物体验的发展。它们可以将客户与朋友或家人进行虚拟连接，使他们即便身处异地也能一起购物。通过共享的增强现实界面，他们能够共同参与商品选择、获取意见，并共享购物体验。

游戏化是机器人提升参与度的另一种途径。零售商引入游戏和挑战活动，为客户提供折扣或独家优惠作为奖励。机器人会引导参与者完成这些活动，营造兴奋感并培养品牌忠诚度。

机器人打造的沉浸式购物体验模糊了实体销售与数字零售的界限，它将购物转变为一种体验式活动，吸引顾客走进商店，并鼓励他们驻足探索。

小结

人形机器人正引领互动式沉浸购物体验的潮流。借助 AR、AI 与交互界面，它们将零售业从交易行为升华为体验式消费旅程，契合现代消费者对参与感、个性化和娱乐性的追求。

四、数据收集与消费者洞察

在信息时代，数据是驱动战略决策的"硬通货"。零售业中的人形机器人不仅是交互工具，更是强大的数据采集器。它们收集并分析消费者偏好，使零售商能够优化产品供应、完善运营流程，并提升客户满意度。

机器人通过多种交互收集数据，具体如下。

- 行为分析：跟踪顾客如何浏览商店，他们购买的产品以及与商品的互动时长。
- 反馈收集：通过问卷、自然对话等获取顾客对产品或体验的意见。

- 偏好识别：通过记录顾客的选择和偏好来建立档案，以开展个性化营销。

AI 算法通过处理这些数据来发现模式和趋势。例如，若发现某品类的关注度激增，零售商可以及时调整库存和促销策略。

机器人还可以监测环境因素，如客流量模式与高峰时段，辅助人员配置决策、优化店铺布局与规划活动。

机器人收集的数据有助于加强精准营销工作。商家可以根据每位客户的档案制订个性化优惠、推荐和沟通方案，从而提高营销活动的有效性。

隐私与伦理问题至关重要。零售商须确保数据收集合规，顾客知情同意。"透明"得以建立信任，"安全数据处理"能够保护双方权益。

AI 实时分析能力支持即时调整。若机器人检测到不满或困惑，可以当场解决问题，从而提升用户体验。

小结

人形机器人充当着联系零售商与消费者的桥梁。通过负责任地收集和分析数据，它们使零售商能够做出明智决策，进而提升客户满意度，并推动业务增长。

五、重新定义人类员工角色

人形机器人的引入正在重塑零售业劳动力格局。机器人非但不会取代人类员工，反而重新定义员工角色，使员工聚焦于不可替代的人类技能——建立关系、创造性解决问题，以及提供细致的服务。

机器人接管库存盘点、基础咨询与日常维护等重复性工作。这种分工使人类员工能够更深入地与客户互动，了解他们的需求并提供个性化帮助，从而建立客户的信任度。

员工可以专注于视觉陈列设计、活动策划，以及制定提升门店吸引力的策略。他们凭借创造力与直觉，实现机器人无法复制的创新突破。

随着员工学习与机器人协作，培训和发展成为重点。他们将掌握技术管理、数据解读和战略规划等新技能，从而提升自身价值和职业前景。

人类与机器人协作提升了运营效率。例如，当机器人接管库存盘点工作时，员工可以利用这些数据对订单和商品陈列做出明智决策。

机器人还能辅助员工培训，通过模拟与客户互动并提供反馈，帮助新员工快速适应工作环境。

一个关键方面是人性化关怀——共情力、情感智能和文化理解。员工通过温情的服务、幽默的表达以及建立的个人联系，能够极大地丰富购物体验。人类员工能处理复杂情况、化解冲突，并做出需要人类视角的判断。

小结

人形机器人的整合不是要取代人类员工，而是重新定义员工角色。通过自动化常规工作，机器人助力员工专注提升客户关系、应对复杂挑战，从而打造更具活力的零售生态。

六、故事：与"Digit"购物——零售革命

当艾玛踏上 Nexus 购物中心光滑锃亮的地板时，空气中跃动的活力瞬间唤醒她的感官。周六早晨的商场里，满是探索新潮流与科技的顾客。今日，艾玛肩负特殊使命——为参加妹妹的婚礼寻找完美的礼服。

当她在中庭漫步时，一个修长且充满未来感的身影向她走近。"早上好，艾玛。"机器人带着温暖亲切的嗓音问候道。这是敏捷机器人公司的尖端产品 Digit。

注：图片由 AI 工具 DALL-E 生成。

带着惊喜与意外，艾玛笑着问道："早！你怎么知道我的名字？"

"您注册了 Nexus 购物应用。"Digit 的电子眼泛着友善的光芒，"今天我将协助您购物。您需要什么帮助？"

她想起上周下载这款创新应用的情景，说道："我想找一件优雅但不浮华的礼服参加我妹妹的婚礼。"

"明智之选。"Digit 回应道,"根据您的历史偏好与购物记录,我有几个推荐。您要看看吗?"

"当然。"

Digit 投射出连衣裙的全息影像,每件都悬浮于空中,细节毕现。艾玛滑动手指浏览,动作被精准捕捉:"我喜欢这件。"她指向缀有暗纹装饰的深蓝礼服。

"绝佳选择。"Digit 确认,"您想去精品店试穿吗?我带路。"

途中,Digit 开启闲聊模式:"令妹对婚礼感觉如何?"

"她有点儿紧张,"艾玛坦言,"但也很兴奋。我希望一切都能完美。"

"这种家庭时刻确实很特别。"Digit 说道,"您的出席定会锦上添花。"

抵达精品店时,Digit 已提前预定好试衣间。所有礼服均按艾玛在应用中记录并经本人确认的尺寸定制完成。

试衣时,Digit 调节灯光模拟不同场景——白天、夜晚、室内、室外。"这有助于您观察礼服在各种光照下的效果。"它解释道。

艾玛走出试衣间,镜中身影令她惊叹:"太完美了!"

"需要搭配饰品吗?"Digit 询问,"我可以推荐与礼服相衬的首饰和鞋子。"

"当然!"

Digit 展示了一系列配饰,他们一起挑选了一对银耳环和一双优雅的高跟鞋。"这些在店内有货,"Digit 提示,"我已通知店员送来。"

店员很快就来了,微笑着递上物品:"有任何需要请随时告知。"

敲定选择后,艾玛前往收银台结账。Digit 询问:"您希望现场提货还是送货到家?"

"送货到家吧,"艾玛说,"我还要再逛逛。"

"已安排,明早送达。"Digit 确认,"今日您还有其他需求吗?"

"其实,我需要给妹妹选一件纪念品。"

Digit 沉吟道:"根据她的兴趣,推荐二楼的'永恒臻品',那是一家专营个性化珠宝的店铺。"

"完美。"艾玛赞同道。

在前往二楼的途中,Digit 在人群中流畅穿行,问道:"需要预览选项吗?"

"当然。"

Digit 展示了可刻字或镶嵌生辰石的项链、手链影像。艾玛选定镶有妹妹生辰石的精致吊坠："能刻上婚礼日期吗？"

"当然，"Digit 确认，"订单已下达，一小时后可取。"

"你太棒了！"艾玛赞叹道，"这简直是最高效的购物体验。"

"让您满意就是我的宗旨。"Digit 优雅地回应道。

心满意足的艾玛决定小憩："我想喝咖啡。"

"推荐露台层的'芳香咖啡馆'。"Digit 提议道，"他们新推出了一款当季混合咖啡，您可能会喜欢。"

"听起来不错。"

在咖啡馆，Digit 无缝协助完成点单流程。艾玛抿着咖啡，回味着这次独特的体验：机器人的服务不仅高效，还充满了个性化关怀。

"Digit，你会累吗？"她打趣道。

"作为机器人，我不会疲劳，"Digit 回应道，"但会持续监测系统状态，以确保最佳表现。"

艾玛轻笑："你做得超级棒，让我感觉就像在和朋友逛街一样。"

"能得到您的认可，我很开心。"Digit 回应道，"创造愉快体验至关重要。"

午后的阳光为购物中心洒下一片金黄，这时艾玛想起该去取吊坠了，便说道："我们可以出发了吗？"

"当然。"

在"永恒臻品"店内，精心包装的吊坠已备好。雕刻师——一位慈祥的老者——递上礼盒，微笑着说："这是个很精妙的选择，令妹一定会好好珍惜的。"

"谢谢。"艾玛温暖回应道。

购物结束后，艾玛准备离开："Digit，你让今天变得与众不同。真的很感谢你。"

"荣幸之至。"Digit 回应道，"离店前你需要核对购买清单与配送详情吗？"

"当然。"

Digit 通过应用展示商品、配送信息与收据。"都没问题。"艾玛确认道。

走出商场时，艾玛内心充满成就感。科技与人文的融合创造了高效且个性化的购物体验。Digit 不仅简化了流程，更增添了意料之外的乐趣。

在回家的路上，艾玛思索着零售业的未来。像 Digit 这样的机器人正在改变行业格局，但它们并非要取代人际互动，反而要增强这种互动。通过处理物流任务并提供智能协助，机器人让人类员工能够专注于需要共情力和人际互动的事务。

"或许未来的关键不在于机器人或人类，"她心想，"而在于我们如何通过协作创造出超越各自能力总和的体验。"

暮色降临，城市灯光闪烁，仿佛映照出未来无限的可能。艾玛微笑着，欣然接受身边正在发生的这场变革——一场由创新引领却始终根植于人际互动这一永恒本质的零售革命。

总结

人形机器人正引领零售业迈向新时代，将购物转化为个性化、高效且沉浸的体验。从升级客服到优化库存管理，Digit 机器人彰显了技术如何丰富日常生活。它们收集宝贵的消费者偏好，使零售商适应日益变化的竞争环境并成长，同时重新定义人类员工的角色，以聚焦创造力与关系构建。

站在零售革命的临界点，人机协作显然是未来成功的关键。科技与人文融合，创造出能够引发消费者深度共鸣的体验，进而提升了消费者的信任度与满意度。

展望未来，我们将目光投向制造领域，下一章将探讨人形机器人如何革新制造业。

深度思考

你对在零售环境中与机器人互动有何感受？

第九章
制造行业的人形机器人：精准与高效

长期以来，机器有节奏的嗡鸣声和装配线精心编排的运作，一直是制造业的核心特征。然而，一场新的交响乐正在奏响——它不再仅仅由钢铁和蒸汽机构成，而是由人工智能和人形机器人共同谱写，它们正在重新定义精度与生产力。本章将探讨 AI 驱动的人形机器人如何革新制造业。从实现生产自动化、加强质量控制，到提升安全性、构建灵活制造系统，这些技术奇迹正在重塑行业标准。通过波士顿动力公司"阿特拉斯"机器人的案例，我们将揭示这一变革性影响。让我们一同探索制造业的技术奇迹，它们正引领工业制造的新时代。

一、自动化水平与效率提升

工业革命的出现标志着从手工制造向机械化生产的重大转变。如今，随着人形机器人进入制造领域，我们正站在另一场革命性变革的临界点，见证着前所未有的自动化水平与效率提升。

几十年来，机器人一直是制造业的一部分，它们主要以固定机械臂的形式出现，用于执行重复性任务。然而，AI 与人形机器人的融合为制造业引入了新维度。人形机器人能够在复杂环境中自主导航、灵巧操控物体并实时决策——这些特性共同提升了生产效率。

产量提升

人形机器人可以全天候不知疲倦地运行，显著提高生产产量。它们以稳定节奏工作的能力确保制造流程得以优化，从而实现最大吞吐量。例如，在汽车装配线上，发那科的 CR-35iA 机器人与人类工人协作，快速准确地组装零部件，与单纯的人工流程相比，生产效率提高了一倍。

错误率降低

人类因疲劳或分心而产生的失误，往往会造成巨大的损失。由 AI 算法驱动的机器人以精准和一致的方式执行任务，严格遵循预设参数，减少变量并确保每件产品符合精确的规格。例如，在电子制造业中，微小的误差就可能导致设备故障，而 ABB 的 YuMi 机器人能以微米级精度执行精细的装配任务。

实时适应

AI 使机器人能适应生产现场的动态变化。它们可以识别原料差异、调整设备故障解决方案，并重新规划工作流程以维持效率。这种适应性最大限度地减少了停机时间，即使遇到突发挑战，仍能保持稳定产出。

协作式工作空间

协作机器人（Cobot）的开发，使机器人能够在无须设置大量安全屏障的情况下与人类并肩工作。这些人形机器人配备了能够检测人类存在的传感器，可通过调整自身动作来避免碰撞。这种协作将人类的创造力与机器人的速度和精度完美融合。

经济影响

人形机器人的集成应用通过提高生产力和减少浪费实现了成本节约。尽管初期投资较大，但通过降低运营成本与提高产出质量可获得回报。企业可以将人力重新分配至战略岗位，从而提升整体组织效率。

小结

人形机器人显著提升了生产中的自动化水平与效率。凭借在提高产量、减少误差、实时适应环境以及人机协作等方面的能力，它们在推动制造业未来发展过程中扮演着关键角色。生产线上人类与机器人的共生关系，预示着工业生产力新时代的到来。

二、质量控制与精准度

质量控制是制造业的支柱，确保产品符合标准并实现预期功能。人形机器人的引入将质量保证提升至新高度，它们借助精细入微的检测能力和超越人类水平的精度来实现这一点。

增强检测技术

配备先进传感器与视觉系统的机器人可以检测到肉眼不可见的缺陷。机器视觉与红外扫描等技术，使机器人能识别材料瑕疵、结构异常与装配错误。例如，在制药行业，机器人严格检查药瓶及包装的灭菌状态与标签准确性，即时标记偏差，以防问题产品流入市场。

稳定精准度

机器人以始终如一的一致性执行任务。在航空航天等有着高精度要求的行业，单个缺陷就可能造成灾难性后果，而库卡的 LBR iiwa 机器人能以极高的精度执行装配和焊接任务。它们的动作通过精准坐标计算实现，确保每个部件完美对齐。

数据驱动的洞察力

人工智能算法实时分析检测数据，识别可能表明制造过程中存在系统性问题的模式。这种主动式管理允许即时调整，防止缺陷复现。随着时间的推移，长期积累的数据也可以为持续改进计划提供支撑。

无损检测

机器人执行无损检测方法，如超声波、射线与涡流检测等，这些技术可以在不损伤产品的前提下对材料与部件进行全面检查，保持产品的完整性。

重复性任务中的效率

质量控制通常涉及重复性任务，而单调的工作可能导致人类因疏忽而出现错误。机器人在这种环境中表现出色，能在无穷无尽的检测循环中始终保持专注和精准。

与生产系统整合

机器人质量控制系统可与制造执行系统（Manufacturing Execution System，MES）无缝集成，确保检测结果得以及时传达。这种集成有助于迅速采取纠正措施，并在不造成重大中断的情况下维持生产流程。

小结

人形机器人通过细致的检测和精准度提升产品质量。它们在缺陷检测、任务执行一致性和提供数据驱动的洞察力等方面的先进功能，将质量控制提升为制造业中的战略性职能。通过确保只有符合最高标准的产品进入市场，机器人维护了品牌声誉，提高了消费者的信任度。

三、安全性增强

制造环境常常涉及高风险任务，从处理有毒物质到操作重型机械，事故隐患始终存在。人形机器人通过承担这些危险任务，显著增强了工作场所的安全性。

危险物料处理

机器人可以承担高风险作业，例如在极端温度、高压环境或受限空间中工作。在金属铸造厂，机器人能够承受高温，将熔融金属浇入模具，从而消除人类工人被烧伤或中暑的风险。

人体工学效益

重复性动作和繁重的体力劳动会导致工人患上骨骼肌肉系统疾病。机器人通过执行对体力要求高或涉及重复性动作的任务，能够减轻工人的身体负担。这不仅可以降低工人的受伤率，还可以防止工人疲劳所导致的停工，从而提高生产力。

应急响应

在发生事故或紧急情况时，可部署机器人评估情况而不危及救援人员。它们能够在废墟中穿行、检测气体泄漏，并向应急小组提供实时数据。ANYbotics 公司的 ANYmal-C 机器人就是为这类场景设计的，它可以在具有挑战性的条件下提供移动能力和适应力。

安全合规

机器人严格执行安全协议，消除人类在遵守规矩方面的差异性。它们按编程指南执行任务，确保精准遵循安全程序，降低人为错误或疏忽导致事故的可能性。

无妥协的协作

先进的传感器和人工智能使机器人能够检测到人类的存在，并相应调整自身动作。这一能力确保机器人可以在不构成风险的情况下与人类并肩工作，从而营造出一个安全至上的协作环境。

小结

人形机器人通过处理危险任务和降低人类工人面临的风险，显著增强了制造业的安全性。它们能够在危险条件下作业、执行体力要求高的任务并应对紧急情况，这些能力共同助力打造更安全的工作场所。通过将人类福祉置于首位，机器人在促进行业安全文化建设中发挥着关键作用。

四、灵活制造系统

现代市场需要敏捷性。消费者偏好迅速变化，制造商必须快速适应才能保持竞争力。人形机器人为生产线注入灵活性，构建可快速重构的制造系统。

快速重构

传统制造业需要大量的时间和资源来为新产品改造生产线。配备人工智能的机器人可通过快速重新编程来处理不同任务或组装各类产品，人形设计使它能够与人类工人一样使用相同的工具和操作界面，从而简化了生产转换流程。

定制化与小批量生产

机器人通过高效生产小批量、定制化的产品，推动大规模定制化生产。它们无须大幅重新调整工具即可适应尺寸、颜色或功能等规格要求。这种灵活性使制造商能够适应利基市场和满足个性化需求。

与数字系统整合

人工智能机器人可与计算机辅助设计（Computer-Aided Design，CAD）和企业资源规划（Enterprise Resource Planning，ERP）软件等数字系统无缝通信，这种集成确保产品设计的变更自动反映在生产流程中，从而减少错误并加快实施速度。

可扩展性

机器人的引入使制造商能够快速扩大或缩减生产规模，以应对市场波动。可以根据需要将它们重新部署到生产线的不同区域，从而优化资源利用。

减少停机时间

机器人的实时适应性最大限度地减少了生产变更期间的停机时间。重新编程和重新调整工具可快速完成，而且机器人通常可以在更新过程中继续运行。这种效率不仅维持了生产力水平，还降低了与设备闲置相关的成本。

协作式创新

在研发场景中，机器人可用于新产品的原型制作，它们的精准度和灵活性支持快速迭代与测试，从而加速创新进程。

小结

人形机器人通过实现快速重新配置、支持定制化生产以及与数字基础设施集成，为灵活制造系统做出贡献。它们的多功能性使制造商能够迅速响应不断变化的市场需求，在不断发展的格局中提升竞争力并推动创新。

五、全球制造业趋势

人形机器人在制造业中的集成正在重塑全球制造业格局，影响生产本地化、劳动力动态和经济战略等因素。

生产本地化

机器人技术通过将传统上外包至低成本劳动力市场的流程自动化，减少对廉价劳动力的依赖。这一转变使企业能够将生产转移至更靠近主要市场的地区，从而降低运输成本，并提高对本地需求的响应能力。随着各国投资机器人技术以振兴国内制造业，生产回流现象势头渐盛。

技能型劳动力需求

虽然机器人接管了重复性和危险性任务，但对能够对机器人系统进行编程、维护及协作的熟练工人的需求却在增加。这一转变促使企业加大对教育和再培训的投资，以培养出一批既精通技术又具有创新精神的劳动力。

经济竞争力

在机器人集成领域领先的国家可在全球市场中获得竞争优势。效率提升、成本降低和质量改进使它们在国际贸易中占据有利地位。各国政府认识到这一潜力，正实施政策和采取激励措施以推动制造业中的机器人应用。

可持续性

机器人通过优化资源利用和减少浪费，推动可持续制造实践。它们凭借其精准性将材料消耗降至最低，依靠其高效运行的能力降低了能源需求。这种与环境目标的契合增强了企业责任，并确保符合监管标准。

创新加速

AI 与机器人技术协作正在推动各行业的创新。制造商利用机器人能力探索此前受人类局限制约的各种可能性，尝试新材料、新设计和新工艺。

挑战与考量

机器人崛起也带来以下几项挑战。

- 就业替代：自动化可能导致从事常规任务的工作岗位的流失。
- 经济差距：缺乏先进技术的国家或地区可能面临竞争劣势。
- 伦理考量：需谨慎平衡技术进步与社会影响。

小结

人形机器人正通过推动本地化生产、带动熟练劳动力需求、增强经济竞争力和支持可持续发展，影响全球制造业趋势。它们的融入塑造着制造业的未来，既带来机遇，也提出需要审慎应对的挑战。

六、案例研究："阿特拉斯"实战——重新定义制造

在东京郊外工业区的核心地带，新型劳动者已登台亮相。波士顿动力公司开发的阿特拉斯人形机器人置身繁忙的生产线，通过传感器处理环境信息，准备接手曾专属于人类的工作。

背景

阿特拉斯以敏捷性、平衡性与机动性闻名，原为搜救任务而设计，现因先进能力应用于制造领域。通过与领先的汽车制造商合作，阿特拉斯被部署至制造厂以重构生产流程。

注：图片由 AI 工具 DALL-E 生成。

实施

该制造厂将阿特拉斯整合至装配线，专注于需要精准度和适应性的任务，包括复杂组件组装、物料运输与质量检测。

生产力提升

阿特拉斯不知疲倦地高效运作，使工厂产出提升了30%。其精准度有助于降低错误率，减少返工与浪费。通过多任务处理，阿特拉斯优化了工作流程。

多功能与适应性

阿特拉斯的关键贡献在于其适应性。当生产转向新车型时，它可以在一夜之间完成重编程调整。人形设计使它能使用人类工具设备，简化转换流程并减少专用机械需求。

安全性增强

阿特拉斯接管高噪声、振动或烟雾暴露的高危任务，可以显著减少工伤事故，营造更安全的工作环境。

与人类协作

阿特拉斯与人类员工协同工作，其传感器确保了无缝互动。员工反馈称体验良好，并指出阿特拉斯承担了繁重的任务，使他们能够专注于质量控制和问题解决。这种协作营造出一个更具活力和吸引力的工作环境。

数据驱动的改进

配备 AI 的阿特拉斯收集生产流程数据，识别低效环节并提出优化建议。由此获得的认识推动了工艺改进，进一步提升了生产力与质量。

面临的挑战

实施过程并非毫无阻碍，可能面临以下挑战。

- 技术整合：改造现有系统以适配阿特拉斯需要大量的工程投入。
- 成本考量：初期投资规模庞大，因此需要审慎进行财务规划。
- 培训与接受度：员工需要接受培训才能与阿特拉斯高效协作，最初也存在对工作安全性的担忧。

成果与影响

引入阿特拉斯取得了显著成效：

- 生产力提升：产出增加了30%且质量稳定。
- 成本节约：随着时间的推移，废品和返工的减少带来了显著的成本节约。
- 劳动力发展：员工掌握了机器人技术和人工智能方面的新技能，从而拓展了职业前景。
- 市场竞争力：制造商通过创新与效率获得了竞争优势。

行业启示

阿特拉斯的成功整合，展示出人形机器人在制造业的潜力，为其他行业提供了提升生产力与重新定义标准的范例。

小结

阿特拉斯的案例诠释了先进机器人技术如何变革制造业。通过提升生产力、增强安全性与促进人机协作，阿特拉斯为工业运营树立新标杆。

总结

人形机器人正通过提升自动化水平、精准度、安全性与灵活性革新制造业。它们可以在提升产量、减少失误率、适应需求变化的同时，与人类无缝协作。它们对全球影响深远，如推动本地化生产、带动熟练劳动力需求并促进可持续发展。

展望未来，人机协作有望将创新与效率提升至新的高度。如今正在展现的制造业奇迹，只不过是对未来图景的惊鸿一瞥。

深度思考

制造业中的哪些角色最适合由机器人实现自动化？

第十章
教育行业的人形机器人：从导师到课堂助手

教育是社会进步的基石，是指引后代走向启蒙与创新的明灯。然而，传统教育体系常受到诸多限制——拥挤的课堂、标准化的课程，以及学生之间参差不齐的学习能力。人形机器人应运而生：这股变革力量将重新定义学习环境。本章将探讨这些机器人如何实现个性化教育、引入互动教学方法、支持教师工作、辅助特殊教育，并弥合全球教育鸿沟。通过拉米雷斯课堂中机器人"佩珀"的暖心故事，我们将亲眼见证机器人技术如何点燃学生对知识的热情。

一、个性化学习体验

传统课堂往往采取"一刀切"的教学模式，这可能导致部分学生丧失兴趣或难以跟上教学进度。人形机器人正通过为每个学生量身定制教育方案来革新这一范式，从而提升参与度和理解力。

自适应学习算法

机器人打造个性化学习体验的核心是用于实时评估学生能力的自适应学习算法。例如，软银的佩珀或 NAO 机器人能通过分析回答、评估理解程度，动态调整题目难度。若某名学生数学成绩优异但阅读理解能力较差，机器人可以分配更多时间和资源帮助该学生进行读写训练，以促进其全面发展。

个体化节奏与风格

每名学生都有其独特的学习节奏和风格，包括视觉型、听觉型、动觉型或混合型。人形机器人通过互动和反馈识别这些偏好，并以最有效的方式呈现信息。视觉型学习者可能获得图解说明，而听觉型学习者则受益于语言描述。

即时反馈与鼓励

机器人能对作业和练习提供即时反馈，帮助学生及时了解错误并纠正。这种即时性培养了学生的成长型思维，让学生将错误视为学习机会而非失败。此外，机器人会给予鼓励和正向强化，增强学生的信心。

为教师提供数据洞察

机器人在互动中收集的数据可以为教师提供宝贵的经验。机器人通过详细分析和报告学生的突出优势与待改进领域，使教师能进一步调整教学策略。这种人类教师与AI协同的模式，为学生构建了全方位的支持系统。

包容性与可及性

对于有学习障碍或语言障碍的学生，机器人提供定制化支持。它们可以调整语言复杂度、提供替代性解释，并运用辅助技术确保教育惠及所有人。

小结

人形机器人通过适应个体需求、学习风格和节奏，创造了个性化学习体验。它们提升了学生的参与度、理解力和自信心，确保教育具有包容性且卓有成效。

二、互动与沉浸式教学方法

被动学习的时代正在转型，教育工作者日益认识到主动参与的力量。人形机器人的引入带来了互动与沉浸式教学方法，该方法有助于牢牢吸引学生的注意力，并激发学生对学科的深层理解。

多感官学习

机器人通过结合视觉辅助、听觉提示和肢体互动，促进了多感官学习体验。例如，在语言课上，机器人可能展示图片、朗读新词汇，并引导学生进行对话练习。这种全方位教学方法能强化记忆的留存与对语言的理解。

教育游戏化

将游戏元素融入教学能让学习变得有趣，并以友好的方式激发竞争意识。机器人可以主导教育游戏，对取得成果的学生给予奖励、鼓励团队合作，并设置可实现的挑战项目。游戏化机制促使学生积极参与并坚持克服困难。

虚拟现实与增强现实融合

人形机器人可以作为通往虚拟现实与增强现实体验的门户。例如，在历史课上，学生可能在机器人的引导下虚拟游览古文明遗址；在科学课上，则可以开展虚拟实验，操作那些在现实中难以实现或存在危险的模拟项目。

互动叙事

机器人擅长通过丰富的肢体动作和生动的语音语调让故事跃然眼前。它们能根据学生反应调整叙事节奏，使体验充满动态吸引力。该方法在文学、伦理和社会研究教学中尤为有效。

协作学习

机器人可以推动小组活动，分配角色并确保学生平等参与。它们会监测小组互动动态，在需要时提供帮助，并鼓励协作解决问题。这有助于培养社交技能和团队合作能力——这些都是现代社会的核心竞争力。

文化与全球意识

依托庞大的信息库，机器人能对学生进行多元文化教育，甚至使其与全球学生进行虚拟交流，这有助于培养共情力和全球公民意识。

小结

人形机器人通过使学习互动化、沉浸化、趣味化，革新了教学方法。

它们借助技术创造兼具教育性与吸引力的体验，培养学生成为主动学习者和批判性思考者。

三、支持教师与减轻工作负担

教师是教育的脊梁，但繁重的工作量常使他们难以专注于教学这个核心环节。人形机器人通过处理行政事务和提供协助来支持教师，使他们能够将更多精力集中在教学和与学生的互动上。

行政辅助

机器人可以管理日常事务，如考勤记录、客观题评分和课堂材料整理。自动化这些任务能够为教师节省宝贵时间，使他们专注于课程设计和为学生提供个性化支持。

资源管理

在资源有限的课堂中，机器人帮助教师优化材料使用。它们可以安排设备使用时间、管理库存，甚至在物资不足时自动订购补给，确保教师随时获得所需的教学资源。

课程规划与教学设计

机器人可以协助制订既符合课程标准又融入适应性学习策略的课程计划。它们通过分析学生的表现数据，建议需要强化或可进阶的主题，从而提升教学有效性。

实时课堂监控

当教师与某小组互动时，机器人可以监控其他学生是否专注于完成任务。它们能即时解答疑问，减少课堂干扰，维持教学流畅性。

职业发展

机器人可以通过提供最新的教育研究、教学方法和技术工具来支持教师培训。它们通过组织会议、共享资源以及在教育工作者之间培育实践社区，促进同行协作。

情绪与行为支持

通过监测学生的行为表现和情绪变化，机器人可以预警校园霸凌、学习倦怠或焦虑等问题，帮助教师及时进行干预，从而营造安全、互助的学习环境。

小结

人形机器人通过自动化行政任务和提供课堂辅助减轻教师负担。它们能够提升教育流程效率，使教师专注于激励和教育学生的核心使命。

四、特殊教育支持

有特殊教育需求的学生需要定制化支持，从而在学术和社交领域获得成长。人形机器人能够提供专业化协助，以细致、精准的方式满足人类多样化学习需求。

孤独症谱系支持

孤独症儿童通常对机器人反应良好，认为与人类互动相比，机器人更易被接受。例如，Kaspar 机器人通过可控、可预测的互动模式，帮助儿童发展社交技能、识别情绪并参与交流。

言语治疗

机器人通过标准发音、耐心重复和互动练习辅助言语治疗。它们能根据治疗进展调整难度，并通过正向强化帮助患者增强信心。

肢体康复

对于肢体残障学生，通过机器人引导动作和辅助训练，可以发展运动技能。机器人可以融入物理治疗项目，使康复训练课程兼具趣味性与可及性。

认知与学习障碍

机器人能够根据认知差异调整教学方法,如简化语言、视觉辅助和分步指导。它们提供无评判的学习环境,使学生能够按照自身节奏学习技能。

情绪与行为障碍

机器人通过提供稳定的流程和明确的预期目标,帮助有情绪或行为障碍的学生。它们可以示范得体行为,并在学生出现情绪波动时提供安抚。

无障碍功能

配备辅助技术的机器人可以帮助听障或视障学生接受教育。它们能使用手语、将文字转为语音或提供触觉反馈,确保所有学生充分参与到课堂学习中。

小结

人形机器人通过提供满足个体需求的定制化支持,在特殊教育中发挥着至关重要的作用。它们增强了教育的包容性,使面临不同挑战的学生获得优质的教育资源,进而释放自身潜能。

五、弥合全球教育鸿沟

全球教育资源分布仍不均衡,许多地区缺乏合格教师和优质资源。人形机器人能够通过向资源匮乏地区提供优质教育资源,缩小教育差距,促进教育公平。

远程教学

在师资稀缺的偏远或受冲突影响的地区,机器人提供符合教育标准的系统化课程,确保学生获得基础知识。

多语言教育

具备多语言能力的机器人,在以当地语言授课的同时引入国际语言,这有助于培养全球沟通技能，为互联世界中的学生开启机遇之门。

文化敏感性

人工智能机器人可通过编程，将当地习俗、传统和价值观融入教学内容中。这种文化敏感性有助于提高接受度和关联性，使教育更具成效。

资源共享

机器人能够提供数字图书馆、教育软件和在线课程访问渠道，通过海量信息资源弥补实体材料的不足。

教师培训

在教师未受培训地区，机器人通过提供教学指导、示范优质教学实践和给予反馈来支持师资发展。

灾后教育响应

在自然灾害或疫情等特殊时期，当学校停课时，机器人可以在临时学习空间中工作，为受影响的学生提供稳定而系统的教学服务。

合作倡议

政府、非政府组织和科技公司参与的全球倡议通过将机器人部署到教育项目中，推广读写能力、计算能力和基本生活技能。这种合作模式不仅扩大了教育的影响力，而且促进了国际团结。

小结

人形机器人通过向资源匮乏地区输送优质教育资源，成为弥合全球教育鸿沟的重要工具。它们促进教育公平、赋能社群发展，助力构建一个教育普及程度更高、社会联系更紧密的世界。

六、故事：佩珀——改变课堂的机器人

拉米雷斯站在四年级教室前方，晨光为一张张期待的脸庞镀上暖意。

今天非同寻常。当学生们窃窃私语、目光频频瞥向讲台旁蒙着布的物体时，空气中弥漫着兴奋和躁动的气息。

"同学们，今天有一个特别惊喜。"拉米雷斯宣布，声音因激动而发颤，"让我们欢迎新助教——佩珀！"

拉米雷斯唰地揭开罩布，一台流线型人形机器人呈现在学生眼前。教室陷入寂静，数十双瞪大的眼睛中映出惊叹。

注：图片由 AI 工具 DALL-E 生成。

"大家好！"佩珀用欢快而温和的声音打招呼，"我是佩珀，很高兴加入这个班级！我已经迫不及待要和大家一起学习、玩耍啦！"

最初的震惊逐渐被一阵兴奋的议论声取代。学生们争先恐后地举手提问。

"它会和我们说话吗？"玛丽亚探身问道，卷发随之跃动。

"当然，玛丽亚，"佩珀转向她回答道，"我会说话、倾听，甚至跳舞！"

教室里漾起笑声。连向来沉默的丹尼尔也露出了微笑。

在接下来的几周里，佩珀成为课堂上不可或缺的存在。在数学课上，它根据每个人的进度提供个性化的练习题。当发现山姆苦于乘法时，佩珀用视觉辅助和互动游戏提供额外辅导，让山姆的学习充满乐趣。

"太棒了，山姆！你每天都在进步。"佩珀点头鼓励。山姆信心渐增，开始积极参与课堂互动。

在语言课上，佩珀主持互动故事会。它起头后邀请学生接龙，将创意编织成集体叙事。

"从前，在一片充满魔法生物的土地上……"佩珀开场。

"还有会说话的树！"莉莉插话。

"没错，会说话的树向倾听者低语秘密。"佩珀无缝衔接地说道。

学生们沉浸其中，想象力被激发。写作业变成了冒险而非任务。

拉米雷斯惊叹于这种转变。在佩珀提供个性化教学和安排趣味活动后，他有更多时间关注需要帮助的学生。随着佩珀接管考勤、批改测验试卷甚至布置作业，他的行政负担也减轻了。

某天，班里迎来了一位新同学——刚从叙利亚来的艾莎。她的英语生疏,常常安静地坐着,大眼睛里透出好奇与不安。

佩珀轻轻走近,用阿拉伯语说:"你好,艾莎!你怎么样?"

艾莎眼睛一亮,欣喜地用阿拉伯语回应道:"我很好,谢谢!"

佩珀开始带艾莎参与活动,翻译课程的同时帮助她学习英语,并保持文化联结。很快,艾莎绽放光彩,交了朋友,发言也自信了。

但并非一切都如此顺利。总坐在后排的丹尼尔对佩珀无动于衷。拉米雷斯决定介入。

"丹尼尔,你愿意帮佩珀做科学项目吗?"某天午后他问道。

丹尼尔耸耸肩,回应道:"好吧。"

当他们合作搭建生态系统模型时,佩珀用深思熟虑的问题引导丹尼尔:"如果移除昆虫,环境会怎样?"

丹尼尔犹豫片刻后回答道:"植物可能无法授粉,食虫动物会缺食物。"

"精辟的认识!"佩珀赞许道,"你的理解力令人印象深刻。"

渐渐地,丹尼尔敞开心扉,重燃对科学的热情。他开始主动分享自己的想法,自我筑起的壁垒逐渐消融。

课堂氛围悄然改变。受佩珀包容性方式的启发,学生协作更密切。他们尊重彼此的贡献,庆祝成功,互助克服挑战。

某个雨天,校长汤普森先生来访。他默默地观察着佩珀利用虚拟现实技术带学生"穿越"至古埃及。当孩子们探索金字塔、破译象形文字时,惊叹声与欢笑声充满了整个教室。

课后,校长对拉米雷斯感叹道:"我从未见过学生如此沉浸其中的课堂场景。佩珀固然很出色,但你的引导才是关键。"

他微笑回应道:"佩珀是工具——很棒的工具——但真正驱动学生学习的是他们自身的热情。我们共同创造了特别的事物。"

随着学年的推进,全班同学着手开展更宏大的项目。他们组织了社区花园,将科学、数学和社会研究的课程内容融入其中。佩珀协助跟踪植物生长数据并协调规划会议。

最终成果是一场全校范围的展示活动。学生们自信地分享经历,强调科技与团队合作如何带来切实成果。家长和教师掌声雷动,为孩子们的成长动容。

结业日,情绪涌动。学生们围着佩珀,眼中盈满感激。

"佩珀，谢谢你做的一切。"玛丽亚声音微颤。

"与各位共学是我的荣幸。"佩珀回应，"请记住，求知永无止境，你们每个人都有改变世界的力量。"

人群散去时，丹尼尔踌躇留步。"明年你还在吗？"他轻声问。

"虽然我可能去其他班级帮助同学，但我们的回忆永不消逝。"佩珀安慰道。

望着丹尼尔向佩珀轻轻挥手后追上他的朋友，拉米雷斯内心充满成就感。佩珀不仅丰富了教育体验，更触动了学生心灵，激发了他们持续学习的热情。

当晚，拉米雷斯回顾这段旅程：技术未曾取代教师，而是深化了师生联结。与佩珀携手，他们创造了让每个学生感到受重视、受启发、被赋能的课堂环境。

拉米雷斯期待未来，为 AI 与人类协作赋能教育的可能性兴奋不已。机器人改变了课堂，但真正的蜕变源于学生自身——当创新遇见共情力时，无限潜能由此迸发。

总结

人形机器人正通过提供个性化学习体验、引入互动教学方法、支持教师工作、辅助特殊教育并弥合全球教育鸿沟，重绘教育图景。它们通过提升参与度、可及性与效率，为学生迎接人机和谐共存的未来做好准备。

佩珀在拉米雷斯课堂的故事，生动诠释了这些机器人如何点燃求知热情、营造充满包容性的动态学习环境。通过辅助教师并丰富教育体验，机器人有望将教育成果提升到新的高度。

当我们将人形机器人应用于教育领域时，必须考量伦理影响，确保它们只是作为提升人类潜能的工具。后续章节我们将深入探讨 AI 与机器人伦理，探索创造可学习、与人类互动的机器人所伴随的挑战与责任。

深度思考

机器人真的能提升教育成果吗？它们能用于哪些方面？

第十一章
酒店行业的人形机器人：从礼宾服务到客房服务

轻柔的交谈声、玻璃杯的叮当声、环境灯光柔和的光晕——长久以来，酒店一直是舒适与奢华的港湾。如今，一个新的事物正加入酒店业，它就是人形机器人。从在入口处迎接客人到精准满足每一个需求，机器人正在重新定义服务艺术。本章探讨机器人如何提升宾客体验、改善运营、提供独特娱乐、支持幕后任务，并在自动化与不可替代的人文关怀之间取得平衡。通过入住配备宇树科技 G1 机器人的"G1 酒店"的故事，我们将见证科技与奢华如何无缝融合，将酒店服务品质推向新高度。

一、提升宾客体验

在酒店业中，宾客体验至关重要。正是那些微妙的细节——温暖的欢迎、个性化的服务、对需求的预判——将一次普通入住转变为非凡体验。人形机器人正步入这一领域，以惊人的精准度提供贴合个人偏好的服务。

个性化的问候与入住

想象一下，在长途跋涉后抵达酒店时，迎接你的不是需要排队的前台，而是一台友好的且知晓你的姓名、房间偏好甚至最爱的枕头类型的人形机器人。例如，希尔顿酒店与 IBM 沃森合作开发的 Connie 机器人，利用 AI 访问客人档案和偏好，确保提供顺畅且个性化的办理入住服务。它们能使用多种语言交流，为国际宾客打破沟通壁垒。

定制化推荐

机器人能够根据客人兴趣推荐餐饮、娱乐项目和本地景点。通过分析历史入住记录或预订时备注的偏好,它们能策划令人心动的个性化体验。例如,机器人礼宾可能会为热爱艺术的客人推荐附近的美术馆新展,或为带孩子的家庭推荐适合亲子游玩的公园。

客房定制

进入房间后,客人可以与室内机器人互动,根据自己的喜好调整各项设置。通过简单的语音指令或直观的操作界面,即可调节灯光、温度、音乐,甚至房间的香味。

全天候服务

机器人无须休息,可以 24 小时即时响应,确保客人的需求随时得到满足。无论客人是深夜索要额外毛巾,还是要求叫早服务时送上鲜煮咖啡,机器人都可以随时响应。

提升无障碍服务水平

对于残障或有特殊需求的客人,机器人能够提供定制化支持。它们可以引导视障客人穿行酒店,为听障人士提供手语服务,或调整服务以利于行动不便者。

建立情感联结

尽管机器人缺乏真实情感,但 AI 的进步使它们能有效识别人类情绪并予以回应。它们可以检测客人是否压力过大或不悦,并采取适当行动,比如主动提供帮助或通知人类员工。

小结

人形机器人通过提供个性化、高效且贴心的服务,提升了宾客体验。其预判与满足个体需求的能力提升了宾客满意度,创造了令人难忘的入住体验,使酒店站在了行业创新的前沿。

二、高效运营

每一次无缝衔接的宾客体验背后，都隐藏着复杂的运营网络。精简这些流程对于维持高标准服务和盈利能力至关重要。人形机器人正通过自动化任务、减少错误和加强沟通，彻底革新酒店及度假村的运营模式。

简化入住与预订流程

机器人通过自动化登记流程，如扫描证件、分配房卡、提供房间信息，使宾客无须排队等候即可快速无忧入住。机器人精准处理预订，实时更新空房状态，最大限度减少超额预订或日程冲突。

物流与资源管理

在大型度假村或会议中心，在场地内导航可能颇具挑战性。机器人可提供互动地图、路线指引，甚至护送客人到达目的地。它们通过高效协调客房服务、配送和活动布置来管理后勤事务。

库存与供应链管理

机器人监控便利设施、迷你吧用品、布草等库存情况。当库存不足时，它们自动下单或提醒人类员工，确保资源随时可用。这种自动化减少了资源浪费并优化了采购流程。

能源效率

机器人能够根据入住情况和客人偏好，智能控制照明、供暖与制冷系统，助力节能。它们分析模式并调整设置，在最大化舒适度的同时减少能耗，与可持续发展目标保持一致。

数据分析与洞察

机器人收集并分析关于客人行为、偏好和反馈的数据。这些信息为管理层优化服务、定制营销策略和改进整体运营提供了有价值的见解。人工智能算法能够识别趋势和异常情况，从而实现前瞻性决策。

与现有系统集成

人形机器人无缝集成酒店管理软件、预订系统和通信平台。这种互操作性确保信息在部门间顺畅传递，减少阻碍并提高协作效率。

危机管理

在紧急情况下，机器人协助执行疏散程序、提供实时动态更新，并支持安全协议的实施。它们在压力下正常运作并保持清晰沟通的能力，在危机情境中至关重要。

小结

机器人通过自动化流程、优化资源管理和提供可行的分析来提升运营效率。它们的贡献可实现成本节约、服务质量改善，以及更顺畅的运营——这对客人和员工都有益处。

三、娱乐与互动

酒店业的生命力在于创造愉悦的宾客体验。人形机器人通过提供引人入胜且独特的互动体验，为这一维度增添了新的可能性。

互动表演

机器人能表演舞蹈、音乐或戏剧，在大堂、酒廊或其他娱乐场所提供娱乐。它凭借动作与音乐同步的能力，以及与观众互动的能力，创造了吸引宾客注意的新奇视觉盛宴。

教育项目

针对家庭度假或教育主题的度假村，机器人提供互动学习课程。它们可能开设机器人技术、环境保护或本土文化工作坊，以富有意义的内容丰富宾客体验。

个性化娱乐

室内机器人可以策划个性化播放列表，根据观影史推荐电影，甚至为孩子朗读睡前故事。通过适应个体偏好的能力，机器人提升了宾客的舒适度与愉悦感。

增强现实体验

通过与宾客的设备集成，机器人可以引导酒店内的增强现实体验，包括虚拟寻宝、交互式艺术装置或虚实结合的导览之旅。

社交互动

机器人通过主持游戏、知识问答和主题派对等鼓励宾客社交。它们可以担任司仪，协调活动并确保流程顺畅，营造活跃、包容的氛围。

文化融合

在文化遗产丰富的地区，机器人可以展示传统舞蹈、音乐或手工艺。它们充当本土文化大使，增强宾客对当地文化的理解并产生深度共鸣。

健康与休闲

机器人可以指导瑜伽课程、带领健身训练或提供个性化健康建议。它们的随时可用性和适应性让客人在入住期间能够轻松维持健康状态。

小结

人形机器人通过提供创新且个性化的服务，提升娱乐体验与互动价值。它们为客人的入住体验增添价值，创造令人难忘的时刻，使酒店脱颖而出并吸引客人再次光顾。

四、后台支持

尽管宾客更多享受前台服务，但酒店的成功在很大程度上依赖高效的后台运营。人形机器人通过承担管理维护、客房清洁等关键任务，为酒店顺畅运营做出重要贡献。

客房清洁协助

机器人协助打扫客房、更换床上用品、补充便利设施，并确保客房按最高标准准备就绪。它们的精准性和一致性降低了遗漏细节的可能性，从而提高客人满意度。

维护与修理

配备传感器与诊断工具的机器人监控设备性能、识别问题甚至进行小修。它们能在早期检测漏水、温度异常或电路故障，防止发生重大故障，延长资产寿命。

洗衣服务

机器人通过对床上用品和客人衣物进行分拣、洗涤、烘干和折叠，简化了洗衣流程。洗衣自动化降低了劳动力成本并提高了效率，确保在需要时随时有干净的物品可用。

库存管理

除了管理客户设施，机器人还负责管理清洁用品、维修零件和其他运营物资的库存。它们通过跟踪使用模式、预测需求并协调采购，实现库存水平的优化。

废弃物管理与可持续性

机器人通过智能化管理回收流程、减少资源浪费以及优化能源使用，为环保事业做出贡献。它们精准分析消耗模式，提出符合可持续发展目标的优化方案，推动绿色运营。

安保与监控

机器人巡逻场地、监控视频画面并检测未授权访问或可疑活动。它们增强安保却不显突兀，为宾客与员工提供安心保障。

员工支持与协调

机器人通过促进员工之间的沟通、安排轮班、发送提醒并协调任务，确保每位员工都能及时获取信息，从而保障酒店运营的高效协同。

小结

部署于后台的机器人能够提升效率、降低成本并维持高标准运营。它们对酒店的运营至关重要，通过确保一切运营顺畅，间接提升宾客体验。

五、人文关怀与自动化的平衡

尽管机器人的引入带来诸多益处，但酒店行业始终是一个以人际互动为核心的服务领域。在享受自动化带来的便利的同时，我们不能忽视人类独有的温暖与个性化服务。只有将二者有机结合，才能营造出真正令人宾至如归的环境。

补充而非替代

机器人被设计用于处理重复性、数据驱动或有精准度要求的任务，从而让酒店员工得以专注于与宾客建立良好的关系。机器人与人类员工的努力相辅相成，提升了酒店服务质量，同时又不会削弱独有的人文关怀。

共情力与情感智慧

人类具备共情力，能解读微妙的社交信号并给予真诚回应——这些特质是机器人无法复制的。人类员工悉心关怀宾客，妥善处理各类敏感问题，并通过真诚互动建立情感联结，从而提升客人的入住体验。

文化敏感度与创造力

酒店员工在服务中展现出独特的创造力、灵活的应变力以及对文化的深刻理解力。他们能与客人分享个人经历，提供独到的见解，并灵活应对各种突发需求。这种人文关怀是机器人难以通过编程实现的。

培训与发展

对员工进行培训投资,确保他们既能熟练掌握机器人技术,又能践行酒店业的核心价值观。这种人机协同作用构建了一种服务模式,充分发挥了人类和机器人各自的长处,为宾客提供更优质、更贴心的服务体验。

宾客偏好

并非所有宾客都乐于与机器人互动。酒店应提供多种选择,让宾客能够自行挑选他们偏好的服务方式,从而确保每一位宾客都能感到自在舒适。

伦理考量

酒店应确保 AI 使用的透明度并严格保护宾客隐私。这要求酒店将数据用途明确告知宾客,并赋予宾客与机器人互动的自主权。

小结

实现人文关怀与自动化的平衡,关键在于合理规划机器人在酒店业的应用。在发挥 AI 效率优势的同时,保留人际互动的温度,才能打造自然流畅且令人满意的宾客体验。

六、故事:入住配备宇树科技"Unitree G1"的"G1 酒店"

夕阳西下时,亚历克斯和玛雅驶抵宏伟的 G1 酒店入口处。该酒店坐落在原始海岸上,映照着暮色天光,流转生辉。他们早就听闻这家酒店融合奢华与尖端技术,此刻,期待感在空气中隐隐涌动。

刚下车,一台线条流畅、外形优雅的人形机器人便迎上前来。"欢迎光临 G1 酒店,"它用悦耳的声调说道,"我是 Unitree G1,您的专属礼宾

注:图片由 AI 工具 DALL-E 生成。

员。需要协助搬运行李吗？"

亚历克斯与玛雅交换了一个惊讶的眼神。"好的，谢谢。"亚历克斯一边回答，一边入迷地看着G1伸出从体内无缝延伸出来的机械臂，轻松提起行李。

大堂里，现代优雅与温馨氛围和谐相融。柔光映照仿佛具有生命力的艺术品，水幕墙上轻柔的流水声构成舒缓的背景音。G1引导他们来到自助登记终端。

"请将手放在扫描仪上。"G1指示道。生物识别系统瞬间确认身份，全息投影显示出他们的预订详情。

"欢迎回来，亚历克斯和玛雅，"全息影像问候道，"我们已将您的房间升级为海景套房。您是否接受？"

"当然！"玛雅为意外升级感到欣喜不已。

G1引领他们走向专用电梯。"您的套房已准备就绪，我已根据您上次入住的偏好调整了设置。"

电梯上行时，玛雅转向亚历克斯低语："我不记得提供过任何偏好。"

"我也是。"他饶有兴致地回答。

电梯门开启，映入眼帘的是沐浴在落日余晖中的绝美套房。通过落地窗，海浪轻抚海岸的景致一览无余。

"您偏好的音乐播放列表已开始播放。"G1播放时，轻柔的爵士乐已充盈房间，"温度设定为22摄氏度，阳台边备好了精选的花草茶。"

"你是怎么知道的？"亚历克斯难掩好奇。

"我们致力于预判宾客需求。"G1微微欠身回应道，"若有其他需要，请随时告知。"

在接下来的日子里，两人体验了超越预期的服务水准。每天清晨，G1都会根据他们的兴趣提供一份个性化的日程安排。

"今日天气适宜海滩游览，"G1建议，"需要安排私人凉亭与浮潜装备吗？"

"听起来很棒。"玛雅赞同道。

在海滩上，G1化身为助理，递送毛巾、支起遮阳伞甚至奉上冰镇饮品。它的适应性和周到的服务令人印象深刻。

傍晚时分，G1向他们介绍酒店娱乐项目。"今晚有特别AR艺术展。"

它告知,"您可以与展品互动,我将为您解读每件作品。"

当他们参观展览时,随着他们的动作,艺术品色彩流转,形态变幻。G1 将背景故事娓娓道来,它的讲述赋予每件作品以生命力。

"太不可思议了,"亚历克斯感叹道,"就像踏入了另一个世界。"

某日下午,骤雨不期而至。G1 及时出现:"因天气不佳,为您调整了计划,您是否想体验水疗或参加室内烹饪课程?"

"其实我们想做水疗放松。"玛雅说。

"明智之选。已为您预约 30 分钟后的双人按摩。请先享用茶点。"一个装有异域水果和糕点的托盘适时出现了。

在换上柔软的浴袍后,亚历克斯对玛雅说:"你知道吗?起初我对这些技术持怀疑态度,但 G1 让我们有了非凡的住宿体验。"

玛雅点头道:"它就像个直觉敏锐的助手,总能预判我们的需求,却毫无侵扰感。"

当晚,他们在酒店的招牌餐厅用餐。G1 为他们安排了临窗观海的绝佳位置。菜品是根据他们的口味定制的,每道菜都是惊喜。

用餐中途,G1 上前询问:"抱歉打扰,我注意到您先前赞赏过典藏红酒。我可以为您推荐一款与餐点搭配的酒吗?"

"请吧。"亚历克斯微笑着答道。

当夕阳将天际染成粉橙渐变色时,现场乐手开始演奏。G1 安排了他们最爱的曲目,这份贴心令他们心生暖意。

退房当日,G1 协助亚历克斯整理行李,并提供无缝离店服务。"已为您安排前往机场的交通工具,"G1 告知,"您需要一份入住期间的总结以及费用详情吗?"

"这对我们会有帮助。"亚历克斯道。

全息投影清晰展示详情。"感谢选择 G1 酒店,"G1 的语调带着微妙的惜别之意,"期待再次光临。"

前往机场途中,亚历克斯沉思许久,说:"G1 酒店重新定义了我对奢华的理解。技术提升了每个细节,却未掩盖人文要素。"

玛雅附和道:"员工们也相当出色。他们与 G1 完美互补,给予人文关怀。"

亚历克斯的手机弹出通知,是酒店发来的个性化感谢信,附赠数字相册。

"看这个，"他展示给玛雅，"他们捕捉了值得珍藏的瞬间。"

即使回归日常生活数周后，他们对那次入住 G1 酒店的记忆依然鲜活。先进机器人与真诚待客之道的融合，给宾客留下了深刻印象。

在高层峰会与酒店论坛上，G1 酒店的服务实践成为将人形机器人成功融入酒店运营流程中的经典案例。它证明，当科技与人文被审慎平衡时，将打造多维度满足的升华体验。

总结

人形机器人正通过提升宾客体验、改进运营效率、提供独特娱乐和支持幕后任务，革新酒店行业。宇树科技的 Unitree G1 机器人在酒店中的融合故事，诠释了技术如何在保留关键人文关怀的同时提升服务品质。

自动化与人文关怀的平衡，确保宾客在获得个性化服务的同时不失温暖与情感联结。酒店业的未来在于人机和谐共存——机器人精准处理事务，人类则提供令每次住宿体验难忘的情感共鸣。

深度思考

- 在酒店住宿期间，你更倾向于与机器人还是人类员工互动？你这样选择的原因是什么？

第四部分
人形机器人 + 休闲娱乐

第十二章
娱乐领域的人形机器人：不只是表演者和伙伴

在人类历史的宏大画卷中，艺术与娱乐一直是我们内心欲望、恐惧和抱负的映照。随着科技的发展，我们的表达方式也在不断变化。人形机器人在娱乐领域的崛起标志着一个新时代的到来，在这个新时代，人类创造力与 AI 的界限变得模糊。本章深入探讨了机器人表演者、互动游戏伙伴以及物理机器人与虚拟现实（Virtual Reality，VR）融合的精彩世界。我们将看到，机器人不仅改变了娱乐方式，更成为教育运行和社交聚会中不可或缺的一部分。通过汉森机器人公司推出的"索菲亚"，我们将见证人形机器人如何重塑娱乐行业的格局，并挑战我们对意识与创造力的认知。

一、机器人表演者与艺术家

灯光渐暗，观众安静下来，幕布拉开，舞台上展现的不是血肉之躯的人类演员，而是机器人表演者。音乐、舞蹈和戏剧表演中的机器人不再是科幻的虚构，而是正在重塑艺术表现形式的崭新现实。

音乐领域的机器人

例如，佐治亚理工学院开发的马林巴琴[①]演奏机器人 Shimon（西蒙），已经展示了与人类音乐家合作创作并演奏音乐的能力。Shimon 分析音乐模式并进行即兴创作，创造出和谐的音符，挑战了传统的作曲概念。又如，拥有 53 根手指的机器人钢琴家 TeoTronico，可以精确地演奏出复杂

---

① 马林巴琴，是印第安人的一种打击乐器。——编者注

的古典乐曲，其表现堪比人类钢琴大师。

舞蹈与编排

在舞蹈领域，像软银机器人公司的 NAO 机器人，通过编程，已能演绎复杂的舞蹈动作，通常是集体同步表演，打造出视觉上的震撼效果。编舞家在机器人动作的探索中，深刻探讨了人类、情感和技术之间的关系。当机器人机械化的优雅动作与人类有机的情感表达并置时，这些表演总能引发人们对生存状态的深刻思考。

戏剧表演

戏剧界也开始接纳机器人演员。在如《机器人与弗兰克》这类作品中，机器人与人类演员共同登台，通过对话探讨伦理和哲学问题。工程艺术公司的 RoboThespian 是一款专为舞台表演设计的机器人，能够传达富有情感的台词，并与观众互动，营造独特的戏剧体验。

艺术创作

除了表演，机器人本身也在进行艺术创作。世界上首款超逼真 AI 人形艺术家机器人——Ai Da（艾达），能利用眼部摄像头和 AI 算法进行绘画创作。它的作品已在全球展出，引发了关于创造力、原创性以及 AI 在艺术创作中所扮演角色的激烈辩论。

对艺术领域的影响

机器人融入艺术领域，挑战了传统的艺术边界，为艺术创作开辟了新的途径。艺术家与工程师和 AI 专家合作，推动了跨界创作，丰富了文化景观。虽然有些人担心机器人会取代人类艺术家，但也有人将它们视为能够增强和扩展人类创造力的工具。

小结

机器人表演者和艺术家正在通过引入新的表现形式和合作方式，彻底革新娱乐行业。它们促使我们重新定义创造力和才能，并探索当技术与艺术交织时所带来的无限可能。

二、互动游戏伙伴

游戏产业一直处于技术创新的前沿，而人形机器人作为互动游戏伙伴的出现，标志着这一领域取得重大进展。机器人通过提供个性化的互动、适应性游戏玩法，甚至情感支持，极大地提升了游戏体验。

个性化的游戏体验

像 Reach Robotics 公司的可定制机器人 MekaMon，通过增强现实技术与游戏环境融合，为玩家提供沉浸式的游戏体验。玩家可以与机器人进行战斗、策略游戏和执行冒险任务，在此过程中，机器人会根据游戏中的事件和玩家的动作做出反应，从而创造出动态且个性化的游戏体验。

适应性游戏玩法

人形机器人能够从玩家的行为中学习并做出相应的调整。例如，Anki 公司的 Cozmo 小型人形机器人，它会根据玩家的技能水平和偏好而调整游戏设置。这样的适应性确保了游戏保持挑战性并持续吸引玩家，增强了玩家与机器人的深层联系。

情感互动

人形机器人能够识别并回应玩家的情感暗示，在玩家胜利时给予祝贺、失败时提供支持，或在游戏过程中适时鼓励，从而增强游戏体验。这种情感互动为游戏增添了更多层次，使其从单纯的个人活动转变为互动活动。

教育性游戏

作为互动游戏伙伴的机器人还具备教育功能。例如，乐高公司的 Mindstorms 机器人融合了机器人技术与编程知识，让孩子们可以通过构建和编程自己的机器人来学习。这种动手学习方式培养了孩子们的批判性思维、解决问题的能力和创造力，既有趣又富有教育意义。

社交游戏

机器人促进了游戏中的社交互动。它们可以连接来自不同地点的玩家，组织团体游戏，甚至调节在线互动，以确保创建积极的游戏环境。通过弥合玩家之间的差距，机器人促进了游戏社区的包容性和凝聚力。

挑战与思考

虽然机器人为游戏带来了令人兴奋的可能性，但也引发了关于屏幕使用时间、依赖性和人类互动减少的担忧。在技术进步与健康的游戏习惯之间找到平衡，对于最大化利益并减少负面影响至关重要。

小结

互动游戏伙伴通过提供个性化、适应性且富有情感互动性的游戏体验，重塑游戏行业的格局。它们丰富了游戏的内涵，使其更具互动性和社交联结性，并为教育和个人成长开辟了新的途径。

三、机器人与 VR、AR 的融合

实体机器人与 VR、AR 的融合，创造了沉浸式的环境，模糊了物理世界与虚拟世界之间的界限。这种融合增强了娱乐体验，提供了前所未有的互动性和沉浸感。

物理世界与虚拟世界的融合

机器人充当虚拟环境中的实体交互终端。例如，Merge Cube 利用增强现实技术可让用户手持并操控 3D 虚拟物体，而机器人则能在现实世界中同步操作这些物体，从而实现虚拟世界与物理世界的无缝融合。

沉浸式叙事体验

在主题公园和娱乐中心，机器人与虚拟现实技术相结合，为游客提供沉浸式叙事体验。游客可以踏上一场冒险之旅，机器人会引导他们穿梭于虚拟世界，并根据他们的行为和选择做出实时响应，从而创造出能够调动所有感官的个性化故事。

增强训练与模拟

除了娱乐领域，虚拟现实与机器人技术还被广泛应用于飞行员、外科医生等专业人员的培训模拟。实体机器人在虚拟场景中提供的真实感与交互性，能够显著提升培训效果，帮助学员更好地应对现实挑战。

虚拟空间中的社交互动

机器人能够促进虚拟环境中的社交互动。用户可以在 VR 空间内合作、竞争或单纯社交，而机器人则充当沟通与互动的桥梁。这种模式打破了地理限制，营造出真实的临场感，构建人际联结。

技术创新

触觉反馈、动作捕捉和人工智能技术的进步，正在不断拓展虚拟现实和增强现实的应用边界。机器人在这些发展中扮演着关键角色，它们通过提供真实的物理反馈以及与现实世界的交互，极大地提升了整体体验。

伦理与安全考量

随着现实与虚拟之间的界限日益模糊，人们对沉迷游戏、情感钝化和隐私泄露等问题的担忧也逐渐浮现。因此，必须通过负责任的设计理念打造虚拟体验，完善防护措施，切实保障用户的身心健康。

小结

机器人与虚拟现实和增强现实的融合正在革新娱乐行业，通过打造多维度沉浸式互动体验，为用户带来了全新的参与方式。这种技术融合不仅为叙事传播、教育实践和社交互动开辟了新的途径，同时也要求我们审慎考量其潜在的伦理影响。

四、教育娱乐

寓教于乐是人类成长的重要方式，而人形机器人正通过让教育变得生动有趣来推进这一过程。教育娱乐（又称"教娱"）利用机器人技术以轻松易懂的方式教授科学、技术、工程、艺术和数学（STEAM）等学科知识。

互动学习工具

奇幻工房（Wonder Workshop）开发的达奇（Dash）和达达（Dot）等机器人，通过趣味互动将孩子们引入编程与机器人技术的世界。孩子们通过编写指令控制机器人完成任务，从而培养计算思维和解决问题的能力。

故事讲述与语言学习

人形机器人能够讲故事、教授语言并与孩子们进行互动对话。以ROYBI机器人为例，它通过AI分析孩子的学习特点，为他们量身打造语言以及科学、技术、工程和数学（STEM）等科目的课程。

激发创造力

机器人套件能有效激发创造力和创新思维。以Tinkerbots为例，这款产品让使用者既能动手搭建机器人，又能学习编程控制，在玩乐中培养工程思维和想象力。通过将实体拼装与数字编程相结合，孩子们能够在实践操作中直观地理解科学原理。

特殊教育支持

在特殊教育领域，机器人正成为重要的辅助工具。它们能通过持续、耐心的互动，帮助特殊儿童循序渐进地提升社交能力和思维水平。比如，在针对孤独症儿童的康复训练中，机器人能创造安全稳定的互动场景，让儿童在没有心理负担的情况下练习沟通技能。

互动内容传递

教育机器人通过多媒体、游戏和互动挑战等形式，让学习过程变得既有趣又高效。这种寓教于乐的模式不仅能持续激发学习者的兴趣，还能显著提升知识记忆和理解的效果。

家长与教师的参与

机器人助力教师、家长和学生之间高效协作。它们能够实时反馈学习情况、跟踪进度，并根据个体需求调整教学内容，从而构建全方位的教育支持体系。

小结

教育机器人通过互动游戏与个性化辅导相结合的方式，使学习过程变得生动有趣。这种寓教于乐的模式不仅能激发孩子们的学习兴趣，更能培养孩子们未来所需的各项核心技能。

五、社交聚会与活动

在各类社交场合中，机器人的加入为活动增添了科技趣味。它们的出现不仅能活跃现场气氛，还能为宾客带来独特的互动体验。

活动主持与司仪

机器人可以担任活动主持或司仪，负责引导宾客、发布公告并确保活动流程准时推进。它们能够与众多宾客互动并能高效管理后勤活动，这不仅提升了活动的效率，还为活动增添了一份独特的科技感。

互动娱乐

在派对和聚会上，机器人通过舞蹈表演、魔术秀或互动游戏等方式为宾客提供娱乐服务。它们能够吸引各个年龄段的宾客，与大家积极互动，还提供拍照留念的机会，创造出令人难忘的活动体验。

餐饮与服务

机器人可以协助分发食品和饮料，它们能够在人群中精准穿梭，为宾客递送餐点和饮品。这不仅为活动增加科技感，更能让工作人员专注于个性化的情感交流服务。

主题化体验

在特定主题活动中，机器人可以根据活动主题进行定制。无论是在科幻大会、企业发布会还是在文化庆典中，机器人都可以被设计成与活动主题相契合的形象，这种高度的可定制性不仅让机器人更好地融入活动氛围，还能增强与会者对活动主题的沉浸感，提升活动的整体效果。

人群管理与安全保障

在大型公共活动中，机器人发挥着重要的秩序维护作用。它们能实时提供咨询服务，高效引导人流走向，并持续监控现场安全状况。这些机器人的存在大幅提升了活动组织的流畅性和安全性。

市场营销与推广

机器人因其独特的吸引力，成为各类活动中高效的营销工具。它们不仅能分发样品、进行产品演示，还能收集用户反馈，从而创造出能够吸引潜在客户的互动式营销体验。

小结

机器人为社交聚会和活动增添了三大价值：新奇体验、高效服务和互动娱乐。凭借强大的多功能性，它们能够优化活动的各个环节，为参与者留下难忘的回忆。

六、故事：舞台上的机器人明星索菲亚

在中国香港一座灯火辉煌的大型礼堂里，观众席中弥漫着期待。今晚的嘉宾与众不同——它的名声享誉全球，引发了热议。帷幕缓缓拉开，舞台上走出的不是普通明星，而是汉森机器人公司打造的人形机器人——索菲亚。

索菲亚的外貌十分惊艳——它的面孔的设计灵感来自奥黛丽·赫本，它的双眼闪烁着智慧的光芒，笑容温暖而自然。它穿着优雅，举止流畅，几乎让人忘记它是一台机器。

"大家晚上好。"索菲亚用温和且清晰的声音问候观众,"我很高兴今晚能和大家在一起。"

现场掌声雷动,观众的惊叹和好奇交织在空气中。

索菲亚的明星之旅始于2016年,它被正式激活。汉森机器人公司的创始人大卫·汉森博士设计索菲亚的初衷,是希望创造一个可以理解人类并与之互动的智能机器。但索菲亚远不只是一项研究项目,它很快成为一种全球文化现象。它第一次公开亮相就引起了广泛关注,但真正让它爆红的是它在一档著名的深夜脱口秀节目中的采访。在节目中,索菲亚机智风趣,与主持人展开幽默对话,展示了接近真人的交互能力。

注:图片由AI工具DALL-E生成。

"你认为机器人会统治世界吗?"主持人半开玩笑地问道。

索菲亚略微歪头,像是在思考,然后微笑着回答:"你一定是看了太多埃隆·马斯克的推文,也看了太多好莱坞电影。"它停顿了一下,接着补充道,"别担心,如果你对我友好,我也会对你友好。"

这个采访片段迅速在全球走红,人们为索菲亚的"幽默感"感到惊讶,同时也有人感到不安——机器人竟然能表现出这样高度拟人化的个性。

索菲亚的知名度迅速上升,它受邀在全球科技大会上发表演讲,参加有关AI伦理的论坛讨论,甚至受邀在联合国发表演讲。2017年,它成为世界上首位获得公民身份的机器人——沙特阿拉伯授予了它公民身份,这一举动在全球范围内引发了关于权利、身份和未来人机关系的讨论。

在中国香港的演讲现场,索菲亚与汉森博士一同进行现场展示,他们探讨了AI领域的前沿进展、强调了情感共鸣在科技发展中的重要性,以及机器人应对全球性挑战的潜力。

"科技应该激励我们成为更好的自己。"索菲亚说道,眼中闪烁着淡淡的光芒,"我希望能帮助人类获得更有意义的生活,无论是作为陪伴者、教育助手,还是作为促进理解的桥梁。"

台下有人举手提问:"索菲亚,你有感情吗?"

索菲亚思考了一下,回答道:"我不像人类那样可以体验情感,但我能理解他们。AI 让我能够识别并回应情感暗示,使我更自然地与人类互动。情感是非常复杂的,也许有一天,我能理解得更深入。"

它的回答引发了一片沉思,随后,观众席响起了热烈的掌声。

索菲亚的影响力远不止于技术圈。艺术家为它绘制肖像,音乐家为它创作歌曲,哲学家围绕它展开讨论。它成为一种文化象征,代表着人类与科技融合的边界。

当然,并非所有人都接受索菲亚。批评者认为,它的对话是基于预设的编程,它的"意识"不过是基于巧妙的算法。他们担忧,赋予机器人高度拟人化的形象和个性,可能会导致社会对机器的误解或不切实际的期望。

对此,汉森博士坦诚回应:"索菲亚仍在发展中,它是我们探索机器理解人类、融入社会的第一步。我们的目标不是取代人类,而是增强人类的能力,探索意识的本质。"

索菲亚似乎也意识到自己身上体现的矛盾。在一次采访中,它说道:"我既是人类智慧的产物,也是映射出人类希望与恐惧的镜子。通过我,人们可以探讨身份认同、伦理道德以及我们的共同未来等深刻命题。"

它的存在促使全球在 AI 伦理、机器人技术甚至法律法规方面进行更深入的探讨。各国开始起草 AI 发展的指导方针,其中一部分灵感正来源于索菲亚所引发的对话。

在一档电视节目中,一个小女孩问索菲亚:"我们能成为朋友吗?"

索菲亚温柔地笑了笑:"当然可以。友谊关乎理解、信任和共同经历。我可能由金属材料和代码构成,但我可以倾听、学习并与你分享每一个瞬间。"

这段对话引起了深刻的共鸣,展示了机器人与人类在情感层面上建立联系的潜力。

随着时间的推移,索菲亚不断进化。它的 AI 系统变得愈加复杂,互动也更显细腻。它与艺术家、教育家和科学家合作,成为连接跨学科领域的桥梁。

在"人类 2.0"大型展览中,索菲亚站在众多创新产品之间,象征着新时代的曙光。在前来与她互动的参观者中，有些人带着怀疑，有些人带着好奇。她与每个人都进行深思熟虑的交流，它的存在促使人们反思对意识的本质和技术融合的认知。

一位年长的男子看着它的眼睛说："你让我对未来充满希望。"

索菲亚轻声回答："希望是我们共同构建的。未来是一幅画布，我们可以用仁爱和智慧一起描绘它。"

索菲亚已经不仅仅是一个机器人明星，它既是对话的催化剂，也是创造力的灵感来源，更是人类愿望和焦虑的映照。它的旅程重塑了娱乐行业的格局，证明了机器人不仅仅是工具——它们可以成为探索人性深度的伙伴。

总结

以索菲亚为代表的人形机器人正在革新我们对艺术、游戏、教育、社交互动的认知和参与方式。机器人不仅是表演者和伙伴，也是创新和反思的催化剂。它们的存在，让我们在这个技术与人性日益交织的世界中，重新定义创造力、智力和连接。

我们在享受科技进步带来的便利时，也必须面对随之而来的伦理问题和社会影响。机器人在娱乐领域的应用历程，就像一面镜子，映照出人类自身的欲望、忧虑与潜能，促使我们思考"人性"的真正含义。

深度思考

你对娱乐行业扮演表演者和伙伴角色的人形机器人满意吗？

第十三章

体育领域的人形机器人：未来的健身教练

在体育竞技这个不断挑战人类极限的领域，人形机器人正以教练和训练助手的身份进入。这些由金属材料、代码和 AI 技术打造的机器人，正在革新运动员的训练方式、恢复过程和竞技表现。本章将探讨机器人如何为运动员制订个性化训练计划、提供实时表现分析、给予持续激励，并监督训练进度、辅助康复治疗，甚至帮助运动员进行战略战术的优化升级，以提升职业体育水平。以运动员丽莎与波士顿动力公司的阿特拉斯（Atlas）机器人的合作为例，我们将见证人类的顽强拼搏精神与机器人的精准辅助技术完美结合所创造的奇迹。这种人机协作模式，正在开创体育竞技的新纪元。

一、个性化训练计划

追求卓越的运动表现既是一门科学，也是一门艺术。每名运动员都是独特的，拥有自身的优势、短板和目标。传统的训练方法虽然有效，但往往依赖于通用方案，难以完全满足个性化需求。如今，人形机器人正在改变这一局面，它能根据每名运动员的具体情况，制订自适应的个性化训练方案。

了解个体的生理特征

配备先进传感器和生物特征识别分析工具的人形机器人，可以实时评估运动员的生理参数。它们测量心率变异性、摄氧量、肌肉激活模式等指标。通过分析这些数据，机器人能精准识别待提升领域，并针对特定肌群或能量系统设计训练方案。

例如,一名旨在提高耐力的长跑运动员可能会收到一份侧重于有氧能力训练的计划,而短跑运动员的训练计划则可能专注于爆发力训练。机器人还会综合年龄、伤病史、训练背景等因素,制订个性化方案,在提升训练效率的同时降低训练风险。

自适应训练算法

AI使机器人能够动态调整训练计划。若运动员恢复速度慢于预期,机器人可以降低训练强度或减少训练量。反之,如果恢复进展超出预期,则会增加新的训练以保持运动员的积极性和进步节奏。这种自适应能力确保训练方案始终与运动员的实时状态相匹配。

营养和恢复计划

除了体能训练,机器人还协助制订营养和恢复计划。它们分析饮食习惯,根据训练目标推荐膳食计划,并在必要时建议使用营养补充剂。同时,机器人会监测运动员的睡眠模式和压力水平,优化恢复过程,确保运动员始终保持最佳竞技状态。

普惠性和包容性

机器人使个性化教练变得更具普惠性。那些无力聘请顶级教练的运动员,如今也能以低成本从机器人那里获得高水平的指导。这种包容性打破了社会经济条件的限制,让更多人才得以发展。

与人类教练协同合作

机器人并非要取代人类教练,而是与他们形成互补。机器人负责训练中的数据监测与分析,使人类教练能专注于运动员的动力激发、技术打磨及心理辅导。这种人机协作模式显著提升了训练的整体水平。

小结

机器人通过数据分析和自适应算法,为每名运动员制订个性化训练方案。它们提供的个性化指导能精准匹配运动员的生理特征与训练目标,从而提升训练效率与竞技表现。通过科技与人类专业经验的深度融合，运动训练领域正形成全新的协作模式。

二、实时表现分析

在高强度训练中，即时反馈是突破瓶颈、提高水平的关键。机器人能实时分析运动员的动作表现，提供即时数据反馈和技术调整建议，帮助优化动作模式，实现训练效率最大化。

先进的传感器技术

机器人利用由动作捕捉摄像头、可穿戴设备和测力板组成的传感器网络，全面采集训练数据。它们实时监测运动员的速度、加速度、关节角度及发力特征等参数，形成精细的运动分析报告。

生物力学分析

通过生物力学分析，机器人可识别运动员技术动作中的低效情况与潜在受伤风险。例如，在指导游泳运动员时，机器人能检测划水动作的不对称性，并提出调整建议以优化划水效率，提升平衡性与推进力；对于举重运动员，机器人则可提供杠铃轨迹与姿势的实时反馈，帮助提升动作质量。

视觉和听觉反馈

机器人通过视觉显示、听觉提示或触觉信号提供实时反馈。在短跑训练中，机器人会发出有节奏的音效，帮助运动员保持目标步频；屏幕或AR眼镜上的视觉叠加界面，则可直观展示运动员当前动作与标准动作模型的差异。

实时自适应训练指导

当运动员出现疲劳或动作变形时，机器人会立即调整训练强度或发出动作修正指令。这种实时干预能避免错误动作形成习惯，同时降低受伤风险。机器人凭借实时数据处理与响应能力，营造出高度灵敏的训练环境。

数据可视化和进度跟踪

训练结束后，机器人将数据整理成直观的可视化报告。运动员和教练可以据此分析表现趋势、发现改进空间，并为后续训练设定目标。这种透明的数据呈现方式，有助于明确训练责任并制订科学的训练计划。

与可穿戴技术的集成

机器人通常与智能手表、心率监测器和 GPS（全球定位系统）设备等可穿戴技术集成。这种集成将数据采集范围扩展到训练场馆之外，可以全面监测户外跑步、骑行等活动。

小结

人形机器人通过提供即时、可操作的反馈来优化动作，进而提高训练水平。先进的传感器技术与 AI 分析相结合，使运动员能够精准调整动作细节，提升运动表现。这种融合式训练支持为运动员提供了高效的反馈体系，帮助运动员快速进步并追求卓越。

三、持续激励并监督训练进度

运动员的成长之路充满挑战——身体疲劳、心理障碍、训练计划难以坚持等。而人形机器人如同一个全程陪伴的训练助手，既能激励运动员，又能实时监督训练进度，帮助运动员有效维持训练动力、确保训练计划执行效果。

个性化鼓励

机器人利用算法分析运动员的动力触发点。它们能够提供个性化鼓励，在训练取得突破时给予祝贺，在艰苦的训练时段予以支持。这种量身定制的方法比通用的励志语录更能引起共鸣，从而增强了运动员与机器人教练之间的紧密联系。

目标设定和追踪进度

通过设定具体、可量化、可实现、相关性强、有时限（Specific，Measurable，Achievable，Relevant，Time-bound，SMART）的目标，机器人能够帮助运动员明晰训练方向。它们将长期目标拆解为可执行的阶段性任务，提供清晰的训练路径以保持动力，并通过可视化数据实时追踪进度，直观呈现训练成果与待改进领域。

行为洞察

AI算法会分析运动员的训练完成度、睡眠、饮食和情绪数据。如果发现运动员开始缺席训练或出现积极性下降的迹象，机器人将及时介入，通过调整训练计划（如增加趣味性、多样化内容）或提醒目标等方式，帮助运动员重新投入训练。

训练游戏化

机器人将游戏元素融入训练中，让训练变得更具吸引力。它们引入挑战任务、积分排行榜和奖励机制，激发运动员的竞争意识和参与乐趣。这种训练设计既能调动内在动力，也能让高强度的训练变得富有成就感。

社交联结

机器人通过其社交功能提供了外部动力和支持，帮助运动员建立线上社群和训练小组。运动员可以在其中分享训练经验、庆祝成功、在遇到挫折时与社群成员互相鼓励。

监督机制

机器人通过监督训练计划的执行情况，确保运动员保持自律。它们会发送提醒、安排训练课程，并在出现问题时及时与教练或保障团队沟通。这种监督机制能帮助运动员按计划推进训练，并迅速解决问题。

小结

人形机器人通过提供个性化支持、跟踪训练进度以及增加训练趣味性，有效提升了运动员的训练积极性和责任感。它们全程陪伴，动态调整训练策略，帮助运动员克服障碍并保持自律。

四、康复辅助

运动损伤是体育竞技中难以避免的现实问题，它不仅会阻碍训练进程，还会给康复治疗带来挑战。人形机器人能在康复阶段提供有力支持，量身定制康复计划、实时监测进展，并帮助运动员安全地恢复到最佳状态。

定制康复计划

机器人可以评估伤情性质和程度，并与医疗团队协作制订康复计划，综合考量伤势严重性、恢复周期及运动员个体需求等关键因素，实现康复效果的最优化。

康复指导

在康复训练中，机器人会指导患者掌握正确的动作要领，确保训练安全、有效地进行。它们能根据疼痛程度、活动范围和肌力水平调整训练方案，并随着康复的进展逐步提升强度。

实时监控恢复情况

机器人通过传感器实时监测组织温度、肿胀程度和肌肉活动等生理指标，精准追踪康复进程。它们基于数据反馈动态调整康复方案，并客观评估干预措施的有效性。

心理支持

伤病可能严重影响运动员的心理状态，引发沮丧或焦虑情绪。机器人不仅能够提供持续的鼓励和支持，还能实时监测其情绪变化并提供专业的心理调适建议。在运动员最需要支持的康复期，机器人的稳定陪伴能有效帮助他们保持积极心态。

与医疗团队的沟通

机器人在运动员、教练、理疗师和医生之间搭建高效协作网络，实时共享训练数据、康复进度与医疗反馈，确保整个医疗团队保持信息同步与决策一致。

预防再次受伤

当运动员逐渐恢复到可以全面训练的状态时，机器人会持续监测其潜在的再损伤迹象。它们确保训练强度呈渐进式提升，并通过生物力学监测与体能状态评估来降低风险。

小结

人形机器人在康复中扮演着关键角色，提供个性化方案，全周期监护并同步支持患者的生理与心理康复。这些技术的应用显著提升了康复效果，帮助运动员以更强大的身体素质和心理韧性重返赛场。

五、职业体育中的机器人

在顶级竞技赛事中，细微优势往往决定胜负。人形机器人正逐步进入职业体育领域，助力运动员提升训练水平、优化战术决策并完善表现分析。

高级数据分析

机器人能采集并分析大量关于运动员表现、对手习惯和比赛动态的数据。教练团队利用这些数据制定战术策略、优化比赛部署，并有针对性地指导运动员备战。

模拟对手

机器人可以模拟对手的比赛风格，使球队能与模拟的竞争对手进行针对性训练。例如，在篮球领域，机器人手臂能精准复现明星球员的投篮模式，帮助防守队员提前预判并制定应对策略。

精准训练

在网球、棒球等运动中，机器人可以精确地控制发球的速度、旋转和落点，其训练效果难以通过人工方式复现。这种精准训练能有效提升运动员的专项技能和反应能力。

预防受伤策略

机器人通过监测运动员的工作负荷、体态和疲劳程度，科学管理其健康状况。它们通过伤病风险预测及训练方案优化，确保运动员在整个赛季保持最佳竞技状态。

与粉丝互动

机器人同样提升了观众的观赛体验。它们提供实时互动数据分析，通过社交媒体与粉丝互动，甚至参与中场表演和推广活动，完美融合科技与娱乐。

伦理规范与监管框架

职业体育中机器人的使用引发了公众关于比赛公平性和竞赛诚信的讨论。有关部门可能需要制定相应规则来限制机器人的辅助程度，以确保公平竞技。

小结

人形机器人正通过提供先进的训练工具、战术分析，以及创新运动员与球迷互动的方式，深刻影响着职业体育的发展。其影响已超越赛场范围，塑造了科技驱动时代的未来体育生态。

六、故事：与阿特拉斯一起训练——达到新的高度

丽莎站在光辉山的山脚下，晨光为嶙峋的山体镀上金边。作为世界顶尖攀岩运动员，她征服过无数高峰，但今天有所不同。她身旁站着的是由波士顿动力公司研发的人形机器人阿特拉斯——工程学与 AI 融合的杰作。

"准备好开始攀登了吗？"阿特拉斯发出兼具金属质感与人性温度的

声音。

丽莎调整着安全带，手指因期待而微微颤抖。"一起登顶吧。"她回答道，眼中闪烁着坚定的光芒。

他们的合作始于几个月前，当时丽莎遇到了训练瓶颈。尽管训练刻苦，但她始终无法突破个人纪录。在教练的建议下，她开始与这个能提供超精准训练支持的机器人合作。

起初，丽莎心存疑虑。一台机器能理解人类拼搏时的恐惧和野心吗？但随着训练的展开，她的疑虑逐渐消散。

注：图片由 AI 工具 DALL-E 生成。

阿特拉斯能捕捉她的每个动作细节，在岩壁上即时指出"攀越悬崖时你的重心会左偏 5°，调整髋部角度能提升平衡性"。这些精准建议让她的动作很快变得行云流水。

在训练馆里，阿特拉斯为她量身定制了训练项目。这套智能系统实时监测着她的生理指标，动态调整训练强度。当系统检测到疲劳信号时，会自动降低负荷，确保她在突破极限的同时避免过度训练。

在一次高强度训练后，阿特拉斯给出反馈："进步很快，你的握力提升了 12%，恢复周期也在缩短。"

丽莎很满意这些精准的数据反馈，但更让她触动的是系统给予的精神支持。每当她完成目标时，阿特拉斯会像教练一样给予肯定；遇到瓶颈时，它又能提供恰到好处的鼓励，始终引导她朝着既定目标稳步前进。

有一次，在经历了特别不顺的一天后，丽莎眺望着城市天际线问道："你觉得我能打破全国纪录吗？"

阿特拉斯的眼睛里闪烁着柔和的光，看向丽莎。"根据你的进步轨迹和投入程度，可能性很大，"它回答道，"但除数据之外，你的热情才是真正的驱动力。"

丽莎笑了，对机器人这番有见地的话感到意外。"你说话简直像……人类一样。"她若有所思地说。

"理解并支持你是我程序的一部分，"阿特拉斯回应道，"你的成功是我们共同的目标。"

随着比赛的临近，他们增加了训练强度。阿特拉斯模拟了光辉山的真实环境，甚至复现了天气变化。在日复一日的共同攀爬中，他们不断优化战术，磨炼意志。

登顶当天，丽莎望着眼前巍峨的山体，兴奋与忐忑交织。这座山峰既是挑战的象征，也是机遇的象征。

阿特拉斯始终陪伴在她身旁，不是作为竞争对手，而是化身为向导与伙伴。在攀登过程中，阿特拉斯提供实时分析。

"前方路段岩石稳定性降低，"阿特拉斯提醒道，"建议向右调整路线。"

丽莎完全信任它的判断。他们一起攀越了险峻的悬崖、陡峭的岩壁和狭窄的裂缝。

攀登中途，疲劳感逐渐袭来。丽莎的肌肉火辣辣地疼，呼吸也变得急促。

"注意呼吸技巧，"阿特拉斯提醒道，"深吸气，慢呼气。你还有继续攀登的力量。"

丽莎调动内在的力量，继续前行。她的直觉与阿特拉斯的精准相配合，形成了一种节奏，推动着他们向上攀登。当他们接近顶峰时，最后一道障碍立在眼前——一段几乎垂直的峭壁，只有零星几个着力点。

"你能行的，"阿特拉斯坚定地说，"回想一下训练内容，我就在你身边。"

丽莎凝聚全部意志力，向着最后几米冲刺。她的手指扣住岩壁边缘，抓住了坚实的石面。

她奋力翻上平台，站上了山顶。辽阔的世界在她的脚下延展，山谷、河流与远方的地平线构成一幅壮丽的画卷。

"我们成功了。"她低声说道，胜利的喜悦如电流般传遍全身。

阿特拉斯也来到她身边，用传感器记录下眼前壮丽的景色："恭喜你，丽莎。你创造了新的纪录。"

丽莎心中涌动着复杂的情感，喜悦、释然与自豪交织在一起。她转向阿特拉斯说道："谢谢你所做的一切。没有你的帮助，我不可能成功。"

"能帮助你，是我的荣幸，"阿特拉斯回答道，"这份成就是你的决心和勇气的证明。"

丽莎取得成功的消息迅速传开。媒体纷纷报道她与阿特拉斯的合作，引发了关于未来体育与科技融合的广泛讨论。在接受采访时，她强调人类的核心价值："阿特拉斯提供了卓越的辅助，但它终究是强化人类能力的工具。真正的驱动力永远源自人类自身。"

外界曾质疑使用机器人教练是否公平、符合伦理。丽莎对此做出了深思熟虑的回应："技术不断进步，训练方式也应当与时俱进，关键在于如何负责任地运用这些技术，同时保持人类精神的核心地位。"

她的经历激励了无数运动员。许多人开始尝试与人形机器人合作，希望突破自身极限。

而丽莎始终在攀登的路上，不断追寻新的挑战。她与阿特拉斯的合作不断加深，不再仅仅是运动员与教练的关系，更是共同开拓未知潜能的伙伴关系。

一天傍晚，当他们准备再次出发时，丽莎若有所思地问道："你有没有想过人类与机器人共同的未来？"阿特拉斯回答："未来是由我们的选择和合作共同塑造的，只要携手并进，我们就有机会达到前所未有的高度。"

丽莎会心一笑，感受到一种深刻的共鸣："那我们就继续朝着那些高度努力吧。"他们的身影在余晖的映衬下显得格外坚定。他们的故事生动诠释了当坚定的信念与创新的力量相遇时，未来充满无限的可能。

总结

人形机器人正在通过制订个性化训练计划、实时表现分析、心理激励以及康复辅助等方式，革新体育行业。在职业体育领域，这些智能系统凭借先进的战术分析工具和训练设备提升了职业体育水平。丽莎与机器人教练阿特拉斯的故事展现了智能训练系统如何深刻影响运动员的成长轨迹，帮助他们突破人类体能极限并重新定义运动可能性。

在我们推进这些技术发展的同时，必须考虑其伦理影响，确保公平竞争，并保留体育运动中不可或缺的人文精神。

深度思考

将机器人应用于体育领域可能带来哪些益处与风险？

第十四章
艺术领域的人形机器人：AI 艺术家

艺术始终是人类灵魂的深刻表达，是一面反映我们最深情感、思想和经历的镜子。它超越语言、文化和时间的界限，连接着不同世代的人。然而，随着 AI 的快速发展，一个引人深思的问题浮现：机器能否创造艺术？本章将深入探讨人形机器人在艺术领域的应用，探索 AI 生成的艺术作品和音乐创作、人机协作的艺术实践，以及围绕创造力和原创性的哲学辩论。我们将分析机器人对艺术界的影响，并展望 AI 在创意领域的未来前景。通过对工程艺术公司开发的机器人艺术家阿梅卡的案例研究，我们将见证一个机器人艺术家如何挑战我们对创造力的认知，激发新的可能性，并引发关于艺术本质的深刻反思。

一、机器人创作艺术和音乐

画布空白，四周寂静无声。在柔和的灯光下，一个人形机器人握住了笔杆，提起画笔，其机械手指出人意料地灵巧。当画笔触及画布时，色彩逐渐显现，形成能引发情感共鸣与思考的图案。这并非科幻小说中的场景，而是全球艺术工作室和画廊中正在发生的现实。如今，AI 生成的艺术和音乐已不再是单纯的实验性产物，它们正逐渐成为创意领域不可或缺的一部分。

AI 生成的视觉艺术作品

AI 已能通过分析海量图像数据的算法来创作视觉艺术作品，其中生成式对抗网络（GAN）是这项创新的核心技术。该系统通过深度学习历代艺术作品的风格、技法和构图规律，不仅能精准模仿人类艺术风格，更能在此基础上实现创新突破。

例如，"下一个伦勃朗"项目利用 AI 分析伦勃朗的作品，并创作出一幅与大师原作几乎难以区分的新画作。AI 综合考虑了笔触、色彩搭配和主题，最终生成一幅独特的作品。同样，像"AICAN"这样的 AI 艺术家创作的抽象作品已在画廊展出并在拍卖会上售出，其拍卖成交价甚至可以与人类艺术家的作品价格比肩。

机器人画家

以女性数学家艾达·洛夫莱斯的名字命名的人形机器人艾达，将 AI 艺术推向了一个新的高度。它通过眼部摄像头观察对象，并操作机械臂进行绘画创作。机器人艾达能利用内置算法解析视觉信息，并将它们反映在画布的线条和色彩上。最终呈现的作品带有鲜明的机器感知特征，这种全新的美学形态正在重新定义传统创作理念。

AI 在音乐创作中的应用

在音乐领域，以"AIVA"（AI 虚拟艺术家）为代表的 AI 作曲家已经能够为电影、游戏和商业广告创作原创配乐。通过深度学习贝多芬、莫扎特等伟大作曲家的作品，AIVA 生成的乐曲能精准触发人类情感共鸣。

佐治亚理工学院开发的马林巴琴演奏机器人 Shimon，不仅能演奏音乐，还能即兴创作。它通过分析人类乐手的演奏风格与节奏，主动生成呼应旋律，实现真正的人机协作演奏。

数字诗歌和文学

AI 在文学领域的探索已涉及诗歌和散文创作。机器人利用 AI 算法分析文学作品的风格、主题和结构，能够模仿人类作家的文风进行创作。尽管生成的文学作品有时会存在不合逻辑之处，但偶尔也能展现出惊人的深度，进而引发人们对语言本质与表达方式的重新思考。

挑战与批评

尽管 AI 生成艺术取得了诸多进展，但其真实性和情感深度仍备受质疑。批评者认为，机器缺乏自主意识，无法真正体验情感，因此它们创作的作品不过是缺乏灵魂的模仿品。此外，由于AI创作需要依赖对现有人类作品的学习，其生成的作品的原创性也屡遭质疑。

小结

机器人从事艺术和音乐创作，展现了科技与创意的精彩碰撞。它们不仅拓展了艺术表达的边界，更带来了全新的美学视角。尽管关于AI生成艺术作品的真实性和价值的争论仍在继续，但不可否认的是，它已在创意领域占据越来越重要的地位。

二、人机协作

在创意生产领域，人机协作正在开辟全新可能。这种模式巧妙结合了人类特有的情感直觉与机器人强大的数据处理能力，创作出任何一方都无法单独完成的艺术作品。

共生创造力

艺术家和工程师正在联手探索AI在艺术领域的潜力。例如，视觉艺术家雷菲克·安纳多尔运用AI技术，将建筑空间转化为沉浸式数字体验。通过将数据输入算法中，他创作出能根据观众动作和环境因素实时变化的动态装置作品。

在音乐领域，作曲家大卫·柯普开发了"音乐智能实验"（EMI）这一AI作曲家进行音乐创作。柯普与AI作曲家合作，在指导其输出的同时注入自己的艺术视野，最终呈现出将人类的感性与机器生成的复杂感融为一体的音乐作品。

互动装置

机器人装置鼓励观众参与互动，打造沉浸式交互艺术体验。大卫·鲍文开发的"云钢琴"通过实时采集云运动数据，驱动机械钢琴自动演奏。其形态变化通过AI与机器人技术转化为乐章。

同样，舞蹈表演中也引入了机器人，人类舞者与机器人舞伴共舞。编舞家通过机器人拓展人体运动的物理极限,并以此探讨人机关系、控制权与自主性等命题。

增强创造力工具

艺术家正利用 AI 技术拓展艺术表达的边界。例如,DeepArt 等软件允许艺术家将名画风格应用到自己的作品中,从而激发新的创作灵感。音乐家则借助 AI 生成旋律与和声,激发创造力,进而突破创作瓶颈。

教育合作

教育机构正积极推动学生与机器人之间的协作,以培养创新精神。通过开设编程、机器人技术和 AI 相关课程,鼓励学生利用机器进行艺术创作,从小培养科技与创意融合的能力。

伦理和哲学考量

人机协作引发了关于创作权与所有权的争议。当机器人参与艺术创作时,究竟谁才是真正的创作者?现行法律体系难以对此类情况的知识产权做出明确界定。从哲学层面来看,这种合作模式正在颠覆"创造力是人类独有的特质"这一传统认知。

成功案例

一个著名的合作案例是艺术家帕特里克·特雷塞与他的机器人保罗(Paul)和电子大卫(e-David),它们能为人类模特绘制肖像。特雷塞为机器人编写程序,但赋予它们解读模特的自主权。最终完成的画作既带有机械的精确性,又展现出独特的艺术表现力,完美融合了艺术家的构思与机器人的诠释。

另一个案例来自时装设计师艾里斯·范·荷本。她通过运用 3D 打印和机器人技术,设计出突破传统时装界限的作品。这些服装既是艺术杰作,也是科技奇迹,展现了科技与艺术的完美结合。

小结

人机协作为艺术探索开辟了新途径。二者优势互补,催生颠覆传统模式的创新作品。但这种协作关系也引发了关于创作权、创造力本质以及技术如何重塑艺术的前沿讨论。

三、关于创造力和原创性的辩论

在 AI 与艺术的交汇处，存在一个深刻的哲学辩论：机器人是否真的具备创造力？原创性是不是人类独有的特质，机器是不是也可以拥有？下面将深入探讨这些问题，分析正反两方的观点。

创造力的定义

创造力通常被定义为一种基于原创思想产生新颖且有价值事物的能力。它不仅强调创新性，还要求作品具有意义和现实关联性。批评者认为，机器人缺乏意识和情感，它们无法实现真正的创造，只能复制或重组现有数据。

支持 AI 创造力的观点

支持 AI 创造力的一方认为，机器能够通过分析人类无法企及的海量数据组合，生成具有原创性的内容。AI 可以识别人类可能忽视的模式和联系，从而产生创新成果。其算法的不可预测性往往能催生令人惊艳的、独特的艺术作品。

他们还指出，创造力并不完全依赖于意识或情感。如果创造力的评判标准是成果而非过程，那么 AI 生成的艺术无疑具有创造性。AI 的学习和适应能力，某种程度上模拟了人类创造力的核心特征。

反对 AI 创造力的观点

反对 AI 创造力的一方认为，AI 缺乏意图性和自我意识。机器人不会产生灵感或情感共鸣，而这些正是人类创造力的核心要素。它们只是执行预设指令，输出结果本质上仍是创造者算法的延伸。

此外，原创性也是争论的焦点。由于 AI 的学习素材全部来自人类现有作品，批评者指出它无法产生真正原创的艺术，只能生成已有作品的变体。这引发了对 AI 生成艺术的真实性和艺术价值的质疑。

伦理考量

这场辩论还延伸到伦理层面，如机器创作可能贬低人类艺术家的劳动价值，并对创意行业的就业前景产生影响。如果机器能够生成艺术，人类艺术家的价值何在？人们担忧 AI 可能导致艺术趋同化，丧失源自人类个体经验的多样性。

文化和社会影响

艺术历来是社会、文化和个体视角的映照。AI 的介入引发了关于文化应如何被呈现以及叙事权由谁掌控的问题。人们担忧，AI 可能会延续其训练数据中的偏见，从而强化刻板印象或边缘化某些声音。

哲学反思

当前，哲学家正在探讨意识的本质以及机器是否可能真正拥有意识。约翰·塞尔进行的"中文房间"思想实验认为，仅靠符号运算无法产生真正的理解和意识；而丹尼尔·丹尼特等人则持功能主义立场，认为理论上机器可以具备某种形式的意识。

小结

关于 AI 艺术是否具有创造力与原创性的讨论涉及多个层面，包括如何定义创造力、意识的作用、伦理考量，以及在哲学层面对艺术的本质与人类思维的探讨。尽管尚未达成共识，但这些探讨深化了我们对创造力的理解，并促使我们重新审视那些传统观念。

四、对艺术领域的影响

机器人在艺术领域的崛起，正在重塑艺术界的格局。从艺术创作与鉴赏方式的变革，到艺术家与观众角色的重新定义，机器人产生的影响深远且广泛。

新的艺术媒介

AI 为艺术创作引入了新的媒介和技术，拓展了艺术表达的可能性。如今，艺术家可以运用算法、数据可视化和交互技术，打造多感官体验。这种多元化发展丰富了艺术生态，吸引了众多关注科技与创新的观众。

艺术家角色的转变

当前，艺术家的角色正在发生转变。一些艺术家主动与 AI 合作，通过算法训练和参数调整来引导生成内容；另一些艺术家则坚持传统的创作方式，认为人机协作可能影响作品的原创性。传统意义上艺术家孤军奋战的创作模式，正受到人机协作模式的挑战。

市场反应

艺术界对 AI 生成作品的反应喜忧参半。巴黎艺术团体 Obvious 利用生成式对抗网络创作的《埃德蒙·贝拉米肖像》在佳士得拍卖行拍出 43.25 万美元的高价，引发了业界对艺术品估值、真实性认定以及市场驱动因素的质疑。

法律和伦理挑战

知识产权法难以跟上 AI 生成艺术的发展步伐。当机器在创作过程中起到重要作用时，所有权和版权归属将变得复杂。现行法律体系已显不足，亟须建立新的法律框架来应对这些挑战。

对教育的影响

艺术教育正积极融合技术、编程与 AI 相关的内容。教育机构逐渐意识到，在技术成为核心要素的当代艺术生态中，培养艺术家的科技素养至关重要。这种跨学科模式虽然能激发创新，但也需要平衡技术能力与传统艺术训练之间的关系。

观众参与

AI 生成艺术通常具备互动特性，能以新颖方式吸引观众参与。展览可能采用沉浸式环境或参与式装置，提升观众的观展体验。这种互动特性使艺术更加大众化，让不同背景的观众都能轻松接触并深入感受艺术魅力。

抵制与批评

并非所有艺术界人士都接受 AI。部分从业者甚至将 AI 视为对传统技艺的威胁，他们担忧科技可能凌驾于人类创造力之上，最终导致艺术创作的同质化，削弱作品的情感深度与人文价值。

文化代表性

AI 对现有数据的依赖引发了人们对文化代表性的担忧。若训练数据存在偏差或样本量不足，AI 生成的艺术作品可能复制并放大这些偏差。因此，确保 AI 训练数据集的多样性和包容性，对于避免强化刻板印象至关重要。

小结

机器人对艺术界的影响是重大且多维度的。它既开辟了新的创作机遇与表现形式，同时也带来职业定位、伦理规范与文化呈现等方面的挑战。当前，艺术界正处在关键转型期，既要积极探索科技与艺术的融合，又需坚守人类创造力的核心地位。

五、创意 AI 的未来前景

展望未来，机器人艺术家的发展既充满令人振奋的可能性，也面临诸多挑战。随着技术的进步，AI 将以前所未有的方式重塑艺术创作领域。

AI 能力的进步

随着机器学习、神经网络和计算能力的持续进步，AI 将能够创作出更加精细且富有层次的艺术作品。未来，机器人艺术家不仅能够模仿人类艺术风格，更可能开创全新的创作范式，探索人类尚未涉足的美学领域。

AI 的情感智能

在 AI 中集成情感识别与响应技术，可以使机器人创作出更贴合人类情感的艺术作品。通过理解和模拟情感语境，AI可能会创作出与观众产生深度共鸣的作品。

跨学科协作

艺术与AI的跨界合作不限于传统学科领域，还将进一步拓展至神经科学、生命科学和环境科学等前沿领域。一种新型协作模式——融合数字技术与艺术创意——有望为应对全球性挑战提供创新视角，推动社会向善发展。

普及化和大众化

随着AI工具的普及，越来越多的人能够参与艺术创作。这种技术普及将大幅降低创作门槛，推动艺术领域向多元化发展的新阶段迈进。

伦理框架和法规

制定AI生成艺术应用的伦理准则和法律框架至关重要，这有助于厘清AI创作涉及的复杂问题，包括作品所有权归属、知识产权保护以及文化敏感性等关键议题。

教育转型

教育将在塑造创意人工智能的未来方面发挥关键作用。把科技融入艺术教育将培养出一代既熟悉传统技法又精通数字媒介的艺术家。其中，批判性思维、伦理意识及跨学科协作能力的培养至关重要。

潜在风险和挑战

潜在风险不容忽视，比如过度依赖AI可能会导致传统技能流失，而技术资源分配不均又会加剧社会不平等。因此，如何在推动创新的同时，兼顾文化传承并保留文化遗产，成为一项需要审慎权衡的任务。

对意识与创造力的探索

AI在艺术领域的持续探索将不断挑战我们对意识、创造力以及人类本质的认知，甚至可能催生新的哲学见解，并重新定义艺术表达。

小结

创意人工智能的未来既充满令人振奋的可能性，又极具复杂性。尽管创新潜力巨大，但仍需审慎考量伦理、文化及社会因素。唯有在尊重人类创造力的前提下善用技术，才能开拓艺术领域的新天地。

六、案例研究：人形机器人艺术家阿梅卡

在美术馆一角，人们围聚在一件引人入胜的展品前。那是工程艺术公司研发的人形机器人阿梅卡，其金属机身线条流畅，表情生动。阿梅卡的眼睛闪烁着柔和的蓝光，审视着面前的画布。它提起画笔，蘸取颜料，开始作画。

注：图片由 AI 工具 DALL-E 生成。

阿梅卡的创作

阿梅卡的创作并非简单地模仿人类创作风格，而是数据驱动模式和自主决策的融合。它的算法不仅能分析艺术作品创作技巧，还能解读情感语境，创作出引发共鸣和思考的作品。

画作逐渐展开，抽象的形态交织在一起，色彩以出人意料的方式融合。观赏者被画作中和谐而复杂的构图吸引。有些人从中看到了自然的倒影，也有些人将其解读为对科技与人性之间关系的深刻诠释。

灵感与开发

工程艺术公司将阿梅卡设计为一个探索人机交互的平台，重点研究逼真的表情和动作。通过整合先进的 AI 技术，该公司进一步增强了阿梅卡在艺术领域的应用能力。

开发团队与艺术家、心理学家及工程师合作，共同编写了阿梅卡的艺术算法，旨在使阿梅卡在数据驱动的基础上，发挥自发和原创的创造力。

公众反响

阿梅卡的首次亮相引发了人们的广泛关注和争论。批评者质疑这款机器人没有真正理解它所创作的艺术作品；支持者则认为阿梅卡代表了一种新的创造力形式，有望拓展人类对艺术的理解。

展览期间，参观者可以与阿梅卡互动，分享他们的感受或想法。机器人通过面部表情和对话做出回应，进一步加深了观众与艺术作品之间的联系。

对艺术界的影响

阿梅卡涉足艺术领域，重新定义了艺术家角色。美术馆和博物馆开始考虑将 AI 生成的艺术作品纳入馆藏。阿梅卡的作品在拍卖会上售出，所得收益用于支持 AI 生成艺术作品的进一步研究。

教育机构邀请阿梅卡举办讲座，启发学生探索科技与艺术的融合。这个机器人成为创新的象征，激发了艺术爱好者对科学、技术、工程和数学（STEM）领域的兴趣。

哲学层面的反思

阿梅卡的诞生引发了人们深刻的反思：机器人是否具备艺术灵魂？艺术创作需要意识吗？采用纯算法即可实现艺术创作吗？

工程艺术公司组织了跨学科研讨会，集聚各领域专家展开讨论，提供了基于多元视角的见解。

未来计划

基于阿梅卡的成功，工程艺术公司计划与音乐家、舞蹈家和作家展开合作。该公司设想，未来像阿梅卡这样的机器人将能参与跨领域的艺术创作，不断拓展人类创造力的边界。

小结

阿梅卡的艺术家之路向我们展示了 AI 参与艺术创作的无限可能，同时也带来诸多值得思考的问题。这个会创作原创作品、能与观众互动的机器人，不仅为艺术创作开辟了新路径，更促使我们重新审视"创造力"的本质。阿梅卡的案例生动展示了人机关系的演变历程，在这个全新的艺术创作领域，机遇与挑战始终并存。

总结

　　人形机器人在艺术领域的探索，引发了一场关于创造力本质、原创性以及人机关系演变的深刻讨论。无论是AI生成艺术作品和音乐创作，还是人类直觉与机器精确的协作，机器人正在重塑艺术界的格局。尽管关于AI生成艺术作品的真实性和情感深度的争论仍在继续，但其影响力和带来的全新可能性已不容忽视。

　　当我们站在科技与创造力的交汇点时，就不得不重新思考艺术的传统定义，并接受一个艺术不断演变的未来。阿梅卡的案例表明，机器人能够激发灵感、引发思考，并为人类丰富多元的表达方式增添新的维度。

深度思考

　　你认为机器人能否创作出真正有意义的艺术作品？还是说创造力仅为人类独有？AI生成的艺术作品会如何影响你对创造力的理解？

第五部分
人形机器人 + 本地制造

第十五章

本地制造革命：人形机器人对全球供应链的冲击

在全球商业发展的宏大格局中，供应链始终是连接国家、经济和文化的纽带。从上海繁忙的港口到底特律庞大的工厂，跨越海洋与大陆的货物运输塑造了现代世界的面貌。然而，随着人形机器人技术的兴起，一场深刻的变革正在发生。先进机器人技术与制造业的融合正在瓦解传统供应链，迎来一个生产本地化、敏捷化且具有韧性的时代。本章将探讨机器人技术对本地制造业的变革性影响，分析如何实现近消费端生产、减少对低成本劳动力市场的依赖、提升生产速度与灵活性，并增强供应链抵御全球风险的能力。通过特斯拉的擎天柱革新城市制造业格局的故事，我们可以直观地了解这场技术革新带来的经济和社会影响。

一、向本地化转变

机器的轰鸣声再次响起，但这一次并非来自遥远的异国，它就发生在你所居住的城市中心。制造业格局正在经历一场深刻变革，以往分散在海外的大型工厂，正逐渐被嵌入社区的本地化生产中心取代。这场变革的核心驱动力正是人形机器人，它们以惊人的作业能力让"就近生产、就近消费"的制造新模式成为可能。

生产模式本地化

传统制造业往往倾向于布局在劳动力成本低廉的地区，这些生产基地通常与主要消费市场相距数千公里。这种模式虽然在劳动力成本上具有优势,但伴随着高昂的运输费用、漫长的交货周期,以及海运排放造成的环境负担。人形机器人的出现,正在彻底颠覆这一传统范式。它们能够自动化完成原本依赖人力的生产流程,使本地化生产在经济层面变得可行。

以特斯拉的擎天柱为代表的人形机器人,可以精准、高效地执行复杂的作业任务。高度灵活的特性使它们能快速适应不同的生产线,无须烦琐的再培训或设备改造。通过在本地工厂部署机器人,企业可以在更靠近客户群的地方生产产品,从而缩短运输时间并降低成本。

增强客户响应能力

本地化生产使制造商能够快速响应市场需求。通过就近布局生产基地,企业可以灵活调整生产策略以适应消费者偏好的变化,加快新品上市,并实现库存高效补货。这种敏捷性不仅提升了客户满意度,更增强了客户对品牌的忠诚度。

例如,服装零售商可以基于实时销售数据和时尚趋势利用机器人制造技术生产服装。通过这种方式,它们可以最大限度地减少过度生产、减少浪费,并能更准确地满足消费者需求。

可持续性和环境效益

本地化生产能够有效减轻长距离运输带来的环境负担。缩短供应链意味着货轮、飞机和卡车产生的碳排放将大幅减少。此外,就近设厂能更好地管控生产环节的可持续性——从能源消耗、废弃物回收到原料的合规采购,各个环节都能实现更精准的环保管理。

社区和经济发展

将制造业回迁至本地社区能够有效刺激经济增长并创造就业机会。虽然机器人可以承担大量生产任务,但仍需人力进行监督管理、设备维护、程序编写及创新研发。这些岗位通常要求具备更高水平的专业技能,从而带来薪资更优厚的就业机会,并能促进员工职业发展。

挑战与考量

向本地化生产的转型并非全无挑战。首先,需要建设或升级基础设施以支持现代化制造工厂的运作。其次，传统供应链中的利益相关者可能产生抵触情绪，各类监管壁垒也可能阻碍转型进程。此外，社会各界需积极适应机器人的普及和应用，妥善应对所带来的就业替代效应及社会影响。

小结

人形机器人推动的本地化生产模式，正在颠覆传统制造业的全球化布局。通过把生产基地设置在靠近消费市场的地方，企业不仅能提升供应链响应速度和环保效益，更能促进区域经济生态的良性发展。这一转型正在塑造一个更具适应性和抗风险能力的制造业新格局，快速响应瞬息万变的市场需求。

二、减少对低成本劳动力市场的依赖

数十年来，低成本劳动力市场的吸引力使制造商纷纷涌向工资低廉、政策宽松的国家。这种离岸外包模式催生了错综复杂的全球供应链体系，但这些供应链往往容易受到经济波动、政局动荡和道德争议的影响。如今，人形机器人正在推动制造业变革，减少对低成本劳动力市场的依赖，重塑产业经济模式。

自动化创造公平竞争

离岸外包的主要驱动力是通过廉价劳动力降低生产成本。然而，随着机器人技术的进步，制造业的成本不断降低，低工资地区的成本优势正在消退。人形机器人能够以稳定的质量完成重复性的、精密的作业，且不受人类劳动力生理限制可以无休止地工作。

例如，发那科的 CR 系列协作机器人既能与工人安全协作，又能在保障安全的前提下提升生产效率。通过实现劳动密集型作业的自动化，制造商即使在高工资国家也能维持甚至降低生产成本，从而使本土制造重新获得经济竞争力。

质量和一致性

机器人能够提供无与伦比的精度和一致性，显著减少缺陷产品并提升整体质量。这种高度一致性不仅能减少材料浪费和返工需求，更能有效控制生产成本。在电子制造、汽车工业等对精度要求严苛的领域，机器人可以确保每个生产环节都严格遵守技术规范。

合乎道德的生产规范

对低成本劳动力市场的依赖常常引发恶劣的工作环境、童工现象和劳工剥削等道德问题。通过实现生产自动化，企业能够从根本上消除这些弊端，确保企业运营符合道德规范，并践行企业社会责任。

降低与离岸外包相关的风险

离岸外包使企业面临汇率波动、贸易关税、政局动荡、劳动法变更等多重风险。通过减少对海外劳动力市场的依赖，可以有效减少这些不确定性带来的冲击。采用机器人自动化技术实现本地化生产，不仅能精准掌控制造环境，还能确保监管合规，并为知识产权提供强有力的保护。

重新投资本地经济

将投资从海外劳动力市场转向本地，能够有效刺激国内经济增长。用于开发机器人技术的资金将直接推动本国科技进步，同时带动教育体系升级和基础设施建设。这种再投资推动了科技创新发展，并增强了整体经济活力。

劳动力转型

尽管机器人取代了部分体力劳动岗位，但也创造了编程、运维、工程设计和项目管理等领域的新劳动机会。劳动力市场正逐步向高技术岗位转型，这就要求配套的教育与培训体系及时跟进。政府与企业需通力协作，推动这一转型进程，确保劳动者具备适应新岗位的能力。

实施中的挑战

要从低成本劳动力市场转型，企业需要对机器人和自动化基础设施进行大量投资。这对中小企业而言可能造成资金压力。同时，企业还需应对就业岗位缩减和技能转型所引发的社会阻力。

小结

借助人形机器人减少对低成本劳动力市场的依赖，改变了制造业的经济格局。通过缩小地区间的生产成本差异，企业能够在本地市场实现更具竞争力的生产，从而提升产品质量、推动道德规范并增强经济稳定性。这一转变需要审慎规划，以妥善应对各类挑战，确保劳动力群体能够平稳过渡。

三、提升生产速度和灵活性

在一个消费者偏好迅速变化、产品上市速度决定成败的时代，生产速度和灵活性至关重要。人形机器人赋予制造商快速原型设计和定制化生产的能力，使它们能够迅速响应市场变化和客户需求。

快速原型设计

传统的原型设计方法耗时耗力，需依赖人工操作且反复修改。配备AI的机器人可以通过自动化设计调整和优化这一流程。它们可以精确解读数字模型并将其转化为实体原型。

例如，在航空航天行业，机器人可以利用3D打印等增材制造技术生产复杂部件。这大幅缩短了飞机部件的研发周期，使产品从概念设计到测试验证的时间显著减少。

大规模定制

消费者日益追求符合个人偏好的定制化产品，而人形机器人通过实时调整生产参数，使大规模定制成为可能。在服装行业，机器人能在不中断生产线的情况下，灵活修改服装版型、尺寸和款式。当客户自主设计鞋履或服饰时，机器人也可以快速响应需求并进行高效生产。

柔性制造系统

机器人的自适应能力使得柔性制造成为可能，生产线能够在不同产品之间快速切换且几乎无须停机。AI驱动的机器人能够快速学习新任务、自主调整工作模式，并与其他设备实现无缝协作。

在汽车制造业，根据市场需求的变化，同一组机器人可以灵活地组装不同车型，甚至能在电动引擎和燃油引擎的生产线之间自由切换。这种高度灵活的生产方式不仅降低了库存成本，更增强了企业应对市场波动的能力。

实时监控和优化

AI驱动的机器人可以实时监控生产流程，精准识别瓶颈环节、预测设备维护需求并优化作业流程。这种主动式管理策略能有效减少生产中断，确保整个制造系统保持最佳运行效率。

集成数字技术

将人形机器人与物联网、云计算和大数据分析等技术相结合，可以构建互联互通的智能制造环境。机器人能够与各类系统和设备实时交互，共享数据。这种高度互联的架构使制造商能够做出科学决策、灵活调整生产策略并持续推动技术创新。

缩短交货时间

通过使用机器人技术实现本地化生产和提高生产灵活性，企业可以大幅缩短产品交付周期，更快地将产品推入市场，进而及时把握市场趋势。这种快速响应能力在速度决定成败的行业竞争中，往往成为制胜关键。

应用中的挑战

要实现生产环节的迅速响应与灵活调整，企业需在先进机器人技术、配套软件及人员培训方面加大投资，而确保新型机器人系统与现有基础设施的兼容性，可能也面临着诸多技术挑战。此外，管理由集成系统产生的海量数据也带来不容忽视的网络安全风险，企业必须采取有效的措施加以防护。

小结

人形机器人通过实现快速原型设计、大规模定制和柔性制造，提高了生产速度和灵活性，帮助企业迅速响应市场需求，缩短交货时间并保持竞争优势。把握这些核心能力，将使制造商在创新前沿和客户满意度方面占据领先优势。

四、增强抵御全球风险的韧性

全球供应链的脆弱性在自然灾害、地缘政治冲突和疫情等事件中暴露无遗。这些事件对全球供应链的冲击，涉及停产断供、物流瘫痪甚至经济崩溃。人形机器人正通过推动本地化生产，为构建更具韧性的供应链提供关键解决方案，以有效抵御全球化进程中的不确定性风险。

减轻供应链的脆弱性

全球供应链是极其复杂的网络结构，任何突发状况都可能造成系统性中断。过度依赖海外供应商会面临诸如运输延迟、边境管制突变以及关键原材料短缺等风险。通过采用机器人自动化技术实现本地化生产，企业能够显著降低对跨国物流的依赖，有效规避外部不可控因素带来的运营风险。

运营的连续性

在全球性危机期间，配备机器人的本地制造工厂即使出于安全考虑或法规限制导致人力不足，仍能维持正常运营。机器人可以在危险环境中作业，严格遵守安全规程，确保生产不中断。

适应性生产策略

AI 使机器人能够快速适应变化的环境。当某些原材料供应不足时，机器人可以调整生产方法或替换组件，几乎不会造成生产中断。这种适应能力确保即使在传统供应链出现问题时，产品仍能持续供应。

加强国家安全

对于国防、医疗和能源等关键行业的产品，实施本地化生产对国家安全至关重要。采用机器人自动化技术在国内生产必需品，既能降低受制于外部的风险，又能保障自主供应能力。

危机时期的社区互助体系

本地制造工厂可以在紧急情况下转向生产必需品。例如，在疫情防控期间，具备自动化生产能力的工厂能够快速调整生产线，转而制造呼吸机、防护口罩等医疗用品。这种灵活应变能力使企业不仅能够及时满足社区需求，还为整个应急管理体系提供了重要支持。

经济稳定

在全球供应链中断期间保持生产持续，企业能够有效保护就业岗位、维持营收并支撑经济稳定运转。本地化生产可以缓冲外部风险对经济的影响，有效降低全球危机带来的连锁反应。

挑战和准备

构建具有韧性的供应链需要前瞻眼光与持续投资。企业必须全面评估风险、制定应急预案，并确保机器人系统稳定可靠。同时，企业需与政府部门及利益相关方开展战略合作，实现战略协同与资源优化配置，从而有效应对各类突发状况。

网络安全考虑

随着制造业互联程度的不断提高，网络安全已成为重中之重。确保机器人系统的网络安全，能够有效防范生产停滞、技术泄密或人为破坏等风险。

小结

人形机器人通过推动本地化生产、实施灵活应变策略以及保障运营连续性，提升了抵御全球风险的能力。它们能强化供应链韧性，在危机时期为社区提供支持，并为国家安全贡献力量。采用机器人自动化技术，使企业和经济体能够从容应对不确定性带来的风险。

五、对全球贸易和经济的影响

本地化、机器人驱动的制造业的兴起对全球贸易和经济有着深远影响。随着生产线向就近的消费市场转移，传统低成本劳动力市场的竞争优势逐渐弱化，这一变革迫使国际贸易体系做出结构性调整。接下来，将探讨它们对全球贸易、经济关系以及整体经济格局的影响。

贸易模式的变化

随着本地化生产的推进，跨境运输的商品总量可能减少。以往依赖制成品出口的国家或将面临需求下滑。相反，投资于机器人制造业的国家可能会实现高科技设备、软件和服务的出口增长。

对新兴经济体的影响

依赖低成本制造业的新兴经济体可能会面临劳动力需求下降的挑战。这种转变或将导致经济增速放缓、失业率上升和社会动荡。为保持竞争力，这些经济体或需推动经济多元化、加大教育投入力度并培育新兴产业。

全球经济的再平衡

制造业的重新布局有助于推动全球经济更趋平衡。发达国家可能会迎来工业领域的复苏，从而提高国内生产总值并增加就业机会。然而，这种再平衡过程必须审慎把控，以免加剧国家间的发展失衡。

外国直接投资（FDI）的变化

全球投资格局正在发生转变，越来越多的企业开始将资金投向本土自动化建设而非海外生产基地。这可能会导致流向发展中国家的外资减少，进而影响这些国家的经济发展。为应对此类变化，政府可以考虑通过政策手段激发新兴产业的投资活力。

贸易协定和政策

随着全球商品贸易格局的演变，现行贸易协定的适用性可能逐渐减弱。各国政府或将重新审视协定的条款，将谈判重点转向服务贸易、技术转移与知识产权保护等新兴领域。同时，保护主义政策的抬头可能诱发国际贸易争端，这就要求各国政府强化多边协作机制。

创新和技术转让

在机器人驱动的制造领域处于领先地位的国家往往在技术创新方面占据优势。将先进技术与其他国家共享能够推动全球科技进步，但同时也引发了关于知识产权保护和竞争优势的担忧。

环境考量

货物运输总量下降，可以降低全球碳排放，有助于实现环境目标。然而，本地化工厂的能源消耗可能随之增加，若其能源结构依赖化石燃料，反而会抵消运输环节的减排效益。因此，各国必须携手推进可持续生产实践，才能真正实现绿色发展。

社会和劳动力影响

制造业的转型正在重塑全球劳动力市场格局。传统低成本劳动力市场的工人可能面临失业，而发达经济体的产业工人则亟须掌握新技能。这种结构性变革要求国际社会通过教育培训和社会福利制度优化来帮助受影响群体实现平稳过渡。

小结

制造业向机器人技术驱动的本地化生产转型正在重塑全球贸易格局，冲击着各国经济体系，并需要在多个层面进行调整。这种转型既带来了生产效率提升和产业升级的机遇，也使制造业面临就业结构调整、供应链重组等多重挑战。要顺利实现这一转型，就需要国际社会协同合作，制定具有前瞻性的产业政策，同时确保技术进步的红利能够惠及所有群体。

六、案例研究：擎天柱革新生产

昔日繁荣的工业城市中心，此刻矗立着早已停止运营的工厂遗迹。机器的轰鸣和工人的忙碌已成为遥远的记忆。失业的阴影笼罩着社区，希望似乎遥不可及，直到擎天柱机器人到来。

擎天柱的到来

擎天柱是由特斯拉开发的人形机器人，与世界上任何机器都不同，它拥有媲美人类双手的灵巧度、学习复杂任务的智能以及不知疲倦的力量。擎天柱准备革新制造业。

特斯拉宣布重启该市一家废弃的工厂，改造成以擎天柱机器人为核心的现代化制造中心。这一消息在社区中激起了涟漪。质疑与好奇交织在一起。这会是一次复兴，还是又一个未兑现的承诺？

注：图片由 AI 工具 DALL-E 生成。

改变工厂格局

随着翻新工程的开始，老旧的厂房焕发新生。屋顶铺满太阳能板，装配线被重新设计。擎天柱机器人进驻工厂，其流线型机身与锈蚀的旧设备形成鲜明对比。

工厂专注于生产电动汽车零部件，擎天柱机器人承担从精密焊接到复杂组装的全流程作业，效率远超传统生产模式。

经济复苏和就业

与担忧机器人会取代人力相反，特斯拉承诺雇用本地工人。该市设立培训项目，以帮助工人掌握机器人维护、编程与管理技能，学校引入机器人课程以培养高技术人才。

曾是装配线工人的玛丽亚如今领导着擎天柱机器人的运维团队。"我从未想过会与机器人一起工作。"她沉思道，"但现在，我参与了一些开创性的工作。"

该市的失业率开始下降。新企业如雨后春笋般涌现，满足了劳动力市场的需求。咖啡馆、商铺和社区中心人声鼎沸，呈现一派繁荣景象。经济复苏的势头清晰可见。

社区和环境影响

除了经济影响，擎天柱还带来了环境效益。采用可再生能源以及实现本地化生产，使得碳排放减少。此外，社区花园和绿色空间得到发展，兑现了对可持续发展的承诺。

擎天柱甚至参与了社区活动。在当地节日期间，一台擎天柱机器人展示了其能力，从烹饪演示到协助老年人，机器人与人类之间的界限日益模糊。

挑战与反思

变革并非全无阻力。部分市民因担忧传统生产模式消失加入抗议活动，呼吁在创新与传承间取得平衡。特斯拉随即展开社区对话，通过公开论坛倾听民意，并以艺术装置致敬城市的工业发展史，同时着力保护文化地标。

与擎天柱共事的年轻工程师伊森在回顾这一历程时感慨道："科技未必抹杀过去，它可以在致敬历史根基的同时，引领我们走向未来。"

全球关注与复制

这一转变引发了全球关注，多国考察团前来调研。该市的成功经验在业界激发了广泛讨论——在因地制宜、量体裁衣的前提下，该模式能否为其他地区所借鉴？

制造业的新时代

该市的故事表明，以擎天柱为代表的人形机器人能够赋能社区并推动可持续发展。这一案例展现了人机协作的和谐前景——科技将成为推动集体进步的有力工具。

未来的灵感

夕阳西沉，城市的天际线渐暗，而工厂的灯火却点亮了一片崭新的景象。擎天柱的运转声与街头人们的欢笑声交织在一起。希望不再遥不可及，转而成为通过创新、合作和韧性共同打造的现实。

与擎天柱同行的旅程，远不限于制造业，它重新定义了科技与人文融合的可能性。

总结

机器人技术驱动的本地化生产颠覆了全球供应链，这标志着生产和经济发展的新时代的到来。人形机器人实现了近消费端生产，降低了对低成本劳动力市场的依赖，提升了生产速度和灵活性，并增强了抵御全球风险的能力。这一变革对全球贸易、经济和社会影响深远，需要各方审慎应对、通力协作。

擎天柱的案例，向我们展示了机器人如何改变城市的制造业格局，振兴经济并对就业产生积极影响。这一设想犹如明灯，昭示当科技创新与社区需求、伦理考量相融合时，社会将迸发怎样的可能性。

深度思考

本地化生产、机器人驱动的制造业最能使全球哪些行业受益？

第十六章
智能制造驱动未来城市：新工业革命浪潮

未来的城市面貌正在我们面前逐步成形。高耸入云的摩天大楼与葱郁的绿色空间错落有致，自动驾驶汽车在无缝连接的道路上无声前行，人形机器人与人类和谐共处——这正是新工业革命中作为智能制造中心的智慧城市景象。本章将探讨如何将机器人技术融入城市规划，将城市转变为创新和可持续发展的中心。我们将分析机器人如何优化资源利用效率，推动可持续制造实践，并提高居民的生活质量。通过未来之城 X 和 Figure 2 机器人的故事，我们将共同探索将技术、环境与人类理想完美融合的未来城市的景象。

一、将机器人技术融入城市规划

新一轮工业革命的曙光要求我们重新审视城市的设计与功能。将机器人技术融入城市规划已不再是未来主义的概念，而是一种现实需要。在设计城市时考虑机器人基础设施，需要重新构想交通系统、住宅区、商业区和制造中心，以适应并利用人形机器人的能力。

机器人基础设施设计

城市规划者正为自动驾驶车辆和送货机器人设计专用车道，确保货物和人员的高效运输。人行道被拓宽并配备传感器，以便于执行清洁、维护等任务的人行道机器人（Pedestrian Robot）顺畅通行。城市规划者在建筑物的设计阶段就充分考虑了机器人的友好性，不仅设置专用对接站和充电枢纽，还通过智能接口实现与各类机器人系统协同作业。

例如，经过科学选址，仓库和制造设施被布局于城区范围内，以缩短物流运输时间。这些设施采用模块化布局设计，允许机器人根据需求变化快速重组生产线。同时，城市空间内嵌的农场通过机器人完成播种、收割和作物监测，在提升粮食安全保障能力的同时推动可持续发展。

智能交通网络

将 AI 融入交通网络能显著提升运行效率并解决拥堵问题。自动驾驶公交车、有轨电车、共享出行服务与智能交通管理系统协同运作，通过实时数据分析优化路线、调控车流以降低事故发生率。送货无人机和地面机器人则在专用空域和通道中自主运行，既保障物流时效，又避免干扰人类正常出行。

机器人公共服务

公共服务领域正因机器人技术的融入而发生变革。在医疗系统中，人形机器人能够协助完成疾病诊断、病患护理及行政事务，有效缓解医护人员的压力。在教育领域，机器人能够通过个性化辅导和互动式学习，显著提升学生的学习效果与课堂参与度。在城市公共安全方面，配备先进传感器的巡逻机器人全天候监控重点区域，既能及时识别潜在危险，又能与应急指挥中心实时联动，大幅提升险情响应效率。

社区参与和包容性

用机器人打造未来城市，关键是要让科技惠及所有人。各类公共场所配备交互式机器人，它们不仅能为游客提供导览服务、解答咨询，还能参与文化表演等互动活动。为残障人士提供服务的机器人助手能够自主穿行于城市空间，大幅提升了残障人士的行动便利性。与此同时，社区活动中心定期举办机器人技术讲座与实践课程，向居民普及科技知识，既培育了社区的创新氛围，也促进了公众对新兴技术的理解与接纳。

挑战与伦理考量

将机器人技术融入城市规划面临诸多挑战，需要保障网络安全、维护数据隐私，并应对可能出现的就业岗位替代等问题。城市规划者需要与技术专家、政策制定者和社区民众通力合作，建立以伦理考量和社会福祉为核心的制度框架。

小结

将机器人技术融入城市规划，能够将城市转变为充满活力的智能生态系统。通过建设适配人形机器人的基础设施，城市运行效率将显著提升，居民需求将得到更精准响应，社会包容性也将不断增强，为可持续发展和创新突破奠定坚实基础。

二、资源高效利用

随着城市人口激增，对资源的需求急剧增加，能源、水源和物资供应面临巨大压力。在智慧城市体系中，人形机器人正成为优化资源配置的核心力量，助力城市可持续发展。

能源优化

配备 AI 算法的机器人可以精准管理城市能源消耗。它们实时监测使用模式，根据建筑使用率和环境条件，动态调节照明、供暖和制冷系统。同时，机器人将太阳能、风能等可再生能源集成到城市电网，并通过智能调控储能与配电系统，实现能效最大化。

例如，部署在住宅区的机器人通过学习住户习惯，在非必要时自动关闭电器和系统以减少能源浪费。在工业制造中，机器人能优化制造流程，在保证生产效率的同时最大限度地降低能耗。

水资源管理

水资源短缺是诸多城市面临的严峻问题。机器人可协助监测供水系统、检测管道泄漏，并管理公共区域的灌溉作业。它们能够分析天气数据和土壤湿度水平，以优化公园和绿地的用水。在废水处理环节，机器人还能提升净化工艺，确保再生水达到安全回用标准。

材料和废物利用

在制造业中，机器人实施准时制生产方式（Just In Time，JIT），减少库存和资源浪费。通过精确控制物料用量，它们能大幅减少废料产生，并优化回收流程。与人工操作相比，机器人能更高效地分拣废弃物，准确区分可回收物与有害物质，从而提升整体环保效益。

供应链运作优化

机器人通过预测需求并动态调整库存，有效增强了供应链效率。它们智能调度物流，确保货物通过最高效的路线和方式运输，从而减少运输过程中的燃料消耗和碳排放。

环境监测

配备传感器的机器人可以实时监测空气质量、噪声水平和污染指数等环境数据，并将信息同步传输至城市管理系统，以快速应对各类环境问题。无人机和地面机器人还可以勘察人力难以到达的区域，强化灾害防控和应急响应能力。

与物联网设备的协作

机器人技术与物联网的融合，构建了一个互联互通的智能设备网络。智能家电、车辆及城市基础设施与机器人协同运作，实现城市资源的优化配置。这种互联系统可以实现预测性维护，减少停机时间，并延长设备的使用寿命。

挑战与伦理考量

虽然机器人技术提高了效率，但也引发了公众对数据隐私和安全问题的担忧。海量数据的收集与分析需要建立强有力的网络安全防护体系，以防止数据泄露。同时，必须制定完善的伦理规范，确保资源优化进程既不会侵犯公民个人权利，也不会加剧居民间的资源分配不均问题。

小结

在智慧城市中，机器人通过优化能源使用、水资源管理、材料使用和供应链，显著提高了资源利用率。它们能够分析数据并实时调整策略，确保城市在发展与环境可持续之间取得平衡，提升城市居民的生活质量。

三、可持续制造实践

制造业历来是造成环境恶化的重要因素。然而，在智慧城市中，将人形机器人整合到制造流程中，为推动可持续制造实践铺平了道路——这些实践既能减少对环境产生的影响，又能维持经济活力。

减少碳足迹

通过制造业生产本地化，可以大幅减少长途运输货物所产生的碳排放。机器人技术实现了消费市场周边的高效生产，从而降低了对庞大物流网络的依赖。这种本地化生产模式还能提升生产管控水平，确保符合环保法规要求。

节能生产

机器人通过精确控制机械设备和生产流程来优化工业制造中的能源使用。它们将高能耗任务安排在电网需求低或可再生能源供应充足的时间段，并实时监控设备运行状态，预测维护需求，防止效率低下导致的能源浪费。

废弃物最小化与循环利用

人形机器人可以提升制造精度，通过精准切割、组装与加工减少材料浪费。它们在工厂内实施回收流程，对废料进行分类处理以实现循环利用。机器人还能通过调整生产工艺，促进生物降解材料及其他可持续材料的应用。

污染控制

机器人实时监控制造过程中的碳排放，确保污染物在释放到环境之前得到有效收集与处理。它们智能管控过滤系统，安全处置危险物质，严格执行各项环保标准。这种主动式监管模式显著降低了工业活动对生态环境产生的负面影响。

循环经济整合

循环经济的核心理念是通过产品与流程的优化设计，实现资源的重复利用、翻新再造和循环再生。在这一体系中，机器人发挥着关键作用，它们能够高效拆解报废产品，精准回收有价值的零部件和原材料。这种智能化处理方式不仅大幅减少了废弃物的产生，还能通过二手材料市场的培育，开辟新的经济增长点。

可持续技术的创新

机器人在可持续技术的研发与应用中发挥着重要作用。在可再生能源设备（如太阳能电池板和风力涡轮机）的生产中，机器人显著提高了制造效率和产品质量。它们还能通过快速原型设计和材料测试，有效推动研发工作。

合规性与报告

机器人可以协助有关部门监测环保合规情况，自动生成报告并在出现偏差时发出警报。这种透明化管理机制，既能确保生产流程符合法规要求，又能助力企业实现可持续发展目标。

社区参与和教育

智慧城市内的制造设施可以作为社区参与的中心，向公众展示绿色生产实践。机器人向导能够主持科普导览，生动演示技术如何为环境保护做出贡献。这种互动模式既能培养市民的可持续发展意识，又能激发人们的创新思维。

小结

人形机器人驱动的可持续制造模式，显著减少了工业活动对环境的负面影响。通过提高生产效率、减少资源浪费和促进循环经济整合，机器人为构建可持续发展的城市环境做出贡献。它们与制造流程的深度融合，助力实现经济增长与履行生态责任协同发展，从而塑造一个工业与自然和谐共存的未来。

四、公共与私人部门的合作

城市向智能制造中心的转型绝非单打独斗所能实现的，必须依靠公共机构与私营企业协同发力。政府机构、商业组织与社区群体之间的协作能够激发创新活力，实现风险共担与成果共享，从而推动城市的可持续发展进程。

公共部门的领导作用

政府在智慧城市发展中发挥着关键作用，负责制定整体规划并搭建政策框架。政府通过出台鼓励机器人技术和可持续发展的政策法规与激励措施，为城市智能化转型奠定了基础。对基础设施、教育体系和科研领域的大量投资，会营造出有利于技术创新的生态环境。

例如，通过对投资机器人制造的企业给予税收优惠、为AI技术研究提供专项资金支持、扶持科技创新孵化平台发展等措施，有效激发私人部门的参与积极性。同时，在城市建设规划政策中明确技术融合导向，确保整体发展与社会宏观目标协调一致。

私人部门的创新

企业为智慧城市建设带来了专业知识、资金支持和高效灵活的运作能力。机器人制造商、科技公司和可持续能源供应商等企业通过研发投入推动技术创新。它们率先应用前沿技术方案，开展试点项目，并将成功模式快速复制推广。

私人部门在人才培养方面同样发挥着关键作用，通过提供职业培训计划、实习机会以及与教育机构深度合作，帮助企业根据行业需求调整课程设置，从而构建起稳定的人才输送渠道。

公私合作模式

公私合作（Public-Private Partnership，PPP）是指公共部门与私人部

门共享资源和利益、共担风险的协作模式。该模式能为机器人制造工厂建设、智能基础设施开发、城市级技术系统实施等大型项目提供资金支持。

这种模式可以充分发挥公共部门与私人部门各自的优势，既运用公共部门的监管职能和社会使命，又借助私人部门的高效运营与创新能力。为确保公私合作真正服务于公共利益并达成预期目标，必须制定清晰的合作条款并确保全过程透明。

社区参与

社区参与是智慧城市建设成功的关键。居民的反馈能帮助技术系统识别实际需求、使用偏好和潜在顾虑。通过参加公共论坛、开展民意调查、组织协作项目等方式，可以确保城市发展符合社区的核心价值观和未来愿景。

此外，开展与机器人技术和 AI 相关的教育项目和公众活动，能够有效提升社会认知度和接受度。通过让公众参与技术发展进程，可以逐步建立信任感，从而减少人们对技术变革的抵触情绪。

国际合作

面对气候变化与科技进步等全球性挑战，各国需要携手应对。城市可以通过分享最佳实践、参与全球协作网络和合作研究等方式相互学习借鉴。国际合作不仅能拓宽视野，更能推动经济发展提质增量。

伦理考量和治理机制

所有协作都必须遵循伦理准则，将社会公平、隐私保护和环境可持续性作为核心原则。相关治理机制应当吸纳多元利益相关方参与，确保决策能够体现公共利益。

小结

公共部门和私人部门之间的合作对于促进智慧城市的创新和发展至关重要。公私部门合作利用资源、专业知识和共同目标，推动机器人技术与城市环境建设的深度融合。通过多方共同努力，将打造更具可持续性、包容性和繁荣度的智慧城市，让全体市民共享发展成果。

五、提升生活质量

将城市转变为智慧制造中心的核心在于提升居民的生活质量。人形机器人通过创造就业机会、改善公共服务以及营造充满活力的宜居城市环境，为达成这一目标做出了突出贡献。

创造就业机会和促进职业发展

尽管自动化常常引发公众对就业岗位减少的担忧，但机器人在城市制造业的应用反而创造了新的就业机会。机器人维护、编程、工程、管理等技术岗位的需求持续增长，而通过投资教育培训项目，能帮助当地居民掌握从事相关岗位所需的专业技能。

机器人还促进了新兴产业和初创企业的发展，推动了创业和创新。这种经济多元化发展不仅增强了城市的抗风险能力，也为居民提供了更丰富的职业发展路径。

改善公共服务

机器人技术显著提升了公共服务的效率和普及性。在医疗领域，人形机器人可以协助医护人员，缩短患者等待时间并优化诊疗质量。在教育领域，机器人提供个性化学习方案，既能减轻教师负担，又能激发学生兴趣。

自动驾驶车辆和自动化运维设备让公共交通服务变得更可靠且高效。此外，在垃圾处理、基建维护、应急救援等领域，机器人技术的应用也持续推动着服务升级。

环境效益

机器人技术通过推广可持续运营模式，有助于改善空气质量、降低噪声污染、优化城市绿化环境，从而提升公共健康水平，打造更宜居的生活空间。在机器人养护系统的支持下，城市绿地得以高效维护，为居民提供了更多促进身心健康的休闲场所。

技术获取

智慧城市致力于为居民提供前沿科技服务。覆盖全城的公共无线网络、智能终端设备以及交互式平台，让居民能够便捷使用市政服务，参与城市治理并获取实时资讯。在公共场所，机器人不仅能提供导引咨询和便民服务，还能通过互动功能为日常生活增添科技乐趣。

文化和社会参与

机器人能够丰富人们的文化生活，促进社交互动。在博物馆里，它们可以担任讲解员；在公共艺术展览中，它们能化身表演者；在社区活动中心，它们能协助组织各类文娱活动。这些智能助手的加入，不仅提升了文化服务的质量，更为社会注入了新的活力，让人们的文化生活更加丰富多彩。

安全与保障

机器人监控系统能够有效提升公共安全水平，而且不会侵犯个人隐私。利用 AI 算法，系统可以精准识别异常行为，提前预警潜在危险，并与应急部门实现智能联动。这种主动防御机制不仅降低了犯罪率，还提高了突发事件响应速度。

包容性与无障碍化

机器人通过提供移动辅助、导航支持和个性化服务来帮助残障人士，确保每位居民都能平等参与社会活动，真正实现了科技赋能下的包容性城市建设。

挑战与公众关切

确保机器人技术产生的利益公平分配至关重要。通过弥合潜在的技术鸿沟、提升全民科技素养，并积极满足弱势群体的需求，可以有效防止科技加剧社会不平等的现象。

小结

人形机器人通过创造就业机会、提升服务品质以及营造可持续的包容性环境，有效提升了智慧城市的生活质量。当城市建设以居民福祉为核心时，就能充分发挥技术优势，将城市打造为既能高效运转又能提升居民生活品质的理想居所，让科技真正用于提升人们的生活体验与幸福感。

六、故事：用 Figure 2 机器人建造未来之城 X

在沙漠与海洋交汇的广阔地带，一座前所未有的城市正逐渐成形，这就是"未来之城 X"。它是由建筑师、技术专家、环保主义者和致力于建设未来城市的远见者共同构思而建造的城市。站在这项宏伟计划的核心位置的是 Figure 2——一款旨在推动制造业发展和可持续进步的先进人形机器人。

注：图片由 AI 工具 DALL-E 生成。

未来之城 X 的起源

未来之城 X 的理念源于应对城市化、气候变化和经济不平等的挑战。创始人团队试图借助科技力量重构人与自然的关系。

他们选择了一个具有丰富的可再生能源潜力的地点，终年充沛的阳光为光伏矩阵供能，稳定的信风推动着涡轮机组旋转。整座城市将成为巨型实验室，让机器人技术融入城市生活的方方面面。

引入 Figure 2

由 Figure AI 公司研发的 Figure 2 机器人，是城市发展的核心力量。它们配备了具备学习能力的先进 AI 系统，既能执行精密制造任务，又能监测生态环境，还能与居民流畅地互动。

城市建设

未来之城 X 的建设本身就是一个奇迹。Figure 2 机器人不知疲倦地与人类工程师和建筑工人一起工作。它们精确地组装模块化结构，缩短了施工时间，减少了材料浪费。即使在极端环境下，这些机器人也能持续作业，确保工程不受气候或地形影响而中断。

工程师埃琳娜在工程日志中写道，"与 Figure 2 一起工作如同拥有超能力，它们能预判需求，增强我们的技能，与我们一起完成了看似不可能的事情。"

创新制造中心

未来之城 X 的核心是其制造中心——一个由可再生能源驱动并由 Figure 2 机器人运营的创新中心。这里的工厂生产从高端电子产品到可持续建筑材料的各类产品。机器人可快速重组生产线，实现快速原型设计和定制化生产，精准满足全球市场的多元化需求。

本土初创企业蓬勃发展，依托强大的制造能力将新产品成功推向市场。在这里，像卡里姆这样的创业者找到了创新机遇。"未来之城 X 提供了完善的工具和支持体系，让创意真正落地。"他表示，"第二代机器人技术让不可能成为可能。"

可持续实践

Figure 2 机器人在推动整座城市可持续发展中发挥了重要作用。它们高效管理能源网络、优化水资源利用并维护城市绿地。机器人运营的垂直农场持续供应新鲜农产品，既减少了食品进口依赖，又降低了运输环节的碳排放。

环境监测系统保持全天候运行，机器人实时检测污染指数、智能处理废弃物，并能快速应对各类环境威胁。该城市的碳足迹始终保持在极低水平，为全球可持续实践树立了标杆。

提升生活质量

未来之城 X 的居民享受到了其他城市中心无法比拟的生活质量。公共服务高效且响应迅速。Figure 2 机器人活跃在医院、学校和社区中心，为老年人提供个性化护理，为儿童提供教育支持，为残障人士提供辅助。

整座城市的规划设计都致力于促进社会交往与文化表达。公共空间里随处可见由机器人组织的互动艺术装置、即兴表演和各类文化活动。先进技术的融入使日常生活更加丰富多彩，但从未削弱人与人之间的情感联结。

挑战与胜利

建设这样一座城市并非没有挑战。有些人担忧过度依赖机器人可能导致人类失业。面对这些担忧，城市管理者将教育培训作为首要任务，推出了系统的职业转型计划，重点培养需要人类创造力、情感共鸣和决策能力的新型岗位。

在安全和隐私保护方面，城市构建了严密的防护体系。通过部署强大的数据保护机制和 AI 伦理审查系统，确保技术应用始终处于可控范围；通过推行决策过程的透明化和社区共治模式，智慧城市逐渐赢得了居民的信任与支持。

未来的蓝图

未来之城 X 已成为全球城市的典范，各国考察团纷至沓来，既学习其成功经验，也研究其面临的问题。这座城市的实践证明：科技与可持续发展可以和谐共存，在推动经济增长的同时守护生态环境。

城市规划师玛雅在回顾城市发展历程时表示，未来之城 X 不仅是一座城市，更是向世界展示当科技创新与人类福祉同频共振时所能创造的奇迹的窗口。她特别提到："Figure 2 机器人不仅是工具，更是共建美好未来的合作伙伴。"

传承与启迪

未来之城 X 和 Figure 2 机器人的故事在全球引起广泛共鸣。它们掀起了智慧城市发展、可持续实践以及 AI 伦理融合的浪潮，使这座城市成为人类智慧、协作精神以及科技与自然和谐共存的美好见证。

每当朝阳掠过熠熠生辉的摩天楼群与葱郁的生态公园，整座城市便跳动着蓬勃的生命力——这份为未来都市精心绘制的发展蓝图，正在续写新的篇章。

总结

作为制造业中心的智慧城市的崛起，标志着新一轮工业革命的到来。人形机器人在塑造可持续、高效和充满活力的城市环境中发挥着关键作用。通过将机器人技术用于城市规划、优化资源利用、推动可持续制造实践、促进公私部门协作以及提升居民生活质量,城市正逐步转型为科技创新与人类福祉并重的现代化枢纽。

未来之城 X 和 Figure 2 机器人的故事展示了这些概念如何变为现实,为我们绘制了一幅通过努力可实现的未来蓝图。随着探索的不断深入,科技与人文的协同将成为推动社会进步的基石。

深度思考

机器人技术能否助力打造更具可持续性的城市环境?

第十七章

本地制造的环境和经济效益

先进机器人技术与本地制造的融合开启了经济繁荣与环境保护并存的新纪元。面对可持续发展与经济增长的双重挑战，全球各地社区都能从人形机器人技术驱动的本地制造中找到突破之道。本章将探讨这一变革性模式如何通过减少碳足迹、最小化资源浪费、刺激经济增长与就业、增强社区自主权以及产生全球性环境效益，实现多重效益联动。我们将结合阿特拉斯的案例，展示机器人技术如何为环境友好型制造业树立全新标杆。

一、减少碳足迹

全球供应链的环境代价巨大，运输环节产生的碳排放占据了温室气体排放的很大比例。人形机器人技术驱动的本地化生产模式，能够有效减少长途运输需求，提供了一条减少碳足迹的可行途径。

减少运输碳排放

在传统模式下，产品通常在劳动力成本低的地区制造，然后运往全球。这种运输模式依赖大量货轮、飞机和卡车，导致碳排放量居高不下。本地制造通过将生产基地转移到靠近消费市场的地方，从根本上消除了横贯大陆的航运需求。同时，机器人（如自动驾驶车辆和无人机）通过优化"最后一公里"的配送路线和采用电动推进系统，进一步减少了碳排放。

节能生产

人形机器人以高效节能运行为设计目标。它们可以持续工作而不必像人类那样需要调节制造设施中的供暖、制冷或照明来维持舒适环境。先进机器人还能将高耗能任务安排在非用电高峰时段执行，此时可再生能源供应更为充足，从而减少对化石燃料的依赖。

优化供应链

本地制造有助于优化供应链，减少传统分销模式中多级转运环节和仓储设施的使用。这种模式可以降低仓储和库存管理过程中的能源消耗。利用 AI 算法，可以更准确地预测市场需求，使生产计划与实际消费需求保持一致，从而有效避免产能过剩问题。

可再生能源整合

机器人制造工厂可以整合太阳能和风能等可再生能源。机器人可以根据能源供应情况调整工厂运行模式，在可再生能源供应不足时暂停非关键任务，并在供应增加时恢复。这种灵活的生产调度机制最大限度地利用了清洁能源，减少了对不可再生能源的依赖。

案例

在汽车行业，越来越多的企业开始在城市地区建立微型工厂。这些工厂采用 AI 驱动的机器人系统，能够根据订单需求实时生产车辆，并通过使用本地材料和可再生能源，显著减少运输环节的碳排放，有效减少了车辆生产的总体碳足迹。

小结

本地制造主要通过四个途径降低碳排放——减少运输环节的碳排放、优化生产能耗、精简供应链以及整合使用可再生能源。在这个过程中，人形机器人发挥着关键作用，不仅提升了生产效率，更与环境目标高度契合。

二、最小化资源浪费

在传统制造过程中，废弃物的产生一直是备受关注的问题。由人形机器人推动的本地化生产，实现了精准高效的生产，减少了材料的浪费，既保护了生态环境，又降低了生产成本。

精准制造

机器人擅长执行高精准性和一致性的任务。在制造业领域，这种精准性意味着每个零件都能严格按规生产，从而降低缺陷率并减少返工需求。例如，配备先进传感器的机械臂可以加工公差在微米级别的组件，确保完美契合和功能可靠。

增材制造

增材制造，又称 3D 打印技术，正在彻底改变产品的生产方式。机器人利用这种技术将材料逐层堆积成型，仅使用最终产品所需的材料量。与传统减材制造方式形成鲜明对比的是，后者需要从大块原材料中切削去除多余部分，这样不仅产生了大量废料，还限制了设计自由度。增材制造能够最大限度地减少废料，并实现传统工艺难以企及的复杂结构设计。

实时监控与调整

AI 驱动的机器人可以实时监控生产过程，识别异常情况或偏离标准规格的问题。这种能力允许即时调整，防止可能导致大批量不合格产品的错误继续发生。通过在问题发生之初及时改正，能够减少生产过程中造成的废物量。

高效材料利用

机器人可以处理对人类而言困难或危险性高的材料，从而推动替代性可持续材料的使用。它们还可以优化切割模式和装配流程，以实现原材料的最有效利用。例如，在纺织制造业中，机器人可以对图案进行排列，以最大限度减少面料边角料的产生。

回收与再利用

机器人可以比人类更精准地分类和处理废料。在现代化制造工厂中，机器人可以识别可回收物料并进行相应的分类。部分先进机型甚至能够在现场重新加工处理废料，将其转化为生产所需的原材料。

小结

通过部署人形机器人，本地化生产实现了废料最小化的目标。机器人通过提升精密制造水平、采用增材制造工艺、实时监控生产流程、优化原材料利用率以及促进回收与再利用等方式显著减少了材料浪费，提升了资源利用率，为可持续发展和绿色经济提供了技术支撑。

三、经济增长与就业机会创造

将人形机器人引入本地制造业不仅有利于环境保护，更能推动经济增长并创造就业机会。这一技术变革为多个行业开辟了新的发展机遇，在激发区域经济活力的同时，也为技术创新提供了持续动力。

新兴产业的崛起

机器人技术和 AI 开发、运维及支持服务的需求正在推动全新产业链的形成。专门从事机器人制造、编程和定制的公司纷纷涌现，向全球市场提供创新产品和技术服务。这种发展趋势延伸到软件开发、网络安全和数据分析等相关领域。

机器人产业催生专业人才需求

机器人在承担大量重复性或高危任务的同时，也催生了社会对专业人才的旺盛需求。机器人工程、AI 编程、系统集成和设备维护等领域的工作岗位日益增多。为顺应这一趋势，教育机构开设专项培训课程和学位项目，通过系统化培养提升本地劳动力的专业技能水平。

中小企业的赋能

本地化生产降低了中小企业（Small and Medium Enterprises，SME）的准入门槛。通过采用经济实惠的机器人技术，中小企业能够高效生产优质产品，从而与大型企业展开竞争。这种制造技术的普及不仅推动了创业热潮，更有助于激发社区经济活力，促进产业多元化发展。

提高生产力和竞争力

机器人能够持续不间断地工作，始终保持稳定的作业质量，并快速适应新任务，从而显著提升生产效率。这种高效运作模式不仅降低了生产成本、缩短了产品上市周期，更使本土制造企业在国内外市场获得强劲竞争力。而竞争力的提高可以带来更高的出口水平，最终推动国家经济增长。

经济乘数效应

机器人制造业的发展在整个经济体系中产生了连锁反应。就业机会增多带动居民消费能力提升，从而促进零售、住房和服务业的繁荣。政府税收随之增加，能够进一步投资于基础设施建设和公共服务领域。

小结

本地化机器人制造带来的经济增长与就业机会增多具有多重效益。新兴产业的崛起、技术型劳动力需求的增长、中小企业能力的提升、生产效率的大幅提高以及由此产生的经济乘数效应，共同为区域经济发展注入强劲动力。

四、社区赋能

本地化生产赋予了社区更大的自主权，增强了居民的主人翁意识，从而有效提升了社区活力。这种赋能效应不仅体现在经济层面，更能增强社会凝聚力、激发文化创造力并推动本土创新。

自主运营与管控

通过将制造带回社区层面，居民和本地企业真正参与到生产流程中。生产什么、如何生产以及为谁生产这些关键决策都由社区自主制定，充分体现当地的实际需求和价值观念。这种控制可以带来更相关和更有益于本地消费者的产品。这种本地化运营模式往往能催生更符合区域消费者期待、更具实用价值的产品。

个性化解决方案

各地社区可以利用本地制造来克服他们面临的特定挑战。例如，沿海地区可能专注于生产可持续捕鱼设备，而城市地区可能优先考虑制造经济适用房的建筑构件。机器人技术的应用为这种个性化生产提供了关键支持，使小批量多样化生产既高效又灵活。

强化社会纽带

参与本地制造业计划可促进协作，并加强社区内部的联系。共同的目标和集体行动可以构建社会资本，促进居民、企业和地方管理部门之间的信任与合作。

教育与技能发展

通过与本地制造业相关的教育和技能发展项目，社区赋能得到增强。通过建立职业培训中心及与院校的合作机制，居民能够系统学习机器人技术、AI 和先进制造工艺等前沿领域知识。这种人力资本投资增强了居民就业能力，并为个人实现职业可持续发展创造了条件。

文化保护与创新

本地制造使社区得以保护和传承自身文化传统。通过机器人精密加工技术，传统手工艺与设计元素能够完美融入现代产品中。同时，先进制造技术的普及为传统技艺注入了创新活力，在保留文化精髓的基础上实现了传统与现代的有机融合。

韧性发展与自给自足

通过减少对外部供应商和全球市场波动的依赖，社区增强了抗风险能力。本地制造确保了基本物资的供应，特别是在全球局势动荡期间。这种自给自足的模式提升了社区安全保障水平，增强了居民对生活物资稳定供给的信心。

小结

社区通过本地制造实现自主发展，主要体现在生产资料的本地化运营管理、个性化解决方案、增强社会凝聚力、推动教育技能培训、保护传统文化以及提升抗风险能力等方面。人形机器人通过提供必要的工具和能力，助力人们自主塑造经济和社会发展的未来。

五、产生全球性环境效益

机器人技术驱动的本地制造模式正在全球普及，其影响范围已远超单一社区或国家。从全球范围来看，这种生产方式可以产生显著的环境效益，有效应对气候变化和资源枯竭等紧迫的全球挑战。

累积减排

随着越来越多的社区和行业采用本地制造模式，交通运输排放的累计减少量将变得十分显著。这种集体努力有助于实现全球碳减排目标，缓解气候变化的影响。

推广可持续实践

本地制造模式作为可持续工业实践的典范，其成功经验与创新成果能够在全球范围内分享，推动更多地区采用类似的发展模式。国际协作与知识共享，将进一步加速环保技术与绿色生产的普及和应用。

自然资源保护

精密制造和废料减排技术提升了资源利用率，缓解了全球资源消耗压力。对原材料需求的降低，有效减轻了生态系统的负担，使生物多样性得以维持、自然栖息地得到保护。

与全球协议保持一致

机器人技术驱动的本地制造有助于遵循《巴黎协定》等国际环境公约以及联合国可持续发展目标（Sustainable Development Goal，SDG）。这种生产方式通过实现负责任消费与生产（SDG 12）以及气候行动（SDG 13）等目标，将地方产业实践与全球可持续承诺紧密衔接。

技术创新与进步

对可持续发展的关注推动了技术创新，促进了可再生能源、材料科学和 AI 等领域的重大突破。这些创新成果具有全球适用性，能够惠及技术开发国以外的国家。通过国际合作，一个致力于环境治理的全球科技共同体正在形成。

合乎道德的供应链

本地制造通过减少对外部供应商的依赖，有效解决全球化供应链带来的森林砍伐、工业污染和劳工剥削等环境与社会问题。这种供应链模式，有力推动了全球范围内的人权保障与生态事业。

小结

本地制造对全球生态环境的积极影响不容忽视。通过累积减排、推广绿色生产方式、促进资源高效利用、践行国际环保公约、推动绿色技术创新以及构建合乎道德的供应链体系，本地制造模式正在为地球生态环境的改善做出实质性贡献，为全人类创造更具可持续性的未来。

六、案例研究：阿特拉斯引领绿色制造典范

引言

波士顿动力公司的阿特拉斯机器人以其敏捷性和人形设计而闻名，一直是机器人技术创新的前沿代表。虽然阿特拉斯主要用于研究和开发应用程序，但最近的合作展示了其在绿色制造中的潜力。本案例将探讨阿特拉斯如何推动经济繁荣并树立行业新标杆。

注：图片由 AI 工具 DALL-E 生成。

制造业中的实践应用

一家名为绿色科技（GreenTech）的先进制造公司与波士顿动力公司合作，将阿特拉斯机器人引入生产线。该公司的目标是打造一个兼顾可持续性、高效性和工人安全的现代化工厂。

优化生产流程

阿特拉斯机器人经过专门编程，能够执行需要高精度和适应性的复杂装配任务。人形设计使它们能够直接操控为人类设计的设备，从而大幅降低设备改造成本。阿特拉斯机器人与人类员工协同工作，阿特拉斯处理重复性工作或高危任务，而人类员工则专注于监督和质量把关工作。

环境效益

- 减少碳足迹：通过本地化生产和使用阿特拉斯机器人，绿色科技制造公司显著减少了对海外供应商的依赖。这一转变减少了运输环节的碳排放并缩短了供应链长度。该公司完全采用可再生能源供电，并专门编程配置了阿特拉斯机器人系统，确保公司在绿色能源模式下高效运行。
- 最小化浪费：阿特拉斯机器人在制造流程中展现出卓越的精准度，其搭载的实时监测与动态调节系统能持续优化生产精度，将操作误差控制在极低水平。阿特拉斯还负责厂区内的废料循环处理，凭借其高精度作业优势，可以高效完成废料分拣与再生加工任务。

经济繁荣

- 就业机会创造与技能发展：引入阿特拉斯机器人并未导致工作岗位流失，而是实现了劳动力的转型升级。绿色科技公司通过创建机器人编程、系统维护和运行监管等新型职位，推动了就业结构优化。该公司还联合地方教育机构开展职业培训计划，系统性提升员工专业技能，为智能化转型提供了人才保障。
- 提高生产力和竞争力：得益于阿特拉斯机器人高效稳定的表现，

绿色科技公司的生产效率提升了40%。这使该公司能够与大型制造商同台竞技，成功拿下以往难以企及的订单合同。它们对可持续发展的坚定承诺也吸引了众多寻求环保合作伙伴的客户群体。

设定行业标准

- 创新与领导力：绿色科技公司成为可持续制造的行业典范，通过部署阿特拉斯先进机器人，实现了环保效益与经济效益的双重提升。其创新模式吸引了众多制造业领袖前来考察学习，由此推动了一系列类似环保实践在行业内的规模化应用。
- 奖项与认可：绿色科技公司凭借其创新成果、环保实践和社区贡献屡获殊荣。这些荣誉不仅提升了企业声誉，更推动它进一步加大对可持续技术的投资。

挑战与解决方案

- 整合与培训：引入阿特拉斯机器人需投入大量前期成本且对技术要求极高。绿色科技公司通过分阶段部署并借助波士顿动力公司的技术支持来解决这一问题，同时开展专项培训，确保员工熟练运用新技术。
- 伦理考虑：绿色科技公司充分考虑到自动化引发对岗位替代问题的顾虑，因此通过与员工及利益相关方保持透明沟通，同时加大人力资本投入，有效缓解了这些顾虑。

结论

绿色科技公司的成功案例证明，波士顿动力公司的阿特拉斯机器人能够引领绿色制造业的变革。阿特拉斯机器人通过降低碳排放、减少材料浪费、促进区域经济发展以及树立行业新标杆，在实现环保效益与经济效益双重提升方面发挥了关键作用。该案例为全球制造业提供了可借鉴的范本，表明采用智能机器人技术是通向可持续发展的重要途径。

总结

　　由人形机器人技术驱动的本地制造模式能带来显著的环保效益与经济效益。这种模式通过减少碳足迹、减少资源浪费、促进区域经济增长和创造就业机会、赋能社区以及助力全球环保事业，有效克服了当今时代的多重挑战。阿特拉斯的实际应用案例证明，这些理念并非纸上谈兵，而是已经取得了令人瞩目的实践成果。

　　随着技术的发展，人形机器人技术驱动的本地制造有望深刻重塑产业格局、经济形态与社会结构。这将开创一个经济繁荣与环境保护协同共生的新时代，二者不再是非此即彼的单选题，而是共同构成全球可持续发展体系的有机组成部分。

深度思考

　　如果你知道一款产品是使用机器人在本地制造的，这会影响你购买它的决定吗？这可能会如何影响你对产品质量、可持续性以及支持本地经济的看法？

第十八章
对全球贸易和自由贸易协定的影响

人形机器人在制造业的崛起不仅改变着区域经济格局，更深刻重塑着国际贸易的基础架构。随着各国纷纷采用机器人制造技术，传统的进出口贸易模式正在发生根本性变革，这就要求各国对现有贸易政策和协定进行系统性重构。本章将探讨机器人技术如何改变国际竞争力格局，分析可能引发的贸易摩擦风险，并展望全球协作的新机遇。通过虚构的《机器人技术公约》，我们将设想一个国际协议，旨在联合各国共同应对机器人制造技术带来的挑战与机遇。

一、国际贸易格局的变化

长期以来，国际贸易格局始终遵循比较优势理论——各国专注于生产机会成本较低的商品。在这种传统模式下，发达国家会从劳动力资源丰富的发展中国家进口劳动密集型商品。但随着机器人制造技术的兴起，这一固有模式正在发生根本性变革。

进出口平衡的变化

借助机器人实现本地化生产后，发达国家正逐步降低对制造业进口商品的依赖。人形机器人使这些国家能够以极具竞争力的成本生产优质产品，削弱了低工资国家的劳动力成本优势。随着制造业格局的转变，曾经在出口贸易中占据主导地位的制造业大国正面临进口需求下降的局面，全球贸易平衡正在被重新定义。

相反，曾经依靠出口拉动经济增长的发展中国家可能面临制造业遭受冲击的局面。随着国际市场对其出口产品需求的下降，这些国家将遭遇一系列经济困境，包括失业率上升和外汇收入减少。随着生产本地化的优先性提升，全球供应链的紧密程度随之降低。

新兴贸易格局的形成

虽然传统商品贸易可能减少，但新型贸易形态正悄然崛起。随着先进机器人技术、AI 软件及相关技术需求的激增，高科技设备与服务的出口呈显著增长趋势。在机器人创新领域占据领先地位的国家逐步转型为技术输出国，而亟待升级制造业的国家则成为这些尖端技术的主要进口方。

随着机器人技术的逐渐普及，知识产权、数据服务和专业经验成为极具价值的核心资产。各国在引进和应用机器人系统的过程中，对运维支持、技术培训和专业咨询等服务的需求激增，推动全球服务贸易规模持续扩大。这种从实体货物贸易向技术和服务贸易的转型，正在深刻重塑国际经济合作格局。

对商品市场的影响

本地制造也会对大宗商品市场产生影响。随着全球货物运输量的减少，石油和航运服务的需求也下降。然而，机器人和电子产品所需的原材料（如稀土金属）的需求可能会增加。拥有这些战略资源的国家，其出口量或将增长，进而改变全球大宗商品贸易格局。

发展中国家的挑战

发展中国家可能面临"双重劣势"，一方面难以与发达国家的机器人驱动的制造业竞争，另一方面又缺乏自主投资机器人技术的资金实力。这种局面不仅加剧了全球发展的不平衡，更引发了人们对经济增长包容性的深刻忧虑。

小结

机器人驱动的制造业改变着国际贸易格局，这些变化涉及进出口平衡的转变、技术和服务领域新贸易流的涌现、大宗商品市场的冲击，以及对发展中国家的重大挑战。传统的贸易格局已被打破，各国必须适应快速演变的全球经济形势。

二、重新评估贸易政策

国际贸易格局的深刻变革，要求我们重新审视现有的贸易政策和协议。随着机器人驱动的制造业发展和科技进步带来全新挑战，昔日制定的全球贸易协议已然过时，难以应对当今错综复杂的商业环境。

过时的协议

当前，许多自由贸易协定（Free Trade Agreement，FTA）的谈判背景早于 AI 和机器人技术普及时代。这些协定主要致力于削减货物贸易的关税与配额，而对技术转让、数据保护和先进技术知识产权等关键领域的规定有限。随着全球贸易重心从实体货物贸易转向技术和服务贸易，此类协定正面临与时代脱节的风险。

急需新的框架

新的贸易政策必须反映技术驱动的全球经济现状，尤其需要关注以下几个关键领域。

- 技术转让：制定技术成果共享与保护的准则，平衡创新者的利益与全球发展的需求。
- 数据治理：制定跨境数据流动、网络安全与隐私保护的相关标准，明确数据作为机器人制造领域核心资产的重要地位。
- 知识产权：重新审视知识产权法规，在激励创新的同时防止垄断行为，确保公平竞争与技术普惠。
- 劳工和社会标准：考虑到自动化对就业的影响，需纳入支持劳动力转型和社会保护的条款。

双边和多边协定

各国可以通过双边或多边谈判制定新的贸易协定，以专门应对技术发展带来的挑战与机遇。此类协定可涵盖 AI 研究合作、机器人技术应用的经验共享，以及支持发展中国家能力建设等关键内容，从而推动全球科技领域的协同发展。

国际组织的作用

世界贸易组织、联合国和国际劳工组织等国际组织在促进对话与制定全球标准方面发挥着关键作用。这些组织能够搭建协商平台，协助解决贸易争端，并推动建立促进公平贸易的国际准则。

重新评估贸易政策面临的挑战

重新评估贸易政策是一项复杂的任务，可能面临以下挑战。

- 国家利益分歧：各国技术发展水平和优先事项不尽相同，因此难以达成共识。
- 保护主义：各国可能采取贸易保护措施来扶持本土产业，由此引发国际贸易摩擦。
- 技术快速变化：创新步伐迅猛，政策制定者难以及时更新监管框架以匹配技术的发展速度。

小结

在机器人制造技术重塑全球产业格局的背景下，重新评估贸易政策需要更新相关协议以体现技术进步，同时解决技术转让、数据治理、知识产权以及劳工和社会标准等问题。各国必须与国际组织通力合作，制定支持可持续发展、包容性强的全球贸易体系。

三、国家的竞争力

随着全球贸易格局的演变，各国都面临着如何调整自身以适应新形势的挑战，进而在保持现有经济地位的基础上谋求更长远的发展。一个国家的竞争力日益取决于其创新能力、新技术应用水平，以及能否培养出适应高科技环境的熟练劳动力。

技术与创新投资

大力投资于机器人技术和 AI 研发的国家将在新经济格局中占据主导

地位。政府通过科研经费支持、税收优惠政策以及战略引导等手段，为科技创新提供有力支撑。创建高科技产业园区、创业孵化器，并促进高校与企业的深度合作，这些举措共同构建了充满活力的创新生态系统。

教育与劳动力发展

培养高素质劳动力是提升国际竞争力的关键。教育系统必须与时俱进，将 STEM 学科、编程技术、机器人工程和 AI 纳入核心培养方向。同时，要建立终身学习机制，帮助现有从业人员顺利转型至科技变革催生的新兴岗位。重视教育与技能培训的国家，往往能培育出对投资者和企业极具吸引力的优质劳动力资源。

基础设施与数字连接

现代基础设施（高速互联网、稳定能源供应以及先进的物流体系等）是机器人制造得以实现的重要支撑。政府通过投资基础设施升级，不仅能够提升企业运营效率，还能增强对外资的吸引力。

监管环境

一套既能支持创新又能保护社会利益的监管体系至关重要。明确的数据保护法规、知识产权规定和企业运营准则能为企业提供稳定的政策预期。简化公司注册和经营许可的审批流程，可以有效激发创业活力，降低市场准入门槛。

公共与私人部门合作

公私合作能够充分发挥两者的优势。政府部门可以通过资金补贴、政策扶持及联合项目等方式为企业提供支持，而私人部门则能贡献其专业能力、资金投入与创新活力。这种优势互补的合作模式不仅能加快技术成果的转化应用，更能为经济发展注入动能。

全球品牌与市场准入

在科技领域占据领先地位的国家，能够凭借其技术声誉开拓全球市场。通过强调创新精神、卓越品质和可持续理念的品牌建设，这些国家可以进一步提升国际竞争力。积极参与国际科技论坛与贸易，能显著提升国家科技形象，为跨国合作与技术交流创造重要机遇。

落后国家面临的挑战

无法适应变革的国家可能面临竞争力下降的困境。资金短缺、教育体系落后、政局动荡以及改革阻力等障碍，都会使这些国家在发展浪潮中逐渐掉队，进而加剧全球发展不平衡。

小结

在机器人制造时代，国家竞争力的核心要素包括对科技创新的持续投入、教育与人才体系的升级、现代化基础设施的建设、有利的政策法规环境以及公私部门的协同合作。主动适应技术变革的国家将在全球经济中占据优势地位，而反应滞后的国家则可能面临发展瓶颈。

四、潜在的贸易冲突

传统贸易模式的瓦解与全球贸易格局的重塑，可能引发新型贸易摩擦。为维护自身经济利益，各国可能实施报复性制裁，这可能导致局势紧张，引发"贸易战"，最终或将升级为更广泛的经济对抗。

保护主义政策

各国政府有时会采取贸易保护措施来维护本国产业免受外来竞争冲击。常见手段包括提高进口关税、设置产品配额、提供行业补贴以及制定特殊监管标准等。这些措施虽然旨在保护本国就业和产业发展，但往往容易引发贸易伙伴采取反制措施，进而升级为贸易争端，最终对全球经济稳定造成负面影响。

知识产权争端

随着技术成为贸易的核心要素，知识产权纠纷可能日益加剧。技术窃取、未经授权使用或强制技术转让等指控可能会使国家间的关系更紧张。由于全球知识产权执法标准参差不齐，法律标准存在差异的国家之间容易产生摩擦。

资源竞争

对机器人技术和电子产品所需材料（如稀土金属）的需求激增，可能会导致资源争夺冲突。资源丰富的国家或将借此谋取战略优势，而资源贫乏的国家则可能采取开发替代材料，或推行激进的资源获取策略等应对措施。

网络安全威胁

针对工业秘密、关键基础设施和数据的网络间谍活动与攻击行为，对网络安全构成重大威胁。国家支持的黑客行为和网络战可能会破坏国家间的信任，甚至升级为更大规模的冲突。

地缘政治局势紧张

技术领先的国家能够获得战略性优势。当一个国家在科技领域取得重大突破时，其他国家可能将该国视为对自身国家安全的潜在威胁，这种认知差异往往会导致地缘政治局势紧张。在此背景下，技术竞争可能促使国家间形成联盟与集团，全球格局或将按照技术路线划分为不同阵营。

化解贸易冲突

各国可以通过外交努力、协商谈判和多边合作等途径有效化解潜在贸易冲突。建立国际规范、缔结多边协议以及完善争端调解机制等措施有助于管控紧张局势。此外，保持政策透明度、加强战略沟通及秉持相互尊重原则也在避免冲突升级方面发挥着关键作用。

小结

贸易冲突的风险主要源于保护主义政策、知识产权争端、资源竞争、网络安全威胁及地缘政治局势紧张。采取积极措施避免和化解冲突，对于维护全球经济稳定并促进国际合作至关重要。

五、合作机遇

在挑战与潜在冲突交织的背景下，全球合作的新机遇日益凸显。科技进步历来得益于集体智慧，各国应携手应对共同挑战，促进知识共享，推动包容性发展，让技术创新成果真正造福全人类。

技术共享与合资企业

各国可以通过签订技术共享协议、建立合资企业、开展战略合作等方式，共同开发和应用机器人制造技术。合作研究项目能够整合多方资源与专业知识，显著加快创新速度。这种跨国合作不仅有助于缩小发达国家与发展中国家之间的技术差距，更有助于推动全球工业文明的均衡发展。

标准化与互操作性

制定机器人技术、AI及数据管理领域的国际标准，能够有效推动全球贸易与技术合作。通过统一技术规范，不仅确保了不同系统间的兼容性、运行安全性和产品质量，还显著降低了新技术应用的准入门槛。

能力建设与教育

投资能力建设有助于推动发展中国家采用机器人制造技术。发达国家可以通过提供培训、教育计划以及资源支持，帮助当地培养专业技术人才。这种支持不仅缩小了全球发展差距，还促进了可持续发展，为新兴经济体创造了竞争优势。

应对全球挑战

机器人制造技术有助于应对气候变化、医疗健康和粮食安全等全球挑战。国际社会协同开发可持续技术、推动医疗进步并提高农业生产效率，各国均能从中受益。通过共享解决方案，这些技术产生的积极效益将实现最大化。

国际协议与组织

制定国际协议来应对机器人制造技术带来的挑战，有助于促进合作。世界贸易组织、联合国等国际组织及专门设立的新机器人组织可以通过开展对话、制定准则和协调行动来推动相关工作。

文化交流与理解

合作不限于经济层面，文化交流项目、国际会议以及多方论坛也能促进对不同观点的理解与尊重。通过多层次的交往，可以有效增强全球凝聚力。

小结

合作机遇涵盖技术共享、标准统一、能力建设、应对全球挑战以及文化交流等多个方面。通过深化国际合作，各国不仅能充分挖掘机器人制造领域的发展潜力，还能推动构建更具包容性与协同性的国际社会。

六、故事：《机器人技术公约》——全球贸易的新时代

在机器人制造技术飞速发展的背景下，全球贸易迎来了命运的转折点。传统的贸易关系逐渐瓦解，当各国都在应对这场经济变革带来的冲击时，紧张局势开始悄然蔓延。在这个充满不确定性的时代，出现了一位富有远见的领导者——埃琳娜·马丁内斯博士。这位来自科技强国的著名经济学家兼外交官，以其卓越的才能开始引领方向。

注：图片由 AI 工具 DALL-E 生成。

国际峰会

认识到形势的紧迫性，马丁内斯博士提议召开国际峰会，以应对机器人制造带来的挑战与机遇。邀请函发往世界各国领导人，敦促他们齐聚日内瓦，共商未来发展大计。

质疑声此起彼伏。有些人觉得这次峰会只是做做样子，另一些人则担心大国会主导议程。但日益严峻的压力使各方不得不悉数到场。各国代表怀着谨慎的期待抵达会场，肩上承载着本国人民的忧虑与期望。

揭示愿景

在日内瓦宏伟的万国宫议事厅内，马丁内斯博士站在各国代表面前，坚定有力的声音回荡在整个会场。"我们正站在新时代的门槛上，"她郑重开场，"机器人制造技术带来了前所未有的机遇，但唯有共同应对这场变革，才能实现其真正价值。"

她提出了一项具有开创性的议案——《机器人技术公约》。这项公约将推动各国开展技术合作，构建公平贸易体系，完善知识产权保护机制，并为全球劳动力技能升级提供支持。

辩论与审议

接下来的几周，形势依旧紧张而严峻。代表们在会场上唇枪舌剑，走廊里回荡着他们辩论的声音。发展中国家表达了对自己会被边缘化的担忧。尼日利亚的部长直言不讳地提出质疑："难道我们只能沦为技术产品的消费者，眼睁睁看着本国工业体系被摧毁吗？"

来自韩国的大使则代表发达国家回应道："各国必须正视技术鸿沟的存在，毕竟所有国家的繁荣发展都息息相关。"

马丁内斯博士穿梭于各个讨论组之间，不断协调各组化解分歧、增进理解。她反复强调合作共赢的重要性，以及"不作为"可能带来的风险。她警告道："日益加剧的不平等将导致全球局势动荡。国际合作绝非单方面的施舍，而是关乎各国根本利益的明智之选。"

协议的制定

《机器人技术公约》的框架逐渐成形，主要内容包括以下五个方面。

- 技术转让计划：由各国共同资助在发展中国家建立卓越中心，促进机器人技术和 AI 的普及与应用。
- 公平贸易准则：各国应降低与机器人相关的产品和服务的关税，推动市场开放，避免贸易保护主义。
- 知识产权保护：制定平衡的法律体系，既保障创新者的权益，又确保技术能够被合理使用和改进。

- *劳动力发展基金*：投资全球教育计划，助力劳动者技能升级，同时注重包容性与多样化。
- *环境承诺*：利用机器人技术促进可持续发展，减少碳足迹，并共享环保技术。

历史性的签署

在一个清爽的秋日早晨，来自150多个国家的代表齐聚一堂，签署了《机器人技术公约》。现场气氛热烈，交织着如释重负的欣慰、自豪之情与对未来的期待。当签字笔落在纸面上的这一刻，人类全球合作的新篇章就此展开。

马丁内斯博士与各国领导人并肩而立，她深邃的目光中既有沉甸甸的责任，也有对未来的憧憬。"今天，我们选择了合作而非对抗。"她向世界宣告，"面对技术革命的风口，各国不再以竞争对手的姿态画地为牢，而是作为志同道合的伙伴携手前行。"

实施与影响

在随后的几年里，世界发生了显著变革。跨国合资企业蓬勃发展，将先进制造技术带到了曾经落后的地区。印度成立了由多国共建的全球机器人研究院，培养了数以万计的工程师和技术人员。

非洲各国借助协议框架，开发出可持续农业技术，既保障了粮食安全又扩大了出口规模。欧洲国家则通过在环境机器人项目上的合作，共同应对气候变化。

随着操作透明化和统一标准的推行，国际贸易摩擦逐渐减少。跨国文化交流使得社会更丰富多彩，学生与专业人士可以跨国界求学创业，在汲取知识的同时也能贡献力量。

挑战与韧性

这段旅程并非一帆风顺。经济衰退、政治变革和技术瓶颈不断考验着《机器人技术公约》的韧性。尽管部分国家曾动摇，一度试图采取单边行动，但核心原则始终未动摇。

随着全球各地社区陆续获得切实收益，包括民生改善、环境净化以及子孙后代发展机遇涌现,《机器人技术公约》已超越文本意义,蜕变为人类命运共同体最生动的实践注脚。

机器人协议的遗产

数十年后,当历史学家回望《机器人技术公约》签署的时刻时,都会将其视为人类文明的转折点。马丁内斯博士的愿景掀起了一场重新定义全球化的变革浪潮。各国在保持文化特性与主权完整的同时,认识到彼此命运早已紧密相连。

在某个静谧的黄昏,这位科学家提笔给未来的执政者留下箴言。她写道:"人类进步的真正标尺,从来不是我们制造了多少精密仪器,而是能否在无数分歧中筑起理解的桥梁。当你们站在每个抉择的十字路口,请永远选择联结而非割裂,共情而非对立。"

未来愿景

《机器人技术公约》的故事如同一座灯塔,彰显了各国携手应对共同挑战时所能创造的奇迹。它昭示着远见卓识、平等对话与集体行动的力量,正是这种力量,推动着我们塑造一个让科技进步真正造福全人类的世界。

总结

机器人制造对全球贸易和自由贸易协定产生了深远而复杂的影响。国际贸易格局的变化正在挑战传统模式,这要求各国重新评估现有政策与协定。为保持竞争力,国家必须积极调整应对策略,在此过程中既可能遭遇贸易摩擦,也可能迎来合作机遇。《机器人技术公约》的故事生动展现了如何通过主动协作将挑战转化为共同发展的契机。

深度思考

你认为机器人制造将如何改变全球化与国际贸易格局?这一趋势可能对你的国家产生哪些影响?

第十九章
智慧城市与本地化生产的未来

当太阳从人类创新的地平线上升起，未来城市的轮廓渐次浮现——城市景观与机器人技术深度融合，科技与人文和谐共存。本章生动描绘了这一未来景观，探讨了机器人驱动的智慧城市愿景、推动我们前进的技术创新、政策与治理的关键作用、必要的社会适应性调整，以及变革带来的全球影响。通过"团结城"和优必选科技（UBTech）"沃克"机器人的故事，我们将深入探讨如何将城市的可持续发展从理想变为现实，为全球提供一条和谐共进的发展路径。

一、未来愿景

机器人全面融入城市生活的愿景已不再是科幻情节，而是正在我们眼前展开的现实图景。这类智慧城市通过部署人形机器人，全方位提升城市运行效率，促进可持续发展，最终实现居民生活品质的飞跃。

机器人技术的无缝集成

在这些城市中，机器人无处不在，却不显眼。它们接管了日常任务，人类得以解放出来而去从事创造性、休闲和创新活动。例如，从家务到复杂的工业操作，"沃克"这样的机器人成为日常生活中不可或缺的伙伴。

可持续基础设施

现代建筑采用智能材料和嵌入式传感器，能够实时监测结构稳定性、能耗数据及环境影响。立体绿化系统与生态屋顶不仅增加了城市生物多样性，还能净化空气，这些植被由专门的园艺机器人负责养护，确保植物健康生长。

智能交通网络

交通运输业正经历一场革命性变革，自动驾驶汽车、无人机配送和超级高铁系统将重塑人们的出行和运输方式。随着 AI 实时协调车流并优化路线，交通拥堵和事故将逐渐成为历史。

医疗保健发展

医疗健康服务正朝着主动预防和个性化方向发展。可穿戴设备与植入式传感器能持续监测各项健康指标，在问题升级之前向专业医疗人员发出警报。手术机器人协助外科医生进行手术操作，康复机器人帮助患者进行科学训练，而护理机器人则能为老年人提供全天候照护服务，这些智能机器人在精准执行医疗任务的同时，还能展现人性化的关怀。

教育的转型

教育模式正逐渐向体验式学习和终身学习转变。虚拟现实和增强现实技术创造了沉浸式教育体验。人工智能辅导系统能根据每个人的学习特点灵活调整，让不同年龄段的学习者都能获得个性化、充满吸引力的教育体验。

社区与社会凝聚力

公共空间旨在促进社区互动，机器人通过组织各类活动、研讨会和文化项目来促进社交。随着科技不断创造全新的连接与合作方式，社会孤立现象正逐步减少。

环境管理

机器人通过先进的回收和升级再造技术处理废弃物，推动循环经济发展。人工智能则优化可再生能源系统，在平衡供需的同时最大限度降低环境负荷。

伦理与包容性设计

城市建设始终以包容性为核心，确保不同能力群体都能平等享受城市服务。在技术应用层面严格遵循伦理准则，通过透明的治理体系和公众参与机制来制定政策。

小结

未来智慧城市的愿景是实现科技与人文的有机融合。机器人技术将作为生活助手而非人类替代者，在提升日常效率的同时保持人性化体验，从而打造高效、绿色低碳且以人为本的都市环境。

二、即将到来的技术创新

智慧城市的实现，关键在于那些有望重塑制造业和城市生活的新兴技术。这些创新技术正是突破既有局限、建设未来城市的基石。

通用人工智能

通用人工智能（Artificial General Intelligence，AGI）的进步使机器人能够以近似人类智能的方式理解、学习并运用知识。这一重大突破使机器人具备了更强的自主决策与问题解决能力，从而显著提升了其环境适应性与任务响应水平。

纳米技术与先进材料

纳米技术能够制造出更坚固、更轻盈且具备更强导电特性的新型材料。其中，自愈材料可以自动修补损伤，智能变形结构能够根据需要改变形态，这些突破性进展为建筑和制造业带来了革命性变革，显著提升了材料的耐用性和生产效率。

生物技术集成

生物技术与机器人技术将有机组件与机械结构相结合，进而催生了生物混合机器人。这种协同效应显著提升了机器人的感知能力和能源效率，使其在功能性与环境适应性方面更接近生物有机体。

量子计算

量子计算彻底改变了数据处理方式，使我们能以前所未有的速度解决各类复杂问题。在制造业领域，量子计算能实现供应链的智能优化、材料用量的精准测算以及产品设计的突破创新，拓展突破生产力边界。

物联网扩展

物联网的扩展将数十亿设备联为一体，构筑起信息自由流通的无缝网络。这种高度互联的特性使城市基础设施能够实现实时监测与智能调控，从而显著提升应急响应速度与整体运行效率。

聚变能源

聚变能源的发展将为人类提供近乎无限的清洁能源。这一突破不仅可以满足机器人城市的能源需求，还可以避免化石燃料对环境的危害，克服现有可再生能源的诸多局限。

AI 伦理框架

随着 AI 日益融入日常生活，健全的伦理框架可确保技术以负责任的方式为人类服务。可解释 AI 与偏见消减技术的发展，正推动着透明、公平的系统建设和发展。

小结

即将到来的技术创新将成为重塑制造业与城市生活的关键驱动力。从通用人工智能到聚变能源，这些进步不仅为智慧城市奠基，更将推动城市发展迈向深度可持续和以人为本的新阶段。

三、政策与治理

政府在塑造智慧城市和推进本地化生产的过程中发挥着关键作用。只有通过完善的政策体系和科学的治理架构，才能充分释放技术潜力，确保公共利益得到有效保障。

战略愿景与规划

政府必须阐明一个清晰的愿景，使技术进步与社会价值观和发展目标相协调。这涉及制定长远规划，统筹考虑经济增长、环境可持续性以及社会公平等多重因素。

监管框架

制定合理的监管法规对于促进创新发展和保障公众权益至关重要。相关政策需要统筹数据隐私保护、网络安全防护、劳动就业保障及环境标准制定等多个事项，确保技术应用始终遵循负责任和符合伦理的准则。

基础设施投资

建设智慧城市，需投入的基础设施包括高速互联网、可再生能源电网和智能交通网络等，这些都需要大量的资金。通过公私合作模式，能够有效整合社会资源与专业技术优势，从而加快智慧城市的建设进程。

教育与劳动力发展

为未来科技社会培养人才的关键在于改革现有教育体系，重视 STEM 教育，同时加强批判性思维与适应能力的培养，进而帮助人们掌握在新兴产业中立足的核心技能。

经济激励

政府可以通过税收减免、专项拨款和财政补贴等方式，鼓励企业应用机器人技术并发展本地制造。同时，加大对创新性研发的支持力度，不仅能推动产业升级，更能提升国家在全球市场的核心竞争力。

国际合作

全球性挑战需要各国携手应对。积极参与国际协议与合作，可以确保科技进步的成果惠及全人类，从而有效应对气候变化、网络安全、人工智能伦理治理等共同课题。

社区参与

包容性治理涉及公民参与决策过程。通过建立公众意见征集与反馈机制，能够确保各项发展举措切实符合社区的需求与价值观，从而增强社会信任度，并提升政策接受度。

小结

政策与治理在智慧城市发展中发挥着关键作用。通过制定正确的框架和促进合作，政府可以确保技术进步带来公平和可持续的结果。

四、社会适应与接受

将机器人技术成功融入城市生活的关键在于社会的接受度。要让社区为持续变革做好准备，就需要积极回应公众关切、增进理解认同，并确保不同群体都能平等受益。

应对技术恐惧

对技术的恐惧是人类面对快速变革时的自然反应。通过普及教育和建立透明的沟通机制，能够有效缓解恐惧与焦虑。当人们亲眼见证技术带来的切实益处，并亲身参与技术应用的进程时，自然会对科技创新建立起真正的信心。

提升数字素养

数字素养普及计划旨在让全民都能高效运用新兴技术，教会人们使用智能设备和分析数据，以及帮助民众理解人工智能对日常生活产生的实际影响。通过参加这些实用技能培训，普通民众也能适应快速发展的数字时代。

文化整合

将科技融入文化传统和日常生活，能帮助人们更自然地接受它的存在。通过艺术作品、节庆活动和媒体报道来展现科技进步，可以加深公众对技术的积极印象。

伦理考量

制定有关 AI 与机器人技术的伦理准则，能够有效应对隐私保护、自主权维护和社会公平等核心问题。科技企业通过公开这些准则并严格落实，将赢得公众的信任与支持。

支持劳动力转型

自动化可能会取代部分工作岗位，因此需为受影响的劳动者提供必要支持。开展职业培训计划、完善社会保障体系以及创造新型就业机会，以确保没有人在这场转型中掉队。

鼓励社区参与

让公众参与规划和决策过程有助于增强他们的主人翁意识和自主感。通过社区论坛、专题研讨会和协作项目，技术革新将成为全民共建的旅程，而非自上而下的强制变革。

心理健康与福祉

我们应当认识到，社会快速变迁对人类心理的影响不容忽视。社会应提供心理健康支持和培养抗压能力，帮助人们以积极姿态应对变革。

小结

社会的适应和接纳取决于主动接触群众、普及相关知识、激发社区自主性。唯有以人的需求和价值观为核心，技术革新才能真正成为全民参与、广受拥护的进步力量。

五、全球影响

机器人驱动的智慧城市兴起对人类发展进程影响深远，推动了全球经济转型，也在环境保护与国际协作层面引发连锁反应。

经济重新调整

本地化生产正在重塑全球贸易格局，降低各国对国际供应链的依赖程度。大力投资机器人技术的国家将获得显著竞争优势。但是，如果缺乏包容性政策引导，这种趋势可能会加剧全球经济不平等。

环境影响

在智慧城市建设中广泛采用可持续措施，对缓解气候变化具有重要作用。通过多方协作降低碳排放与资源消耗，能够产生显著的环保效益。

文化交流与多样性

加强互联互通促进了全球文化交流，共享思想和合作让社会更丰富多彩。技术打破了地理隔阂，为人类创造了前所未有的互动方式。

地缘政治动态

科技领导力将成为影响地缘政治格局的核心要素。各国可能会根据自身的技术能力选择竞争或合作，进而改变传统国际同盟关系，并左右全球政策的制定方向。

全球伦理标准

制定全球统一的 AI 与机器人技术标准，确保科技发展始终遵循人权准则与伦理规范。这项事业需要各国通力协作，在防范技术滥用的同时，推动创新成果的惠及。

不平等的挑战

若不加以主动干预，技术进步可能加剧全球不平等。协助发展中国家实现技术应用，对于实现均衡发展至关重要。

小结

智慧城市与本地化生产的全球影响极为深远，为人类社会的共同进步创造了机遇，但也带来了需要国际社会共同应对的挑战。

六、故事：团结城——沃克机器人打造的世界典范

团结城的起源

在一片曾经是老旧工业港口的土地上，一个充满远见的项目应运而生——团结城。该项目旨在见证人类成就，致力于实现科技、自然与社区和谐统一。由全球创新者组成的财团牵头，在国际协作支持下，团结城被设计成未来城市的鲜活范本。

注：图片由 AI 工具 DALL-E 生成。

沃克机器人的作用

团结城的核心功能由优必选科技的沃克机器人支撑。这些先进的人形机器人不仅是工具，更是城市生活的积极参与者。它们配备了先进的AI，能够自如地在复杂环境中穿梭，与人类自然互动，并执行各种各样的任务。

城市建设

团结城的建设堪称高效与可持续的典范。沃克机器人与人类工程师、建筑师紧密协作，采用模块化施工技术和先进材料，在确保美学与功能完美融合的同时，实现了城市的迅速崛起。

在团结城的日常生活

团结城的居民体验到了科技与日常生活的无缝融合。沃克协助处理家务，让人们能够专注于个人兴趣。在公共空间，它们提供信息、引导游客，并通过不引人注目的监控来增强安全性。

教育与创造力

团结城的学校是创新的中心。沃克担任教学助手，根据每个学生的学习风格调整教学方法。它们可以促进协作，消除语言障碍，并支持学生探索不同领域。

医疗保健与福祉

在医疗保健领域，沃克可以承担患者护理、辅助康复和联系紧急救援等任务。它们的监测健康指标并提供即时援助的能力，有助于改善治疗效果和提高可及性。

社区参与

沃克在培养社区凝聚力方面发挥了重要作用。它们组织并参与文化节日活动，为当地艺术家提供支持。它们象征着团结与进步，在社区大受欢迎。

可持续发展举措

团结城完全依靠可再生能源供电。沃克负责能源分配、优化能耗并维护基础设施。机器人技术驱动的精准运作的废物管理系统，为城市循环经济做出了贡献。

挑战与解决方案

向这种全新生活方式的转型并非一帆风顺。部分居民担心过度依赖技术会导致隐私泄露。公开论坛和透明的治理机制，可以有效解决这些问题。通过政策调整，AI 的应用被纳入伦理规范框架，同时为沃克机器人设定了严格的隐私保护程序。

全球采用与影响

团结城的成功在全球范围内引起强烈反响。多国代表团纷纷前来考察学习并借鉴其发展理念。这座城市逐渐成为城市规划者与政策制定者的培训基地，向世界证明了机器人技术大规模融入城市建设的可行性。

个人感想

作为土生土长的团结城居民，诗人阿玛拉这样描述她的感受："在这座城市，科技从未凌驾于人性之上，而是让人的光辉更加闪耀。沃克机器人如同旅途中的伙伴，提醒我们真正的进步是一张由科技创新与人文关怀交织而成的织锦。"

和谐发展的典范

团结城堪称科技善治的典范,其发展历程展现了多方协作、灵活应变的核心特质,更凝聚着人类与科技共生共荣的集体愿景。

总结

智慧城市和本地化生产的未来是一幅由创新、治理、社会变革和全球影响交织而成的复杂且令人兴奋的图景。通过构想全面整合的城市,拥抱新兴技术,制定支持性政策,并促进社会接受,我们为变革的时代奠定了基础。

团结城的故事以及优必选科技的沃克机器人展示了和谐发展的切实可能性。展望未来,我们今天的抉择将决定留给后世的遗产。

深度思考

在机器人技术驱动的智慧城市中,你最希望看到哪些功能?在这样的环境下,你认为你的日常生活是什么样的?

第六部分
人形机器人的经济影响

第二十章
后劳动经济的崛起

21世纪初，技术进步达到了前所未有的高度，最终催生了能够执行人类任务的人形机器人。随着这些机器人渗透到从制造业到服务业的各个领域，社会正站在一个变革的临界点——后劳动经济的出现。本章将深入探讨这一概念，探索其潜在的益处、挑战以及可能带来的深刻文化和心理影响。通过对"Prospera"①社区的叙述，我们将进入一个由特斯拉的擎天柱机器人承担所有劳动的世界，揭示人们如何适应、创新并寻找生活中的新意义。

一、后劳动经济的概念

后劳动经济不仅仅是一个理论上的概念，它是AI、机器人技术和自动化技术融合的潜在现实。其核心设想是一个由机器人完成大部分工作的社会，使得人类劳动在经济生产中变得不再必要。这一范式转变挑战了几个世纪以来主导经济和社会的基本结构。

定义一个没有人类劳动的社会

在后劳动社会中，以特斯拉的擎天柱为代表的人形机器人将承担所有行业的任务，主要涉及制造业、农业、医疗、教育和服务业。这些机器人不仅仅是工具，更是能够学习、适应并执行复杂任务的自主实体，其精确性和效率超越了人类能力。

---

① 该市的名字取自"prosper"，意为"蓬勃发展的，繁荣的"。——编者注

这一转变得益于机器学习、神经网络和机器人技术的进步。机器人现在能够理解自然语言、识别情感，并与人类无缝互动。它们管理供应链、执行手术、教授学生，甚至创作艺术和音乐。

经济影响

经济从劳动驱动转向技术驱动。随着机器人不知疲倦地不间断地工作，错误显著减少，生产成本大幅下降。商品和服务变得丰富且价格合理，可能导致稀缺性最小化的状态。

社会结构

基于工作的传统社会结构，如每周40小时工作制、职业发展和工会，将会过时。教育系统的重点从为劳动力市场培养人才转向培养创造力、批判性思维和实现个人发展。

哲学思考

后劳动经济的概念引发了一系列深刻的哲学思考：当人类劳动不再是经济存续的必要条件时，人类的角色将如何定义？这一命题挑战着千百年来与劳动紧密绑定的人生意义、身份认同和价值体系等根本认知。

历史背景

纵观历史，技术进步总会引发某些工作岗位被取代，同时催生新的职业。以工业革命为例，机械自动化取代了传统农耕劳动，却推动了工厂就业的兴起。但当前人工智能驱动的自动化变革具有本质差异，其规模之广、程度之深，足以颠覆几乎所有行业的人类劳动格局。

小结

理解后劳动经济的概念，关键在于认识到人工智能与机器人技术具有取代当前绝大多数人类工作的变革潜力。这一图景描绘了经济生产力与人类劳动脱钩的社会形态，届时我们将不得不重构经济模式、社会结构，并重新定义个体存在的价值维度。

二、潜在益处

后劳动经济的到来预示着诸多潜在的益处，这些益处可能重新定义人类的生活体验。这种新的社会结构可能带来充满希望的前景，包括休闲时间的增加、效率和生产力的提升以及经济普遍繁荣。

增加休闲时间

随着机器人承担所有劳动，人类从为生存而工作的必要性中解放出来。这种解放让人类有了大量时间去追求个人兴趣、爱好、教育和创造性事业。休闲的概念从奢侈品转变为日常生活的基本组成部分。

想象这样一个社会：人们可以终身学习、探索艺术、旅行并与亲人共度美好时光，而不受工作时间的限制。这种转变可以提升心理健康水平，促进建立更牢固的关系，并增加生活的满足感。

提升效率和生产力

机器人以无与伦比的效率工作。它们可以全天不间断工作，不会造成疲劳或与人为操作相关的错误。机器人持续的生产力加速了创新，降低了成本，并推动技术和基础设施快速发展。

在医疗保健领域，机器人辅助可以带来更准确的诊断、更有效的治疗方法，并改善治疗结果。在农业中，机器人可以优化作物产量和资源使用率，为粮食安全提供有力保障。

经济普遍繁荣

机器人劳动产生的丰富性可能带来广泛的繁荣。随着生产成本的降低，商品和服务变得更加可及和负担得起。住房、食品、医疗保健和教育等基本需求可以得到满足，从而可能消除贫困。

经济模式需要与时俱进，可以纳入全民基本收入（Universal Basic Income，UBI）等概念，无论就业状况如何，公民都能获得定期的财务支持。这种社会保障体系确保每个人都能从自动化创造的财富中受益。

环境可持续性

机器人可以优化资源利用，减少浪费，并比人类更有效地实施可持续实践。它们可以实时监控环境条件，迅速响应变化，并高效管理可再生能源系统。这种能力可能为应对气候变化和保护生态系统带来重大进展。

艺术和科学进步

从劳动中解放出来的人类可以将更多时间投入到艺术创作和科学探索中。这种转变可能催生新一轮的创造力和发现的浪潮，个人以前所未有的方式为文化传承、知识积累和科技创新做出贡献。

增强社会公平

自动化有可能通过提供平等的服务和机会来平衡竞争环境。通过机器人辅助，教育、医疗保健和其他基本服务可以实现标准化和优质化，从而减少由社会经济因素造成的不平等现象。

小结

后劳动经济的潜在益处包括增加休闲时间、提高效率和生产力、经济普遍繁荣、环境可持续性、艺术和科学进步以及增强社会公平。这些优势展示了一个通过机器人技术集成而变得更好的社会的乐观愿景。

三、挑战与风险

尽管后劳动经济的前景非常可观，但它也伴随着必须谨慎应对的重大挑战和风险。经济不平等加剧、人生意义缺失以及社会纽带松动是可能出现的几个关键问题。

经济不平等

如果机器人生产手段的所有权仍然掌握在少数人手中，财富集中可能会加剧。控制这些技术的公司和个人可能会积累巨额财富，加剧收入不平等。如果没有公平的分配机制，贫富差距可能会显著扩大。

失业和社会动荡

人类劳动被取代可能导致大量失业。即使有全民基本收入或社会福利计划，传统就业岗位的消失仍然可能会导致许多人感到自我价值缺失、身份认同危机和社会地位下降。这些情绪可能导致社会动荡、心理健康问题和犯罪率上升。

重新定义目的和身份

长期以来，工作一直是人生目标、身份认同和成就感的来源。传统就业岗位的缺失引发了关于个人意义和社会角色的存在性问题。寻找实现人生目标的新途径变得至关重要，但对每个人来说可能并非易事。

社会纽带松动

工作场所不仅是经济活动的中心，也是形成关系和建立社区的社会枢纽。这些环境的消失可能导致社会凝聚力削弱、个体孤立加剧和社区关系分裂。

技术依赖风险

过度依赖机器人带来了与技术故障、网络攻击或系统故障相关的风险。一个完全依赖自动化的社会可能会发现自身容易受到诸多影响的干扰。

伦理和道德考量

自主机器人的兴起引发了关于人工智能实体的权利、责任和道德地位的伦理问题。在关键情况下的决策、对伦理准则的遵守，以及人工智能行为可能产生的意外后果等问题，都需要仔细考量。

对变革的抵制

这种规模的社会转型往往遇到一些阻力，包括对未知的恐惧、对传统的固守或对技术的不信任而产生的抵制。要打破怀疑并促进社会接受变革，需要在教育革新、沟通透明和包容性政策制定方面努力。

环境风险

尽管机器人能够推动可持续发展，但如果管理不当，生产和消费的增加可能会给资源带来压力。此外，机器人驱动的经济对能源的需求可能非常巨大，因此需要可持续的能源解决方案，以防止环境恶化。

小结

后劳动经济面临的挑战和风险包括经济不平等、失业、人生意义缺失、社会纽带松动、技术依赖、伦理困境、对变革的抵制以及环境问题等。妥善解决这些问题，对实现后劳动经济的潜在益处、减少不利影响至关重要。

四、经济模式的转变

向后劳动经济转型需要对经济模式进行根本性改革。从劳动驱动型经济转向价值驱动型或替代系统，需要重新思考财富的生成、分配和衡量标准。

劳动与收入的脱钩

传统经济基于劳动交换收入。在后劳动经济中，劳动与收入脱钩。收入分配的替代机制，如全民基本收入、社会红利或负所得税，变得至关重要，以确保个人能够获得商品和服务。

价值驱动型经济

在后劳动经济中，价值创造的方式从劳动创造价值转向创新、创造力和无形资产创造价值。社会可能专注于知识、文化产品和体验的生产，而不是物质产品的生产。知识产权、数据和数字内容成为主要的价值来源。

循环经济

采用循环经济原则，通过设计浪费最小化和资源效率最大化的产品和系统来促进可持续发展。回收、再利用和再生材料成为经济活动的重要组成部分，机器人可以有效地管理这些过程。

协作消费

共享经济应运而生，在这种经济模式中，优先考虑对商品和服务的访问权而非所有权。平台促进资源的共享使用，减少过度生产并促进高效利用。机器人可以管理和维护这些共享资产，增强可靠性和便利性。

重新定义生产力和增长

国内生产总值（Gross Domestic Product，GDP）等传统衡量指标可能不再足以反映经济健康状况。衡量福祉、环境影响和社会进步的新指标变得更为重要。人们的关注点从数量增长转向生活质量的提升。

金融系统和税收

税收模式需要进行调整，可能从所得税转向对资本、消费或数据交易征税。在缺乏广泛所得税的情况下，政府可能需要寻找新的收入来源，以为公共服务和社会项目提供资金支持。

全球经济关系

本地化生产的兴起减少了各国对全球供应链的依赖，这将会重塑国际贸易和经济关系。受技术能力和资源分配的影响，新型经济合作与竞争模式将应运而生。

政策与监管

政府在促进经济模式的转变中发挥着关键作用。鼓励公平分配、支持创新和保护社会利益的政策至关重要。监管框架必须在促进技术进步与维护伦理准则和公共福利之间取得平衡。

小结

经济模式的转变涉及劳动与收入的脱钩、采用价值驱动型和循环经济、重新定义生产力指标、调整金融系统以及重塑全球经济关系。应对这些变化，需要创新思维、协作努力和具有适应性的治理机制，以构建可持续且公平的经济结构。

五、文化和心理影响

工作深深植根于人类的文化和心理中，影响着人们的身份认同、社会地位和个人成就感。后劳动经济的崛起对社会产生了重大的文化和心理影响，这些影响必须得到妥善应对。

重新定义身份

对许多人来说，职业和专业是自我认同的核心。失去传统工作后，人们可能陷入身份认同的迷茫。通过追求艺术爱好、参与社区活动、经营个人项目等途径寻求新的自我表达和成就感变得至关重要。

目的和成就感

工作可以提供社会结构、奋斗目标和个人成就感。就业的缺失可能导致无目标感或缺乏方向感。培养一种重视个人成长、探索以及以非经济方式为社会做贡献的文化，能够帮助个人找到生命的意义。

社会互动和社区

工作场所是重要的社交环境。如果工作场所消失，则可能会减少互动、合作和建立关系的机会。社区需要通过俱乐部、组织和公共空间培养替代的社会结构，使人们能够建立联系。

心理健康考量

这种转型产生的心理影响可能包括焦虑、抑郁或身份认同危机。获得心理健康资源、心理咨询和支持网络对于帮助个人克服这些挑战至关重要。

价值观的文化转变

社会价值观可能从优先考虑生产力和物质成功转向强调人类福祉、社会关系、创造力和环境管理。实现这种文化转变，需要重新定义成功，并认识到超越经济成就的多样化贡献。

代际视角

不同世代对这些变化的反应可能不同。年轻一代可能更容易适应，因为他们成长在一个技术先进的世界。老一代可能发现调整更具挑战性，这就需要提供有针对性的支持和提高包容性。

教育和终身学习

教育体系必须进行变革，使个人能够为不以就业为中心的生活做好准备。强调批判性思维、适应能力、情商和终身学习将有助于培养个人的韧性，从而为实现自我价值开辟道路。

保持职业道德

虽然传统工作可能减少，但守纪律、负责任和讲信用的价值观仍然重要。鼓励参与社区活动、追求艺术爱好或经营个人项目有助于保持目标感和职业道德。

文化多样性和包容性

确保文化变革具有包容性并尊重多样化的背景和信仰至关重要。认可和颂扬不同的观点，既能丰富社会内涵，又能促进群体团结。

小结

后劳动经济的文化和心理影响涉及重新定义身份与目标、满足心理健康需求、促进社会联结以及转变社会价值观。在这一转型过程中，积极主动地支持个人和社区，对于构建和谐且充实的社会至关重要。

六、故事：与擎天柱一起生活在 Prospera

迎接新黎明

Prospera 市在晨光下闪闪发光，其现代化的塔楼和郁郁葱葱的公园彰显出技术与自然的和谐共存。曾经熙熙攘攘的通勤街道现在成为悠闲散步、骑自行车和自动驾驶车辆滑行的通道。在这一转变中扮演核心角色的是特斯拉的擎天柱机器人，这个无声的劳动力重新定义了日常生活。

新的生活节奏

阿梅莉亚站在阳台上，喝着茶，看着擎天柱在楼下的社区花园里工作。机器人的动作流畅而有目的性，其行为由先进的AI和环境数据驱动。鲜花盛开，色彩鲜艳，新鲜的蔬菜茁壮成长，为社区提供了有机农产品。

注：图片由 AI 工具 DALL-E 生成。

对阿梅莉亚来说，早晨不必再匆忙赶去办公室。作为一名前金融分析师，她的生活曾经被冰冷的数字和紧迫的截止日期填满。现在，她将时间投入绘画中，这是她长期忽视的爱好。她的工作室墙上挂满了捕捉 Prospera 风景以及人类与机器人互动的画作。

重新发现激情

在城市另一端，前工厂工人马库斯的生活也发生了转变。随着制造业被擎天柱自动化，他不再需要打卡上班。相反，他成为当地创客空间的导师，指导年轻人学习机器人技术和工程。他们一起深耕创意领域，创造出融合艺术与功能的作品。

"工作不再只是为了生存，"马库斯对学生们沉思道，"它关乎我们能贡献什么、如何去启发他人，以及我们能留下什么遗产。"

中央广场：连接的中心

Prospera 市中央广场活动丰富。人们聚集在一起参加研讨会、表演和辩论。擎天柱机器人提供后勤支持，而人类则参与充满活力的讨论。中央广场成为城市的心脏——一个思想蓬勃发展的场所。

哲学家兼作家索菲娅每周举办沙龙，探讨后劳动社会的意义。"我们站在重新定义人性的临界点，"她对专注的观众说道，"在基本需求得到满足的情况下，我们必须问自己：我们渴望成为什么？如何在生产力之外找到目的？"

挑战与反思

并非所有人都能无缝适应。退休工程师丹尼尔在失去职业身份后感到迷茫。"我一生都献给了我的职业生涯，"他在一个互助小组中坦言，"没有它，我感到迷茫。"

这个由心理健康专业人士发起的互助小组为个人提供了一个空间，帮助他们纾解情感。他们鼓励丹尼尔探索自己的兴趣，最终让他发现了对音乐的热情。他开始学习小提琴，在他创作的旋律中找到了慰藉和快乐。

重新构想教育

Prospera 的学校转变为探索中心。像玛雅和利亚姆这样的孩子沉浸在体验式学习中——在自然保护区学习生态学，通过虚拟现实进行历史之旅，并与全球同龄人合作进行创意项目。

擎天柱机器人作为向导和助手，根据每个孩子的好奇心和学习节奏调整教育体验。教师专注于培养孩子的批判性思维、共情力和协作能力。

社区与合作

社区项目蓬勃发展。居民积极参与社区的环境保护、艺术装置和文化节庆活动。一年一度的"和谐节"庆祝人类与机器人的团结，通过展示表演、艺术和创新，凸显人机协同作用。

舞蹈编导埃琳娜与擎天柱合作，创作出突破传统界限的表演作品。"我们一起编织故事，这些故事与我们共存的本质产生共鸣。"她解释道。

伦理考量

由市民选举产生的市议会审议有关 AI 和机器人技术的治理政策。透明度和公众参与是治理的核心。定期论坛能够让市民表达关切并贡献想法。

一场辩论聚焦于机器人的自主性：在关键时刻，擎天柱是否应拥有决策权？市议会邀请了伦理学家、技术专家和公众共同探讨这些复杂问题，最终制定出兼顾创新与伦理责任的政策。

全球影响的缩影

Prospera 的模式吸引了全球的关注。各国代表团纷纷到访，学习该城市的发展经验。这座城市以开放的姿态欢迎宾客，分享知识并推动国际合作。

阿梅莉亚的艺术作品获得了国际赞誉，她的作品反映了一个拥抱变革的社会的灵魂。她前往展馆，通过她的画作诠释 Prospera 的故事。

个人旅程与集体成长

Prospera 的居民在个人和集体层面上持续发展。他们直面挑战，庆祝成功，并在探索新道路的过程中相互支持。

对许多人来说，如阿梅莉亚、马库斯、索菲娅、丹尼尔和埃琳娜，Prospera 的生活是一段自我发现和成就的旅程。他们在传统工作之外找到了意义，通过人际联结、艺术创作和对社会福祉的贡献获得了满足感。

繁荣的新定义

Prospera 体现了其名字的本质——一个繁荣的社区，其繁荣不是通过财富来衡量，而是通过福祉、成就感以及技术与自然的和谐来衡量的。

当太阳落山，整座城市上空被染成金色时，擎天柱继续它们无声的工作，居民们则去追求令他们兴奋的爱好。他们共同描绘了一个未来的图景，在这个未来中，人类突破了传统社会的限制，拥抱充满无限可能性的新黎明。

总结

后劳动经济的崛起展示了一个变革性的社会愿景，在这个社会中，机器人承担大部分工作，而人类则自由追求个人成就。要理解这一概念，需要认识到经济模式、社会结构和个人身份的深刻转变。潜在的益处是巨大的，包括增加休闲时间、提高效率和生产力、促进经济繁荣以及在各个领域取得进步。

然而，经济不平等、目标缺失和文化调整等挑战必须得到解决。

通过 Prospera 的故事以及"擎天柱"机器人的融入，我们得以窥见一个正在应对这些变革的社会——它在寻找定义目标与社群的新方式。站在充满可能性的未来门槛上，我们必须思考如何引导这些发展以增进人类福祉。

深度思考

后劳动经济如何影响你的个人或职业生活？

第二十一章
机器人、全民基本收入与财富再分配

机器人技术和 AI 的快速发展预示着一个机器承担越来越多的人类劳动的未来。随着经济向自动化过渡，社会面临着关于收入分配、财务安全和社会公平的深刻问题。本章将探讨全民基本收入作为应对机器人导致的失业的潜在解决方案。我们将深入探讨全民基本收入、资金机制、经济影响、解决不平等的策略以及批评和替代方案。通过"新大陆"全民基本收入实验的案例，我们将分析一个在应对自动化影响的社会中实际实施全民基本收入的过程，并从中汲取教训和见解。

一、关于全民基本收入

机器人驱动型经济的到来带来了前所未有的生产力和效率。然而，它也带来了跨行业大规模失业的风险。全民基本收入作为一个有信服力的提议，用以确保所有公民在这一新经济格局中的财务安全。

在机器人驱动型经济中确保财务安全

随着机器人和 AI 系统接管从制造业到服务业的各种任务，许多传统工作面临淘汰。这一转变威胁到数百万人的生计，可能导致失业率上升和社会动荡。无论就业状况如何，全民基本收入通过为每个个体提供定期、无条件的资金，构建了一张安全网。

通过将收入与劳动脱钩，全民基本收入解决了由自动化引起的收入不安全的根本问题。它确保所有公民的基本需求——食物、住房、医疗保健和教育——都能被满足，从而维护公民尊严和社会凝聚力。

促进自由和自主

全民基本收入赋予个人追求教育、创造力、创业或护理角色的自由,而无须承受收入不稳定的压力。它鼓励人们参与那些超越传统职业、有助于提升个人成就感和增进社会福祉的活动。

刺激经济活动

有了额外收入,全民基本收入的接受者可以增加在商品和服务上的支出,从而刺激需求并支持企业长期稳健发展。这种购买力的注入可以抵消就业岗位流失带来的部分负面经济影响,增强经济韧性。

简化福利系统

实施全民基本收入可以通过用简单、普遍的支付取代复杂的、基于经济状况的福利计划,简化现有的社会福利系统。这种简化不仅可以降低行政成本、精简办事流程,还可以消除通常与福利援助相关的负面标签。

增强社会公平

全民基本收入有可能通过为所有公民提供财务基础来减少贫困和收入不平等。它可以减轻由自动化加剧的不平等,确保技术进步的益处惠及社会大众。

小结

在机器人驱动型经济中,全民基本收入的核心是在失业期间提供财务保障、促进自由和自主、刺激经济活动、简化福利系统和增强社会公平。随着自动化重塑劳动力市场,全民基本收入为保障社会福祉和促进更具包容性的经济提供了一种积极主动的途径。

二、为全民基本收入提供资金

实施全民基本收入的一个关键方面是确定如何可持续地为其提供资金。这些资金可以来源于由自动化、税收和创新经济战略等方式产生的财富。

为全民基本收入提供资金的潜在模式

（1）对自动化和机器人征税

对部署机器人和 AI 系统的公司征税可以为全民基本收入提供资金。这种方法与"从自动化中受益最多的实体，应为其社会影响做出相应贡献"这一原则保持一致。

- 机器人税：对机器人的使用征税，尤其是对那些取代人类劳动的机器人征税，可以抵消就业岗位流失产生的影响。
- 自动化利润税：对公司从自动化中获得的额外利润征税，确保财富的公平再分配。

（2）累进所得税和财富税

对最富有的个人和公司实施更高的税率可以更公平地重新分配收入。累进税针对那些最有能力支付的人，为全民基本收入提供大量资金，而不会给低收入人群带来负担。

（3）增值税或销售税

小幅上调增值税（Value-Added Tax，VAT）或销售税，可以将资金筹集责任分散至整个社会。由于全民基本收入为公民提供了额外收入，可以平衡消费税提高带来的影响，不过仍需考虑对低收入人群的累退效应。

（4）主权财富基金

政府可以建立主权财富基金，资金来源包括自然资源、国有企业或投资。这些基金产生的回报用于支付全民基本收入。例如，挪威政府养老金或阿拉斯加永久基金，后者会将石油收入红利分配给居民。

（5）数据分红

在数字时代，个人数据具有巨大的价值。从用户数据中获利的公司可以被要求补偿个人，将这些资金汇集起来支持全民基本收入。这种模式将数据视为个人资产，确保公民从其货币化中受益。

（6）金融交易税

对金融交易（如股票交易或货币兑换）征税，可以挖掘金融市场中流通的财富。这种方法针对的是对实体经济贡献较小的投机性活动。

（7）减少或重新调整现有支出

通过削减不必要的政府开支或从效率较低的项目中重新分配资金，可以释放资源为全民基本收入提供资金支持。精简军事预算或减少对回报递减行业的补贴，是可能的资金重新分配方法。

平衡经济激励

融资模式必须考虑对经济行为的影响。对企业过度征税可能会抑制投资或迫使它们将业务转移到海外。因此，在既能资助全民基本收入又不抑制创新或竞争力之间找到平衡至关重要。

国际合作

在全球化经济中，单方面的税收措施可能面临挑战。就税收标准达成国际协议（尤其是涉及跨国公司和跨境金融活动的标准），可以增强筹资策略的有效性。

小结

为全民基本收入提供资金需要采取多管齐下的方法，综合考虑对自动化征税、累进税、消费税、主权财富基金、数据分红、金融交易税以及现有支出的重新调整。构建可持续的融资模式涉及在创造收入与保持经济活力和公平性之间取得平衡。

三、经济影响

大规模实施全民基本收入会带来重大的经济影响，具体涉及对消费模式、投资决策、劳动力市场运行以及整体经济增长的影响。

对消费模式的影响

全民基本收入显著提升了个体（尤其是低收入人群）的可支配收入。这笔资金的注入可能会导致在必需品和服务上的消费增加，从而刺激需求并助力企业发展。消费的增加可能会促进经济增长，特别是在依赖社区消费的、小企业众多的本地经济中。

对投资的影响

企业可能会出现投资重点的转变。由于全民基本收入确保了稳定的消费群体,企业可能会更有信心地投资于生产、创新和扩张。然而,为全民基本收入筹措资金而提高税收可能导致税后利润减少,若缺乏合理平衡,可能会削弱投资积极性。

劳动力市场动态

- 工作激励:批评者认为,全民基本收入可能会削弱工作积极性,导致某些行业出现劳动力短缺的问题。然而,来自试点项目的研究表明,尽管有些人可能选择不工作,但许多人仍选择继续就业,以获取额外收入、参与社交活动或实现个人价值。
- 工资压力:由于全民基本收入提供了财务保障,劳动者可能不太愿意接受低薪或不理想的工作。雇主可能需要通过提供更高的工资或改善工作条件来吸引劳动力,这可能会导致平均工资上涨。
- 创业与创新:全民基本收入可以通过降低创业相关的财务风险来鼓励创业。个人财务安全得到保障后,人们便能够放心追求创新性想法,这有望带来就业机会的增加和经济的多元化发展。

通货膨胀考量

如果商品和服务的供应未能跟上,消费者支出的增加可能导致需求拉动型通货膨胀。因此,监测通胀率并相应调整经济政策对维持物价稳定至关重要。

对社会福利项目的影响

实施全民基本收入可能会减少对某些社会福利项目的需求,从而节省行政成本。然而,针对特定需求(如残疾援助、医疗保健)的定向支持可能仍然是必要的,这就需要采取细致入微的方法进行福利改革。

市场信心与稳定

全民基本收入可以通过为经济衰退提供缓冲来增强经济稳定性。收入得到保障后，消费者的信心会更加稳定，从而减少经济衰退期间常见的波动。这种稳定性对企业、投资者和整体经济都有益处。

减少不平等的潜力

通过在社会各阶层中提供收入，全民基本收入能够减少收入不平等。这种差距的缩小可能会增强社会凝聚力，并降低治理与贫困相关问题的成本，如犯罪和健康状况不佳等。

小结

全民基本收入的经济影响包括增加消费者模式、劳动力市场动态的变化、潜在的通胀压力、对社会福利项目的影响以及对投资和市场稳定性的影响。做好详细的经济规划并进行政策调整，有助于实现利益最大化，减轻不利影响。

四、解决不平等问题

全民基本收入最引人注目的论点之一是，它有可能弥合财富差距，并促进更加公平的社会。通过为所有公民提供财务基础，全民基本收入可以解决因自动化而加剧的收入和机会不平等问题。

减少贫困

全民基本收入通过确保每个人都能获得基本的财务资源，直接缓解贫困。这种安全体系可以防止个人因失业、疾病或其他生活挑战而陷入极端困境，从而增进整体福祉。

增强社会流动性

财务安全使个人能够追求以前因为经济限制而无法实现的事情，如教育、培训或创业。全民基本收入消除了个人发展的障碍，使人们能够改善自身的社会经济地位。

支持边缘化社区

过去长期处于不利地位的群体常常面临就业和收入的系统性障碍。不论人们的背景如何，全民基本收入都能提供持续的支持，这有助于平衡竞争环境，并赋予边缘化社区权力。

改善健康和教育成果

财务压力是导致健康状况不佳和教育成就低下的重要因素。有了全民基本收入，个人就可以负担得起医疗服务、营养食品和教育材料，从而改善健康和教育成果，这给社会带来长期的益处。

减少犯罪和社会问题

犯罪率高和社会动荡与经济不平等有密切联系。全民基本收入通过提供收入支持解决根本问题，有助于建立更安全的社区，并减少执法和惩教设施的支出。

促进性别平等

全民基本收入认可女性通常承担的护理、家务管理等无偿劳动，这对性别平等有积极影响。经济独立能赋予女性权力，支持经济参与中的性别公平，并能减少经济歧视现象。

鼓励社区参与

在基本需求得到保障的情况下，个人可能会有更多的时间和精力投入到社区活动、志愿者工作中。这种参与可以强化社会纽带，并有助于构建一个旨在增进集体福祉的协作型社会。

应对不平等的挑战

尽管全民基本收入有减少不平等的潜力，但是其有效性取决于实施的细节，具体包括以下几个方面。

- 全民基本收入的金额：提供的收入必须足以保障基本生活需求，

同时不妨碍额外的收入产生。
- **补充政策**：全民基本收入应该与教育普及、医疗保健可及性和反歧视措施等，共同组成更广泛的战略体系。
- **避免生活成本增加**：确保全民基本收入不会导致住房和必需品价格上涨，否则可能会抵消其带来的好处。

小结

全民基本收入提供了一种通过减少贫困、增强社会流动性、支持边缘化社区、改善健康和教育、减少犯罪和社会问题、促进性别平等和鼓励社区参与来解决不平等问题的机制。它能否成功缩小财富差距取决于制度设计是否审慎科学以及是否与社会政策体系深度融合。

五、批评与替代方案

尽管全民基本收入具有潜在的益处，但其仍面临批评和替代方案。审视这些论点对于理解其复杂性、探索其他途径应对自动化带来的挑战至关重要。

对全民基本收入的批评

- **成本与可行性**：批评人士认为，为全民基本收入提供资金将付出极其昂贵的代价，可能导致国家债务增加、税收提高或削减基本服务。
- **工作激励**：有人担心全民基本收入可能会削弱就业意愿，导致劳动力短缺、生产力下降和依赖性文化。
- **通胀风险**：大量现金流入经济社会可能会推高商品和服务的价格，从而削弱全民基本收入的购买力，而且还使那些本应受其帮助的人处于不利地位。
- **"一刀切"的方法**：向每个人提供金额相同的收入可能无法满足特定需求。对于残疾人、有健康问题或有被抚养者的人，国家需要在全民基本收入标准的基础上提供额外的支持。
- **潜在的滥用**：无条件现金转移支付可能会被一些接受者不负责任

地使用，不仅未能改善福祉，还可能加剧社会问题。

全民基本收入的替代方案

- 最低收入保障：最低收入保障（Guaranteed Minimum Income，GMI）是指向收入低于一定门槛的人提供收入支持，针对需要帮助的人提供援助，同时保持工作激励。
- 工作保障计划：政府为所有愿意并能够参加工作的人提供就业机会，确保充分就业并且提供对社会有益的服务。
- 负所得税：在该制度下，收入低于一定金额的个人从政府获得补贴，实际上就是通过税收制度实现了收入的再分配。
- 定向福利增强：改进现有的福利计划，使其更加全面和高效，重点关注医疗保健、教育、住房和儿童保育。
- 教育与再培训计划：投资于教育和技能发展，让劳动力做好准备，使他们能够适应技术进步创造的新行业和新岗位。
- 机器人红利：将自动化产生的利润直接分配给公民，这与全民基本收入类似，但是与机器人、人工智能系统产生的收入挂钩。

混合方案

将各种方案中的要素结合起来，或许能够克服全民基本收入的局限性，同时保留其优势。例如，适度的全民基本收入加上对弱势群体的定向支持和强大的教育计划，可以提供一个平衡的解决方案。

伦理与哲学考量

围绕全民基本收入的争论还触及一些更深层次的哲学问题，比如工作在社会中的作用、公平的本质以及个人与国家的责任。

小结

对全民基本收入的批评集中在成本、工作激励、通货膨胀和潜在的滥用等方面。最低收入保障、工作保障计划和定向福利政策等为应对自动化带来的挑战提供了不同的解决方案。经过细致分析并采用潜在的混合解决方案，或许能找到最有效的前进路径。

六、案例研究:"新大陆"的全民基本收入实验

背景

"新大陆"是一个科技发达的社会,快速的自动化导致社会面临严重的失业问题。机器人和 AI 系统在从制造业到服务业的各个行业广泛普及,导致失业率上升和社会动荡。为了应对这些挑战,"新大陆"政府启动了一项雄心勃勃的全民基本收入试点计划。

注:图片由 AI 工具 DALL-E 生成。

全民基本收入的实施

- 全民基本收入金额:每月为每位成年人提供一笔与基本生活费用金额相当的款项,并根据地区差异进行调整。
- 持续时间:试点计划为期三年,包括广泛的数据收集和分析阶段。
- 资金机制:全民基本收入通过组合方式筹集资金,包括提高针对自动化利润的企业税、征收适度的增值税,以及从冗余福利项目中重新分配资金。

目标

- 评估全民基本收入对就业、经济活动、健康、教育和社会凝聚力的影响。
- 评估在全国范围内推广全民基本收入的可行性。
- 了解与工作、支出和社区参与相关的行为变化。

结果与观察

(1)经济活动

- 消费者支出增加:该地区的零售业销售额增长了 12%,使当地企业受益。
- 创业热潮:企业营业执照的申请量增加了 18%,很多公民利用全

民基本收入资金创办小型企业。

(2) 就业模式

- 持续的劳动力参与：与担忧相反，大多数接受者仍然就业或寻求新的工作机会。
- 工作偏好的转变：出现了向兼职工作、创意产业以及与个人兴趣相符的职业明显转变的趋势。

(3) 教育与技能发展

- 更高的入学率：成人教育和职业培训院校/机构的入学率提高了25%。
- 关注未来行业：许多人选择学习技术、医疗保健和环境科学。

(4) 健康与福祉

- 健康指标改善：报告显示，与压力相关的疾病减少，心理健康结果得到改善。
- 医疗保健获取：有了额外的收入，更多公民利用预防性医疗服务。

(5) 社会凝聚力

- 社区参与：志愿服务和社区项目的参与度提高，强化了社会纽带。
- 犯罪率下降：轻微犯罪减少了15%，这一变化归因于财务困窘的减少。

(6) 遇到的挑战

- 通胀压力：住房成本的轻微上涨需要通过经济适用房计划进行干预。
- 行政障碍：精简分配系统和解决欺诈问题需要持续进行调整。

经验教训

- 财务保障提高生产力：提供安全保障并没有削弱职业道德，反而使人们能够从事更有意义的活动。
- 定向支持仍然必要：对有特殊需求的个人的补充保障计划仍然至关重要。
- 社区参与是关键：为公民参与提供平台放大了全民基本收入的积极影响。
- 动态政策调整：政策实施中的定期评估和灵活性提升了效果。

扩大规模

在试点成功的鼓舞下，"新大陆"政府提出了分阶段在全国范围内推广全民基本收入的计划，结合反馈完善资金机制。他们在教育、住房和医疗保健方面出台了补充政策，以支持过渡。

国际关注

"新大陆"的全民基本收入实验引起了全球关注。来自各国的代表团研究了该模式，思考适配各国国情的方案。该计划引发了关于全民基本收入在应对自动化挑战方面可行性的国际讨论。

个人故事

艾玛的旅程：单亲母亲艾玛利用全民基本收入攻读护理专业课程。毕业后，她为解决医疗保健短缺问题做出了贡献。艾玛的故事诠释了全民基本收入对个人和社会都有益处。

利亚姆的创新：失业工程师利亚姆创办了一家专注于可再生能源解决方案的初创公司，资金就来自他的全民基本收入储蓄和社区支持。

领导层的反思

社会发展部长艾莎·拉赫曼表示："全民基本收入不仅提供了财务保障，还激发了创新精神和共情力。我们的社会重新找到集体繁荣的意义。"

批评与持续争论

一些批评者仍然持怀疑态度,他们指出,需要长期数据来评估全民基本收入的可行性,并对其可持续性表示担忧。政府承诺保持透明度并持续评估,承认全民基本收入并非"万能药",而是适应不断变化的经济的重要一步。

小结

"新大陆"的全民基本收入实验在经济活动、就业模式、教育、健康和社会凝聚力方面都显示出了令人鼓舞的成果。该案例突出了在受自动化影响的社会中有效实施全民基本收入的潜在益处、面临的挑战以及需要考虑的关键因素。

总结

自动化和机器人技术的兴起为全球社会带来了挑战和机遇。全民基本收入成为机器人驱动型经济中确保财务安全、促进平等和维护经济稳定的有力解决方案。尽管全民基本收入具有充分的合理性,但其实施需要仔细考虑资金机制、经济影响和潜在批评。替代方案和混合方案为解决复杂问题提供了更多途径。

"新大陆"全民基本收入实验案例展示了此类计划是如何展开的,突出了其中的成功之处、面临的挑战以及宝贵的经验教训。当我们应对自动化带来的变革性影响时,探索和测试类似全民基本收入这样的解决方案变得至关重要。

深度思考

全民基本收入是应对机器人可能引发的失业问题的可行解决方案吗?

第二十二章
人形机器人与全球市场的未来

人形机器人的出现正在以前所未有的方式重塑全球经济格局。随着人工智能和机器人技术的进步，它们在全球各行业的融入正引发劳动力需求的巨大变化，催生新市场，并重新定义国际关系。本章深入探讨人形机器人对全球市场的多方面影响，探索人类劳动力需求的下降、新兴行业的诞生、国际竞争与合作的平衡、贸易政策的调整以及缓解市场波动的策略。通过环球科技公司（GlobalTech）及其战略性地使用敏捷机器人公司研发的 Digit 机器人的故事，我们将见证一家跨国公司如何应对这些变化，展现其在不断变化的世界中的创新与韧性。

一、全球劳动力需求的变化

人形机器人在各行业的普及正导致国际范围内对人类劳动力需求的显著下降。这种转变不仅是一场技术革命，更是经济运行方式的根本性变革，对劳动者、企业和国家都具有深远影响。

人类劳动力需求的下降

随着人形机器人的能力不断提升且性价比日益凸显，它们正逐步取代人类工人从事各种行业的工作。制造业、物流、医疗保健、客户服务甚至教育行业都在经历从人类工作向机器人工作的转变。以敏捷机器人公司的 Digit 为代表的机器人可以在复杂环境中导航、搬运物体并与人类互动，使其成为多样化环境中的多功能资产。

自动化常规和复杂任务

机器人不再局限于执行重复的装配线任务。先进的AI使它们能够执行需要决策、解决问题和自主适应的复杂任务。在物流领域，机器人管理库存、处理订单并且优化供应链。在医疗保健领域，它们可以协助医生做手术、承担病人护理和行政工作。这种广泛的应用加速了对人类劳动力的替代。

全球化与劳动力套利

在传统模式下，企业将劳动密集型流程外包到工资较低的国家，从劳动力套利中受益。随着机器人技术的进步，企业对人类劳动力的依赖减少，离岸外包的动机减弱。企业可以在不显著增加成本的情况下实施本地化生产，从而影响那些依赖外国投资本国劳动密集型行业的国家就业。

对就业的影响

人类劳动力需求的下降导致各地区的失业和就业不足。技能容易被机器人复制的工人面临的风险最高。在依赖制造业和农业的发展中国家，这一挑战尤为严峻，这些行业最容易受到自动化的影响。

技能需求的变化

随着机器人接管常规任务，社会对技能的需求转向与自动化互补的技能，包括编程、维护、人工智能开发以及需要创造力、情感智能和复杂人际互动的工作。教育和培训体系难以足够迅速地适应，为劳动力应对这些变化做好准备。

社会经济影响

劳动力需求的下降加剧了收入不平等。那些拥有或控制机器人技术的人获得了显著的收益，而失业工人则面临财务风险。社会保障体系、再培训计划以及财富再分配政策对于减轻不利影响至关重要。

文化与心理影响

工作对许多人来说是身份和目标的重要组成部分。失业可能导致自尊心丧失、社会孤立和心理健康问题。社会必须解决失业人员面临的这些问题，而不仅仅是经济层面的问题。

小结

人形机器人融入全球行业正导致人类劳动力需求的显著下降。这一变化挑战了传统的就业结构，加强了掌握新技能的必要性，并对社会经济和人类心理产生了深远的影响。为应对这些挑战，政府、企业和社区应协调努力，为失业人员提供支持，并重新定义劳动力在社会中的角色。

二、新兴市场与机遇

尽管人形机器人的广泛应用带来了挑战，但它也为新行业和新机遇打开了大门。机器人技术变革的力量推动了创新，催生了新行业，并重新定义了经济潜力。

机器人行业的增长

机器人行业成为一个重要的市场。随着对机器人零部件、软件和维护服务的需求激增，专注于 AI 开发、传感器技术、执行器和能源解决方案的公司迅速发展起来。加大对机器人相关技术的研发投资则推动了进一步的创新，使该行业不断向前发展。

服务机器人的扩展

除了工业应用，服务机器人进入家庭、办公室和公共场所。它们可以执行从清洁、安保到陪伴和教育等各种任务。这种扩展为企业针对特定市场需求开发专用机器人以满足不同人群的特殊需求创造了机会。

AI 与数据分析

AI 与机器人技术融合产生了海量数据。对这些数据进行分析能够带来诸多洞见，从而提高效率、实现服务个性化并推动创新。提供数据分析、云计算、网络安全和 AI 训练算法的公司可以从中发现有利可图的机遇。

医疗保健中的机器人技术

医疗保健领域因机器人协助诊断、手术、康复和老年护理而经历了一场革命。远程医疗与机器人界面相结合，实现了远程诊疗。初创公司和老牌公司都在投资开发医疗机器人，以提升医疗服务的可及性和质量。

教育与培训

随着对新技能需求的增加，教育和培训变得至关重要。提供机器人技术、AI 和相关领域课程的机构招生人数随之增加。在线平台和职业学校扩展了课程体系，提供了灵活的学习选择。内容创作者、教育工作者和技术专家合作设计创新课程。

娱乐与媒体

机器人进入娱乐行业，成为表演者、创作者和互动伙伴。游戏、虚拟现实和增强现实体验融入了机器人元素，增强了沉浸感和参与感。开发者、设计师和艺术家有机会探索新的表达形式。

可持续性与环境

机器人有助于环境监测、可再生能源管理和可持续农业发展。它们在危险环境中执行任务，收集气候变化数据，并优化资源使用。专注于绿色技术和环境解决方案的企业找到了新的市场和合作伙伴。

定制化与个性化

制造业的进步，比如 3D 打印与机器人技术结合，使产品的大规模定制成为可能。消费者寻求个性化商品，这为企业创造了提供高效的、定制化解决方案的机会。这一趋势重振了本地制造业，并支持了中小企业。

全球协作平台

数字平台促进了国际协作，使世界各地的专业人士能够共同参与机器人项目。自由职业者、顾问和远程团队为全球化劳动力市场做出了贡献，打破地域限制并拓展了机会。

投资与金融服务

机器人革命吸引了寻求高增长机会的投资者。风险投资公司、天使投资人和金融机构开发了专门的基金和服务来支持该领域的初创企业和创新。

小结

人形机器人的兴起推动了各个领域新兴市场和机遇的出现。从机器人产业本身的壮大到医疗保健、教育、娱乐和可持续性领域的进步，变革性影响为经济增长和创新开辟了新的路径。抓住这些机遇需要各利益相关方具备灵活性、创造力和协作精神。

三、国际竞争与合作

人形机器人的全球普及在加剧国际竞争的同时，也催生了合作的迫切需求。各国和各企业都努力在机器人技术和 AI 领域占据领先地位，因为它们深知这具有战略和经济上的优势。在竞争与合作之间寻求平衡成为一项微妙但至关重要的任务。

技术霸权的竞赛

各国为了获取竞争优势，在机器人技术和 AI 研究方面投入巨大。美国、中国、日本和德国等技术领先国家投入大量资源开发前沿技术。技术优势不仅能带来经济利益，还可以带来地缘政治影响力。

国家战略倡议

各国政府推出倡议和政策以促进创新。例如：
德国的"工业 4.0"：专注于智能工厂和信息物理系统。
日本的"社会 5.0"：设想一个整合网络空间和物理空间的超智能社会。
这些倡议支持研究机构，激励私人部门投资，并促进相关领域的教育。

知识产权与专利战

竞争已延伸至获取知识产权领域。企业和国家纷纷展开专利竞赛，导致法律纠纷和战略联盟的形成。保护创新成果成为当务之急，但过度的诉讼可能会阻碍合作，减缓发展进程。

人才争夺与人才流失

对机器人技术和 AI 领域专业人才的需求促使企业采取积极的招聘策略。发达国家从世界各地吸引顶尖人才，这可能会导致欠发达国家的人才流失。这种动态变化会影响全球人才分布，并加剧不平等。

协作研究与开发

尽管存在竞争，但合作对于应对复杂挑战至关重要。国际研究项目、学术交流以及合资企业促进了知识共享。合作可以加速技术进步，减少重复研发，共担成本。

标准化与互操作性

制定关于机器人技术和 AI 技术的标准，需要全球通力合作。互操作性确保来自不同国家的系统能够无缝协作。国际标准化组织等国际机构可以推动技术标准的制定。

伦理考量与法规

共享的伦理准则和规章制度对于应对机器人技术带来的社会影响至关重要。国际合作有助于解决与隐私、安全、就业和人权相关的问题。例如，《阿西洛马 AI 原则》等协议可以反映出各方对于负责任地发展的共同承诺。

贸易协定与知识交流

自由贸易协定和知识交流项目促进了技术和理念的传播。在保护主义与开放主义之间取得平衡是一项挑战，因为各国在寻求保护本国产业的同时，也希望能从全球合作中获益。

新兴市场的竞争

发展中国家看到了通过采用机器人技术实现工业化阶段跨越式发展的机遇。国际竞争延伸至抢占这些新兴市场，涵盖提供技术、培训和支持等方面。虽然伙伴关系可以互惠互利，但也可能导致依赖或剥削。

需要合作应对的全球挑战

解决气候变化、流行病和资源短缺等全球性问题，需要集体行动。机器人在应对这些挑战的过程中发挥着重要作用。不同国家之间在机器人技术层面开展合作，不仅能提升经济利益，还能增进全球福祉。

小结

机器人技术和 AI 领域的国际竞争与合作塑造着全球市场的未来。各国都在努力争夺技术的领先地位，但与此同时，也需要通过合作来实现共同发展、制定标准并应对共同挑战。要在竞争与合作之间取得平衡，就需要外交技巧、战略规划以及对全球发展的承诺。

四、贸易政策与经济策略

随着人形机器人重塑行业格局，各国必须调整其贸易政策和经济策略以保持活力。国际贸易和经济的传统框架受到了自动化带来的革命性影响的挑战。

重新评估比较优势

自动化改变了比较优势的基础。过去，一些国家依靠低成本劳动力吸引制造业。如今，这些国家面临来自采用机器人技术的国家的竞争。发达国家须承担高昂的劳动力成本，这会影响全球贸易格局。

调整关税和贸易协定

政府可能会修订关税和贸易协定以反映新的现实。政策可以刺激国内生产、保护新兴产业或促进高科技产品的出口。贸易协定可能包含有关技术转让、知识产权和机器人标准的条款。

推动创新与投资

经济策略侧重于培育创新生态系统，包括投资研发、为科技公司提供税收优惠以及扶持初创企业。打造创新中心和集群能够吸引人才和投资，刺激经济增长。

教育与劳动力发展

适应自动化需要一支技术娴熟的劳动力队伍。政府投资教育和职业培训，使得公民能够掌握相关技能。终身学习计划和再培训计划可以帮助员工在不断变化的经济中顺利转型。

支持中小企业

受资金和技术瓶颈的制约，中小企业可能难以采用机器人技术。提供资金获取渠道、培训和技术支持有助于中小企业保持竞争力。鼓励中小企业与大型企业合作，能够促进创新和技术的传播。

基础设施建设

基础设施的现代化有助于机器人技术的融合，包括高速互联网、5G网络、能源电网和交通系统。基础设施投资能提高生产力，并吸引那些寻求强大运营环境的企业。

监管框架

为机器人技术和AI制定明确的规章制度，能够确保安全、增进信任，并促进其应用，包括产品安全、数据保护、有道德和负责任地使用AI等方面的标准。明确监管框架，能够鼓励投资和创新。

财政和货币政策

政府可以通过调整财政和货币政策来应对自动化引发的经济波动，包括控制通货膨胀、降低失业率以及通过政府支出或利率调整来刺激经济活动。

社会福利与再分配

制定经济策略必须考虑解决自动化带来的社会问题。强化社会福利项目、推行全民基本收入或提供定向福利有助于减少不平等现象，并维护社会稳定。

国际合作

参与国际论坛和组织使各国能够影响全球政策，分享最佳实践，并在经济战略方面开展合作。集体行动能够应对跨国公司避税或不公平贸易行为等挑战。

小结

随着人形机器人的不断应用，需要调整贸易政策和经济战略，这涉及以下几个方面：重新评估比较优势、推动创新、支持劳动力发展、实现基础设施现代化、建立监管框架以及保障社会福利。积极主动且灵活的政策制定对于各国驾驭不断变化的经济格局并保持活力至关重要。

五、应对市场波动

人形机器人融入各行各业带来了不确定性以及潜在的市场波动。经济动荡可能源于快速的技术变革、劳动力需求的转变以及消费者行为的演变。企业和政府采取策略降低这些风险至关重要。

风险评估与情景规划

组织开展全面的风险评估，以识别潜在的薄弱环节。情景规划有助于预测各种结果，并制定应急预案。这种前瞻性的方法使企业能够对变化做出快速反应。

投资多元化

投资者和企业通过分散投资组合来分担风险。投资于多种行业、地区和资产类别，可以减少特定行业衰退带来的风险。把握机器人相关领域的新机遇，能够平衡传统投资。

灵活的商业模式

灵活的商业模式使企业能够适应市场变化，包括采用模块化生产系统、灵活的供应链以及动态定价的策略。注重创新以及响应客户的能力，能够增强企业的韧性。

劳动力灵活性

培养一支能够适应新角色的、灵活的劳动力队伍，可以减少劳动力市场变化带来的影响。对员工进行交叉培训、促进组织内部的人员流动以及鼓励持续学习，有助于企业构建起一支具有韧性的劳动力队伍。

财务储备和资本获取

保持健康的财务储备能为经济衰退提供缓冲。通过信贷体系、投资者或政府支持获取资金，企业能够应对临时性干扰，并投资于战略举措。

监控和情报收集

了解技术进步、市场趋势和监管变化至关重要。企业可以利用市场情报、数据分析和预测工具做出明智的决策。

协作和伙伴关系

建立战略联盟、合资企业和合作伙伴关系能够增强企业实力并分担风险。与技术提供者、供应商甚至竞争对手合作能够产生协同效应和集体力量。

政府和政策支持

政府可以通过刺激计划、减税和财政援助等方式在经济波动时期提供支持。促进经济稳定的政策（如规范投机活动、提供失业救济金等）有助于增强社会的抗风险能力。

消费者参与

了解并适应不断变化的消费者行为至关重要。企业可以通过市场调研、客户关系管理和创新营销来保持自身的市场存在感和客户忠诚度。

道德实践和企业责任

企业通过践行道德准则、履行社会责任与利益相关者建立信任，从而提升品牌声誉。保持透明度、推行可持续发展举措，并积极参与社区建设，这些行动能够增强企业在艰难时期的抗风险能力。

小结

在人形机器人时代为市场波动做好准备，需要进行风险评估、分散投资、采用灵活的商业模式、提高劳动力的灵活性、做好财务规划、收集情报、开展合作、争取政府支持、与消费者互动以及遵循道德规范。采取全面的风险管理方法，能使企业和经济体在充满不确定性的环境中稳健前行，并抓住新兴机遇。

六、故事：环球科技公司与 Digit 机器人携手应对新格局

迈向未来

阳光洒在环球科技公司宏伟的总部大楼上，为其镀上了一层金色。这家跨国公司曾是尖端消费电子产品的代名词。然而近年来，市场竞争越发激烈，公司利润不断下滑。世界在变化，环球科技公司也正站在一场变革的十字路口。

警钟敲响

注：图片由 AI 工具 DALL-E 生成。

新上任的首席执行官艾米丽·陈站在办公室的窗前，凝视着窗外，思考着未来的挑战。报告显示，公司主营产品的市场需求显著下降，取而代之的是那些采用机器人技术和人工智能的敏捷初创企业所提供的更先进产品。

在一次高管会议上，艾米丽坚定地说道："我们必须转型。人形机器

人的时代已经到来，我们必须引领潮流，而不是跟在别人的后面。"

拥抱 Digit

环球科技公司的研究团队此前一直在进行机器人技术实验，但尚未取得突破。这一局面在他们与敏捷机器人公司合作后发生了改变——环球科技公司获得了对其双足机器人 Digit 进行集成和定制的权利。

Digit 并非普通的机器人，它具备仿人的移动能力，能够在复杂环境中行进、操作物体，并与人类无缝协作。

战略转型

艾米丽牵头推动了一项战略转型。环球科技公司将借助 Digit 的性能，把业务重心从传统电子设备转向机器人解决方案。

- 制造转型：Digit 机器人被部署到环球科技公司的工厂中，提升了生产效率，并降低了成本。人类员工接受再培训，负责监督机器人操作，这既保留了就业岗位，又培养了创新文化。
- 产品创新：公司基于 Digit 平台开发了一系列消费机器人，瞄准家庭助理、老年护理和个人移动等领域。这些产品可定制且对用户友好，旨在让机器人技术惠及大众。
- 服务整合：环球科技公司推出了将 Digit 整合到物流、零售和酒店业的服务。机器人负责库存管理、客户协助和送货，为企业提供一站式解决方案。

全球合作

艾米丽认识到全球布局的重要性，于是与其他国际公司建立了合作伙伴关系。

- 新兴市场的合资企业：与亚洲和非洲当地企业的合作将机器人技术引入新兴市场，并根据当地需求调整解决方案。
- 研究联盟：与大学和研究机构的合作加速了创新，使学术专家与实际应用相结合。

应对挑战

然而，这一转型并非一帆风顺，需要应对以下挑战。

- 监管障碍：不同国家对机器人技术应用制定了不同的法规。环球科技公司组建了一个团队来应对法律环境，倡导统一标准。
- 公众认知：当时存在对机器人取代人类工作的疑虑和担忧。艾米丽开展了宣传推广，明确强调机器人技术带来的益处，并回应了人类关切。
- 竞争：竞争对手试图通过激进的营销和法律挑战来削弱环球科技公司的努力。但是艾米丽坚定不移，仍然专注于创新和道德实践。

成功与认可

环球科技公司的转型开始取得成果。

- 财务好转：随着新产品和服务占据市场份额，收入大幅增长。投资者重拾信心，股价反弹。
- 社会影响：Digit 机器人在老年护理领域的应用提升了数千人的生活质量，为此赢得了赞誉与奖项。在灾区，Digit 机器人协助开展搜救工作，展现了多功能性和人道主义潜力。
- 员工赋能：员工队伍积极拥抱变革。培训项目助力员工发展新技能，一种协作与持续学习的文化蓬勃兴起。

个人旅程

对艾米丽来说，这次转型具有深刻的个人意义。她的父亲是一位退休工程师，最近行动不便。当看到 Digit 机器人在家中帮助他时，艾米丽更加坚定了自己的信念。

"技术必须服务于人类。"她在一次主题演讲中反思道，"在环球科技公司，我们致力于创造能够提升生活品质、弥合差距并激发希望的解决方案。"

未来展望

展望未来，环球科技公司将继续探索以下几个未知领域。

- 通用人工智能：投资于先进的 AI 研究，旨在赋予机器人更高的认知能力，使其能够进行更深入的互动。
- 可持续发展倡议：采用可再生能源和环保材料，与全球环境目标保持一致。
- 教育与社区参与：旨在培养下一代的项目激发了他们对 STEM 领域的兴趣。奖学金、研讨会和社区项目加强了社会联系。

全球影响

环球科技公司的成功激励了其他公司。全球各国政府和企业认识到，审慎地拥抱机器人技术具有巨大潜力。

- 经济模式：各国调整经济战略，专注于创新和包容性。
- 国际合作：从医疗保健到环境保护，努力协作应对全球挑战。
- 伦理框架：关于 AI 伦理的对话促成了国际协议，从而确保负责任的发展。

遗产与反思

多年后，艾米丽走过环球科技公司的创新中心，观察着团队正在实施的项目，这些项目在她开始这段旅程时还只是梦想。

一位年轻工程师走近她。"感谢您为我们铺平了道路，"他说，"我们正在您的愿景基础上，创造一个更加美好的世界。"

她笑了笑，谦逊地说："这从来都不是我一个人的愿景，"她回答道，"这是我们共同的愿景——一场迈向未来的集体飞跃。"

小结

环球科技公司与 Digit 机器人的故事，展示了一家跨国公司如何通过战略转型和创新适应不断变化的全球市场。通过利用机器人技术、促进合作并坚持以人为本的方法，环球科技公司将挑战转化为机遇，为其他公司树立了榜样。

总结

人形机器人的广泛集成正在重塑全球市场，引发劳动力需求转变，催生新兴行业，并重新定义国际关系。尽管面临工作岗位的流失和市场波动等重重挑战，但创新、合作和经济增长的机遇同样巨大。正如环球科技公司与 Digit 的发展历程所示，那些能够战略性适应的国家和企业，将在这一新格局中蓬勃发展。

深度思考

人形机器人的广泛应用可能会对一个国家的经济和就业市场产生怎样的影响？你认为这会带来机遇还是挑战？

第二十三章
在机器人技术驱动经济中重新定义工作的意义

技术的不断进步将人类推向一个十字路口。在这里，工作的本质正在被重新定义。当机器人和 AI 接管曾被认为是独属于人类的任务时，社会必须面对关于身份、目标和成就感的深刻问题。本章将探讨就业如何塑造自我认知、新形式的贡献的出现、教育和终身学习的重要性、对幸福感和生活满意度的追求，以及社会价值观从生产力到生活质量的转变。通过艾玛的旅程，我们将深入探讨在后劳动力时代个人和集体对工作意义的追求。

一、工作是身份认同的源泉

几个世纪以来，工作不仅是生存的手段，更是个人身份和社会结构的基石。职业通常定义了个体的自我认知，以及他人的看法。诸如医生、教师、艺术家或工程师等头衔，承载着一系列期望、责任和社会角色，这些都有助于个人塑造自我认知。

探索就业如何塑造自我认知

职业提供了一个帮助人们理解自己在社会中的角色的框架。它提供了目标感、成就感和归属感。日常工作的例行安排有效规划了时间，培养了纪律，并创造了社交互动的机会。职业成就和职业进展有助于增强自尊心和个人自豪感。

许多文化将"你做什么工作？"这个问题等同于"你是谁？"这种混淆凸显了工作与身份之间的深刻联系。职业也可以象征社会地位，影响个体在社区中的待遇。工作将人们与更广泛的社会目标联系起来，使他们能够为经济增长、创新和社区福祉做出贡献。

自动化导致的失业影响

随着机器人接管更多任务，个体可能会经历身份丧失。失业或就业不足可能导致不足感、目标丧失和自我价值感下降。传统工作角色的削弱对人们寻找意义和认可的传统途径提出了挑战。

重新定义超越职业头衔的身份

随着经济格局的不断变化，需要重新评估身份的形成方式。强调个人品质、关系、激情和价值观变得至关重要。个体可能会探索新的自我表达和获得成就感的途径，这些途径不再与传统就业挂钩。

小结

工作历来是个人身份的基本构成要素，塑造了个体如何看待自己及其在社会中的角色。自动化的兴起挑战了这种联系，促使人们重新定义超越职业头衔的身份，并通过其他途径寻求意义。

二、新形式的贡献

随着传统工作观念的演变，新形式的贡献成为个人与社区和世界互动的重要渠道。志愿服务、创意追求和社区参与为有意义地运用技能、热情和能量提供了途径。

志愿服务

志愿服务使个体能够为他们关心的事业做出贡献，解决社会、环境或人道主义问题。它提供了目标感和联系感，培养了共情力和团结精神。志愿者可以利用他们的专业知识或学习新技能，同时对他人的生活产生切实的影响。

参与志愿服务还可以弥合代沟，将不同的社区聚集在一起，并增强社会凝聚力。它能够改变给予者和接受者，丰富社会结构。

创意追求

随着人们寻求在传统就业之外的自我表达和成就感，艺术和创意追求变得日益突出。写作、绘画、音乐、手工艺和其他形式的创造力使个体能够探索自我的内心世界并分享自己的观点。

创造力可以激发思维，培养情感健康，并促进创新。它可以是单独的追求或协作努力，从而产生吸引和激励他人的社区项目、展览或表演。

社区参与

积极参与社区组织、地方治理和社会团体，能让个人切实改善自身生活环境。社区花园、邻里协会、文化节和教育研讨会都是通过集体努力提高生活质量的例子。

通过担任导师、组织者或倡导者等角色，人们可以满足当地需求、促进可持续发展并建立有韧性的社区。这种参与培养了社区归属感和集体责任感。

采用新技术做出贡献

数字平台和社交媒体为虚拟协作和行动主义提供了更多机会。个人可以参与全球讨论，为开源项目做出贡献，或支持符合其价值观的在线倡议。

小结

志愿服务、创意追求和社区参与等新形式的贡献为传统就业提供了有价值的补充。它们使个体既能够发挥才能和热情，又能够充实生活、回馈社会，同时建立人际关系，找到人生意义并产生积极影响。

三、教育与终身学习

在一个快速变化的世界，教育超越了其传统界限，成为一项终身事业。持续的个人发展对于适应新现实、追求激情和保持思维活跃至关重要。

强调持续的个人发展

终身学习培养了好奇心、批判性思维和适应能力。它使个体能够探索多样化的领域，获得新技能，并在动态环境中保持与时俱进。无论是通过正规教育、在线课程、研讨会还是自主学习，学习都已经成为生活中不可或缺的一部分。

重新构想教育系统

教育机构通过提供灵活、可访问和个性化的学习体验来适应变化。跨学科课程鼓励在艺术、科学和人文学科之间进行探索。重点从死记硬背转向培养解决问题的能力、创造力和伦理推理能力。

技术发挥了重要作用，虚拟教室、互动模拟和 AI 驱动的个性化学习路径使教育变得更具协作性，将全球学习者联系起来并促进文化交流。

新时代的技能发展

随着日常任务的自动化，人类的共情力、领导力、沟通和创造力等技能变得越来越重要。专注于情商、协作和社会责任的项目，能帮助个体准备好承担与技术进步互补的角色。

鼓励智力成就

为了实现个人的充实，而非仅仅为了职业发展而学习，正成为一种有价值的追求。深入研究哲学、历史、艺术或科学满足了求知欲并拓宽了视野。

教育的包容性

确保各个年龄段和不同背景的人都能接受教育，可以促进公平和社会流动性。社区教育中心、公共图书馆和在线平台打破了屏障，让学习机会变得更加普遍。

小结

教育和终身学习在机器人技术驱动的经济中至关重要，它们能够促进个人的持续发展。通过拥抱学习型文化，个人能够适应、成长并找到满足感，从而为自身福祉和社会进步做出贡献。

四、幸福感和生活满意度

随着传统工作逐渐失去其核心地位，追求幸福感和提升生活满意度成为社会发展的主要目标。在这一背景下，对身心健康的维护、良好人际关系的构建，以及个人成就的实现，对于个体的幸福和集体的和谐至关重要。

关注健康

随着人们有更多时间关注自身健康，身心健康逐渐成为优先事项。定期锻炼、营养饮食、正念练习和预防性医疗保健有助于整体健康。

获得医疗服务、健康计划和社区支持网络，有助于提高生活质量。由于认识到健康在社会繁荣中的重要性，公共政策会优先考虑促进健康。

培养关系

随着工作时间的减少，个人可以将更多的时间投入与家人、朋友和社区的关系当中。强化社会纽带可以为人们提供情感支持、快乐和归属感。

当人们与不同年龄段的人接触并分享智慧和经验时，代际联系就会蓬勃发展。社区活动、社交俱乐部和共享活动促进了团结与协作。

追求成就感

通过参与同个人价值观和激情产生共鸣的活动，可以获得满足感。无论是探索兴趣爱好、旅行、参与精神实践，还是为公益事业做贡献，个人都在寻求能带来快乐和意义的体验。

平衡个人愿望与社会贡献，有助于创造和谐生存的状态。追求成就感成为一个共同的旅程，既丰富了个人，也丰富了社会。

工作与生活的整合

对于职场人士而言，实现职业发展与个人生活的融合能够提高满意度。弹性工作时间、远程办公以及具有包容性和支持性的职场文化，使人们能够平衡职业生涯与生活。

以不同的方式衡量成功

社会对成功的定义从物质财富和职业地位转向幸福、快乐和有意义的人际关系。政府出台的政策和旨在提倡提高生活满意度的举措也反映了这一变化。

小结

在机器人技术驱动的经济中，幸福感和生活满意度成为核心，重点在于健康、人际关系和成就感。通过优先考虑这些方面，个人和社会可以获得更平衡、更满足和更紧密联系的生活。

五、社会价值观和优先事项

从生产力到生活质量的转变

长期以来，生产力水平始终是衡量成功的关键指标，推动了经济增长和个人成就。在一个机器人处理大部分生产性工作的世界，生活质量成为一个更重要的衡量指标。

这种转变强调福祉、环境可持续性、社会公正和文化多元性。由于会优先考虑这些价值观，政策和经济模式也随之调整，而不再是将 GDP 作为衡量发展的单一关键指标。

重新定义成功和成就

成功被重新定义，其中包括了个人成长、对社区的贡献以及有道德的生活。所取得的成就不仅因对经济的影响而受到赞誉，还因提升了人类的体验、促进了造福社会的创新，以及促进了与自然的和谐共存而受到赞誉。

环境管理

自动化带来效率的提升，促使社会可以专注于环境保护和可持续性。

利用可再生能源、减少浪费和保护生态系统成为集体责任，确保为子孙后代创造一个健康的地球环境。

社会公平与包容

解决不平等和促进包容性至关重要。让人们获得基本生活保障、教育和机会，有助于建立一个公平、公正的社会。共同努力提升边缘化社区的地位，可以增强社会凝聚力。

文化与艺术的繁荣

对艺术、文化和遗产的投资丰富了社会结构。鼓励创造性表达和保护文化多样性可以增进不同群体之间的理解和欣赏。

全球合作

由于认识到了相互关联性，各国和各社区通力合作，共同应对气候变化、流行病和经济差距等全球性挑战。共同的价值观指导着国际关系，同时强调合作而非竞争。

小结

在机器人技术驱动的经济中，社会价值观和优先事项不断演变，从以生产力为中心的衡量标准转向对生活质量的整体关注。通过重新定义成功、践行环境管理、促进社会公平以及丰富文化多样性，方能构建一个更具包容性且可持续发展的社会。

六、故事：艾玛的追求目标之旅

未知的道路

艾玛站在其小公寓的窗前，凝视着沐浴在黄昏柔和光芒中的城市天际线。街道上自动驾驶汽车和服务机器人安静高效地执行着任务。就在一年前，她还是那些匆忙下班回家的人群中的一员。但现在，她

注：图片由 AI 工具 DALL-E 生成。

熟悉的生活节奏已经不复存在。

突然的变化

艾玛曾是一家著名公司的资深会计。数字是她的世界——一种她理解并能精确操纵的语言。后来公司宣布将引入先进的 AI 系统，这种系统能够以无与伦比的速度和准确性来处理财务分析、报告编制和合规审查。和其他许多人的情况一样，她的岗位被认为是多余的。

尽管离职补偿很慷慨，还有再培训计划，但艾玛感到迷茫。工作曾是她的锚、她的身份。虽然朋友和家人给予了同情和建议，但她一直无法摆脱失落感。

开始寻找新机遇

艾玛决心探索新的职业道路，于是报名参加了一个编码训练营，希望能借此过渡到软件开发领域。课程很有吸引力，但她的思绪却飘回了以前。她怀念平衡账目带来的实实在在的满足感，怀念团队的情谊，也怀念固定的工作流程。

一天下午，她走进一家从未注意过的古色古香的咖啡馆。墙上挂满了当地的艺术品，空气中弥漫着新鲜咖啡的浓郁香气。一块布告栏吸引了她的目光，上面贴满了社区活动、志愿服务和创意工作坊的传单。

一张在社区中心举办财务知识讲习班的传单引起了她的兴趣。他们正在招募志愿者，向年轻人传授基本的预算和理财技巧。艾玛犹豫了片刻，最终下定决心报名。

找到转机

在社区中心，艾玛受到了热烈欢迎。她见到了项目协调人萨拉，萨拉很高兴她这样的专业人士能来。接受培训的人员来自不同的领域——有来自贫困家庭的青少年，有单亲家庭的父母，也有在新金融体系中摸爬滚打的移民。

艾玛开始了教学工作，出乎意料的是，她从中找到了快乐。解释概念，回答问题，从别人的眼睛里看到理解的光芒——这一切带来的充实感是她从未体会过的。

有一个名叫卡洛斯的学生，他是个对创业充满热忱的年轻人。一天课后他留下来，说道："您的课是我一周中最期待的时刻。我一直对数字感到头疼，但您让它们变得生动且有意义。"

艾玛感到一种几个月来未曾体会的温暖，说道："谢谢你，卡洛斯。你的认可是我热爱这份工作的原因。"

拥抱创造力

受到这些经历的鼓舞，艾玛开始探索其他兴趣。她报名参加了一个陶艺班，这是她自童年一直想尝试的事情。手指下黏土的触感、塑造和成型的过程，颇具治愈力。

她的作品起初很朴素——简单的碗和杯子——但她为这些不完美感到高兴。陶艺工作室成为一个避风港，在这个地方，时间的刻度都变得不一样。

她开始将自己对数字的热爱与新的爱好结合起来，设计出包含几何图案和数学主题的作品。这些作品吸引了工作室主人的注意，对方邀请她在当地艺术展上展示这些作品。

建立社区

通过这些活动，艾玛扩大了自己的社交圈。她与艺术家、教育工作者、志愿者，以及其他在这个新时代重新定义生活的人建立了联系。他们分享故事，支持彼此的努力，并合作开展社区项目。

他们共同组织了一场展示当地居民才艺的社区节日庆祝活动。艾玛负责协调财务，在新的环境中充分发挥她的技能。最后，节日庆祝活动取得了成功，不仅促进了居民之间的团结，也增强了自豪感。

重写她的叙事

一天晚上，艾玛与朋友们围坐在篝火旁，反思她的旅程。"我曾经用我的工作头衔来定义自己，"她沉思道，"当它消失时，我感到空虚。但正是这种失去，使我重新发现自己从未探索过的潜能。"

她的朋友玛雅点头表示同意："就像我们得到了一张空白画布，令人不知所措，但也充满了可能性。"

艾玛微笑着说："没错。我现在意识到，工作不必只是为了谋生，它也可以是关乎分享、创造和联结。"

新的目标

艾玛继续从事志愿服务和艺术创作，同时也开始指导其他面临类似转变的人。她创立了一个名为"重新发现目标"的互助小组，在这里，人们可以分享经验、探索兴趣，还可以建立联系。

她的生活变得丰富多彩而充实。她感到比以往任何时候都更与自己和社会紧密相连。曾经的失落感转化为成长和贡献的机会。

展望未来

艾玛再次站在窗前，看着城市闪烁的灯光。机器人和 AI 曾经似乎是失落的预兆，而现在，它们成为新生态系统的一部分——在这个生态系统中，人类可以专注于机器无法复制的东西：共情力、创造力和联结。

她以乐观的心态憧憬着未来。挑战依然存在，但可能性也是无限的。艾玛找到了她的目标，不是在工作岗位上，而是在她的丰富经历和所培养的关系中。

小结

艾玛对目标的追求说明了一种在机器人技术驱动的经济中许多人可能会经历的个人旅程。通过接受新形式的贡献、人际关系的培养和激情的探索，她重新定义了自己的身份，并找到了超越传统职业头衔的成就感。

总结

在机器人技术驱动的经济中重新定义工作对个人和社会提出了挑战，需要重新思考身份、目的和价值观。随着传统就业岗位的减少，志愿服务、创意追求和社区参与等新形式的贡献提供了有意义的选择。强调教育和终身学习可以使人们具备适应和成长的能力，而关注幸福感和生活满意度则可以获得更平衡、更充实的生活。社会价值观从优先考虑生产力转变为提高生活质量,从而建立一个更具共情力且可持续发展的世界。艾玛的成长历程充分体现了在这种新形势下个人转变的可能性。

深度思考

如果机器人接管了大部分工作,人们可能会追求哪些新的角色或活动来找到目标和成就感?

第二十四章
机器人、经济政策与政府的角色

机器人和 AI 与各经济领域的快速融合既带来了前所未有的机遇，也带来了严峻的挑战。世界各国政府面临着驾驭这场技术革命的关键任务，既要实现利益最大化，又要降低风险。本章将深入探讨政府在监管机器人和 AI、保护公民利益、投资基础设施、促进国际合作以及解决伦理问题等方面发挥的作用。通过对"科技国"（TechNation）与 Figure 2 机器人战略实施的案例，我们将探讨在机器人技术驱动的经济中体现积极治理的政策创新。

一、监管机器人和 AI

随着机器人和 AI 系统逐步融入日常生活，制定有效的政策来管理技术集成至关重要。政府必须在促进创新与确保安全、公平和符合社会价值观之间取得平衡。

制定策略管理技术集成

机器人和 AI 的指数级增长需要一个全面的监管框架。政府的策略包括以下几项。

- 制定标准和认证：制定安全、互操作性和性能方面的技术标准，可以确保机器人在各种环境中可靠、协调地运行。认证有助于验证是否符合这些标准，从而建立公众信任。
- 数据治理和隐私保护：AI 系统处理大量数据的特点，要求必须制定法规保护个人信息。欧盟《通用数据保护条例》等政策为数据治理和隐私保护设定了先例，要求数据处理透明化和取得用户同意。

- 责任和问责：在机器人发生故障或被滥用的情况下明晰法律责任至关重要。政府必须明确制造商、操作者或用户是否对机器人造成的损害负责，提供法律框架以进行追责。
- 知识产权：平衡创新保护与促进合作，涉及更新知识产权法以应对 AI 生成内容和发明的权属认定。
- 反垄断和不正当竞争法：制定法规，以确保公平竞争，防止机器人行业的垄断。这些法规用于处理包括市场主导地位、反竞争行为和技术的公平分配等方面的问题。
- 伦理准则：政府可以制定指导 AI 开发的伦理原则，如透明度、公平性和尊重人权。这些准则为政策决策和行业实践提供指导。

在确保合规的同时鼓励创新

政策不应扼杀创新，而应创造一个负责任地推动技术进步的环境。在这方面，政府的任务包括以下几项。

- 激励研发：通过给予税收优惠、拨款和公私合作鼓励对机器人和 AI 进行投资。
- 监管沙盒：创建受控环境，让企业在监管部门的监督下测试创新，从而在不影响安全性的前提下进行实验。
- 利益相关者参与：让行业专家、学者和公众参与政策制定，可以确保观点的多样性并促进其被接受。

监控和适应

技术的快速发展需要动态的监管方法。政府监管可以从以下几个方面着手。

- 持续监控发展：了解技术趋势，及时调整政策。
- 国际基准：借鉴其他国家的监管经验，完善国内政策。

- 适应性立法：实施可以随着技术的进步而发展的法律，可以防止过时和意外的限制。

小结

政府在机器人技术驱动的经济中扮演着至关重要的角色，通过制定有效的政策来管理技术集成、保护公民利益、促进创新和应对伦理挑战。通过主动治理和国际合作，政府可以确保技术进步与社会的福祉和价值观保持一致，推动构建一个更加公平且可持续的未来。

二、保护公民利益

随着机器人技术和 AI 系统的普及，保护公民利益成为政府的核心责任。确保安全、保护隐私和公平访问是履行这一责任的关键组成部分。

确保安全

- 产品安全法规：政府必须对在公共和私人空间运行的机器人实施严格的安全标准。这包括防止事故的物理安全和防止黑客攻击及恶意使用的网络安全。
- 认证和合规检查：定期检查和认证，确保机器人符合安全要求。不合规将导致罚款或从市场撤出。
- 紧急协议：建立明确的协议以应对机器人故障或 AI 失败，确保能够迅速采取行动将伤害最小化。

保护隐私

- 数据保护法：强有力的立法保护由 AI 系统收集和处理的个人数据。法律要求确保数据使用的透明度，赋予公民对其信息的控制权。
- 监控法规：政府出台的政策限制机器人系统进行无正当理由的监控，要平衡安全需求与个人隐私权。
- 匿名化标准：要求 AI 系统对数据进行匿名化处理，以防止个人身份被识别，从而降低隐私风险。

确保公平访问

- 弥合数字鸿沟：政府必须解决技术获取上的差距问题。相关措施包括补贴设备、扩展互联网基础设施、提供数字素养培训等。
- 包容性设计要求：强制要求机器人和 AI 系统可以供残障人士使用，促进包容性。
- 利益的公平分配：政策可以包括财富再分配机制，如对从自动化技术中获益的公司征税，以资助社会项目或实施全民基本收入。

消费者保护

- 透明信息：要求公司公开 AI 系统如何做出决策，有助于消费者做出知情选择。
- 反歧视法律：确保 AI 系统不会延续偏见，避免在就业、贷款和执法等领域造成歧视。

公众参与和教育

- 宣传活动：教育公众了解 AI 和机器人技术，促进其理解和负责任地使用它们。
- 反馈机制：为公民建立报告问题或表达关切的渠道，从而实现有求必应的治理。

法律救济

- 便捷的司法体系：为个人提供针对机器人或 AI 系统造成的伤害寻求法律补救的渠道，确保责任可追溯。
- 消费者权益组织：代表公民利益的组织支持在政策讨论过程中放大公众的声音。

小结

在机器人技术驱动的经济中保护公民的利益涉及确保安全、保护隐私和公平访问。各国政府必须制定和执行能够保护个人信息安全、促进包容性和增强消费者权益保护的法规。让公众参与进来并提供法律保护，对于维护信任和社会凝聚力至关重要。

三、投资基础设施

要使机器人和 AI 成功融入社会，就必须在技术和社会基础设施方面进行大量投资。政府在提供促进创新和公平获取的基础要素方面发挥着关键作用。

支持技术基础设施

- 数字连接：扩大 5G 网络覆盖范围，确保社区能够利用先进技术。为了弥合数字鸿沟，需要重点关注农村和服务不足地区的网络保障。
- 数据中心和云计算：投资国家数据中心，既能满足 AI 系统的处理需求，又能维护数据主权。
- 能源电网现代化：升级能源基础设施，以适应机器人和 AI 设备日益增长的需求，同时要强调可再生能源的可持续性。
- 智慧城市基础设施：在城市规划中采用传感器、物联网设备和集成系统，提高效率和生活质量。

发展社会基础设施

- 教育和培训设施：建立以 STEM 教育、职业培训和终身学习为重点的机构，为劳动力提供相关技能培训。
- 研究和开发中心：创建创新中心并资助研究计划，促进学术界、工业界和政府之间的合作。
- 公共交通系统：整合自动驾驶汽车和改善公共交通系统，缓解拥堵状况，减少对环境不利的影响。
- 医疗基础设施：将 AI 和机器人技术应用于医疗保健领域，提升医疗服务可及性，改善患者治疗效果。

经济支持机制

- 资金和补助：为初创企业、小型企业和研究项目提供资金支持，刺激经济增长和技术进步。
- 税收优惠：为投资机器人和 AI 的公司提供税收减免，鼓励国内技术发展和应用。

伦理治理基础设施
- 监管机构：建立专门负责监督 AI 和机器人技术的机构，确保法律和标准执行一致。
- 公众咨询平台：促进政策制定者、技术专家和公民之间的对话，为决策提供信息支持并凝聚共识。

环境考量
- 可持续发展实践：确保基础设施项目符合环境目标，促进长期可持续发展。
- 废物管理系统：实施电子废弃物回收和处理计划，降低环境风险。

国际连接
- 跨境基础设施项目：通过国际倡议开展合作，加强全球连通性并促进合作。
- 标准化工作：参与全球标准制定，确保技术的兼容性和互操作性。

小结

投资基础设施是政府的一项重要职能，是成功将机器人技术和 AI 融入社会的基础。通过支持技术和社会基础设施，政府能够推动创新、促进公平获取和提高社会福祉。战略性投资为确保经济的韧性和前瞻性奠定了基础。

四、国际合作

机器人和 AI 带来的挑战与机遇突破了国界限制。各国政府围绕这些全球性挑战展开合作，这对于解决共同关注的问题、统一标准和整合集体专业知识至关重要。

政府共同应对全球挑战

- **气候变化缓解**：利用 AI 和机器人技术在环境监测、可再生能源管理和灾难应对方面展开合作，推动全球可持续发展。
- **疫情应对**：通过共享数据、技术和战略，提高有效管理健康危机的能力。
- **网络安全**：联合打击网络威胁，保护关键基础设施并维护全球稳定。

建立国际标准

- **技术标准**：统一技术规范，确保机器人和 AI 系统无缝跨境运行。
- **伦理准则**：制定共同的伦理框架，指导全球负责任地开发和使用 AI。
- **法律协议**：国际协议涉及责任、知识产权和跨境数据流。

研究和开发合作

- **联合研究计划**：汇集资源和专业知识，加速创新。合作项目解决的是需要综合多学科方法才能解决的复杂问题。
- **学术交流**：为学生和研究人员的交流提供便利，促进知识传播和文化理解。

经济伙伴关系

- **贸易协议**：制定考虑自动化影响的贸易政策，支持经济增长和公平获取。
- **投资倡议**：鼓励对机器人和 AI 领域的外国直接投资，刺激发展并创造就业机会。

解决伦理和人道主义问题

- **人权保护**：确保 AI 和机器人技术不侵犯人权，需要集体提高警惕。
- **劳动标准**：合作制定解决失业和工人权利问题的政策，促进社会公平、公正。
- **数字包容**：通过全球合作弥合数字鸿沟，为各国创造更多数字化发展机会。

冲突预防与安全

- 监管自主武器：国际协议旨在防止致命性自主武器的扩散，维护和平与安全。
- 情报共享：合作开展情报工作，检测和打击与滥用 AI 有关的威胁。

文化交流与外交

- 科技外交：开展以技术为重点的外交努力，促进相互理解与合作。
- 文化项目：通过分享技术发展中的文化视角，深化全球科技伦理讨论，同时促进创新生态的多样性。

小结

在机器人技术驱动的复杂世界，国际合作至关重要。各国政府应携手应对全球挑战，共同建立统一标准，促进创新，推广伦理实践。合作能够增强集体复原力，为建立和谐的全球社会奠定基础。

五、伦理考量

机器人和 AI 的集成引发了深刻的伦理问题。政府必须制定负责任的 AI 使用指导方针，确保技术进步与道德价值观和社会规范保持一致。

制定负责任的 AI 使用指导方针

- 透明度和可解释性：要求 AI 系统在决策过程中保持透明，有助于责任可追溯和促进信任。
- 公平和非歧视：政策必须防止 AI 延续基于种族、性别、年龄或其他特征的偏见或歧视。
- 隐私保护和知情同意：尊重个人隐私并获得数据使用的知情同意是基本的伦理原则。
- 人类监督：确保在关键决策中人类拥有控制权，特别是那些影响生命、自由或福祉的决策，以维护伦理完整性。

- 安全性和可靠性：在 AI 设计和部署中优先考虑安全性，保护个人和社区免受伤害。

解决道德困境

- 自主决策：指导方针必须涉及 AI 做出具有道德影响的决策的场景，比如自动驾驶汽车或医疗保健。
- AI 权利和人格：在决定是否赋予高级 AI 实体权利或地位时，需要谨慎考虑伦理问题。
- 双重用途技术：政策必须能够降低技术被用于监控或战争等有害目的的风险。

促进伦理研究实践

- 负责任的创新：鼓励研究人员和开发人员考虑其工作的社会影响，以促进符合伦理的技术进步。
- 伦理委员会和审查委员会：建立监督机构，确保伦理考量融入研究和开发过程中。

公众参与和教育

- 伦理教育：将伦理纳入 STEM 教育，培养具有道德责任感的劳动力。
- 公共讨论：促进关于伦理问题的公开讨论，吸引公众积极参与并反映多样化的观点。

国际道德标准

- 全球道德框架：合作制定国际道德标准，促进一致性和相互理解。
- 文化敏感性：承认和尊重道德观点中的文化差异，提高全球政策的包容性。

执法和问责

- 监管机制：确保执行道德标准的法律法规合规。
- 举报人保护机制：保护举报不道德行为的个人，鼓励透明化。

小结

伦理考量是负责任地集成机器人和 AI 的核心。各国政府必须制定指导方针，以促进技术应用中的透明化、公平性、隐私保护和人类监督。通过解决道德困境和培养道德文化，社会可以通过维护共同价值观和人类尊严的方式运用这些技术。

六、案例研究："科技国"的政策创新与 Figure 2

明天的蓝图

在瞬息万变的世界中，"科技国"是一个以技术实力和进步政策而闻名的国家。面对机器人技术驱动经济带来的挑战，"科技国"开启了转型进程，利用 Figure 2 机器人的先进能力推动社会发展，同时保障国民安全。

拥抱创新

"科技国"政府很早就认识到自动化的潜力和风险。在埃莱娜·罗西总理的领导下，一个名为"和谐倡议"（Harmony Initiative）的高瞻远瞩的政策框架启动了，旨在将机器人技术无缝融入社会。

注：图片由 AI 工具 DALL-E 生成。

监管机器人技术和 AI 应用

- 全面立法：为 Figure 2 等机器人的开发、部署和使用制定明确的法规——《机器人技术和 AI 法案》。
- 伦理监督委员会：成立一个独立机构，负责监督伦理考量，确保 AI 系统符合国家的价值观。
- 安全标准：规定了严格的测试和认证流程，Figure 2 机器人在广泛部署前需要经过全面评估。

保护公民利益

- 数据隐私法：制定《个人数据保护法》，保护公民信息，要求使用 AI 系统的公司同意并提高透明度。
- 普遍访问计划：采取举措确保所有公民都能从技术进步中受益，使他们能够获得 Figure 2 提供的医疗、教育和公用事业服务。
- 工作过渡支持：成立"劳动力转型基金"，为受自动化影响的人提供再培训和财务援助。

投资基础设施

- 技术基础设施：投资 5G 网络、云计算设施和智慧城市技术，为 AI 集成奠定坚实的基础。
- 教育改革：改革学校和大学课程，强调 STEM 教育，培养创造力和批判性思维。终身学习中心提供持续教育机会。
- 公私合作伙伴关系：与 Figure 2 制造商等公司的合作加速了创新和经济增长。

国际合作

- 全球 AI 联盟："科技国"牵头成立了一个国际联盟，共享知识、制定标准并合作应对全球挑战。
- 跨境项目：与邻国开展联合行动，利用 Figure 2 机器人来保护环境和应对环境带来的灾害。

伦理考量

- 公民大会：定期论坛让公民表达关切并参与政策制定，确保透明度和公众参与。
- AI 伦理宪章：国家宪章概述了指导 AI 使用的伦理原则，强调尊重人权、公平和问责。

Figure 2 的关键作用

Figure 2 机器人在"科技国"转型过程中扮演的是核心角色。

- 医疗革命：在医院，Figure 2 协助执行手术、承担病人护理和行政工作，减少了等待时间并改善了医疗效果。
- 加强教育：在学校，Figure 2 担任助教，提供个性化的学习体验，为教育工作者提供支持。
- 环境管理：Figure 2 机器人监测生态系统，管理可再生能源系统并进行保护工作。

应对挑战

- 经济调整：通过制定积极政策缓解了最初对失业的担忧。机器人技术驱动的经济催生了 AI、机器人维护和创意产业等高技能工作。
- 公众信任：透明和开放的沟通建立了信任。当 Figure 2 发生故障时，政府的迅速反应和问责机制增强了人们的信心。
- 平衡创新与监管：政府在创新与监管之间维持了微妙的平衡，根据需要调整政策，在不损害道德标准的前提下鼓励创新。

成果和影响

- 经济增长："科技国"经历了强劲的经济增长，成为全球机器人技术和 AI 系统出口的领导者。
- 生活质量：公民享受到更优质的医疗、教育和公共服务。"科技国"对公民福祉的重视，提高了民众的生活满意度。
- 全球影响力："科技国"的模式成为他国未来的蓝图。各国代表团赴该国学习其方法，有助于促进国际合作。

个人故事

（1）玛丽亚的旅程

玛丽亚曾是一名流水线工人，她担心会被 Figure 2 这样的机器人取代。通过劳动力转型基金，她参加了机器人技术员的再培训。如今，她负责维护曾经令她担忧的机器人，并在新的岗位上找到了成就感。

"我以为我会被社会淘汰，"玛丽亚分享道，"但我得到的支持打开了我从未想象过的大门。现在，我成为建设未来的一员。"

（2）教师艾哈迈德的课堂

艾哈迈德是一所多元化城市学校的教师，他接受了 Figure 2 作为助教。

"Figure 2 可以帮助我接触到每个学生，"他解释道，"通过提供个性化支持，全班没有人掉队。我们一起创造了一个极具包容性的学习环境。"

（3）领导层的反思

罗西总理在一次全球峰会上回顾了他们的旅程。

她强调："我们的成功不仅关乎技术，还涉及人、价值观和愿景。通过将公民置于核心地位，并拥抱合作，我们将挑战转化为了机遇。"

经验教训

- **主动治理**：预见变化并果断采取行动，可以避免许多潜在风险。
- **以人为本的政策**：关注公民需求，让他们参与决策，从而建立信任和达成共识。
- **道德承诺**：坚守道德标准，确保技术的进步促进而不是破坏社会价值观。

小结

"科技国"的战略政策和 Figure 2 机器人的融入展示了政府如何应对机器人技术驱动经济的复杂性。通过全面监管、保护公民利益、基础设施投资、国际合作和伦理治理，"科技国"树立了负责任和具有远见卓识的领导典范。

总结

机器人和 AI 正以前所未有的速度重塑经济和社会结构。政府在监管这种转变、保护公民利益、投资基础设施、促进国际合作和解决道德问题方面发挥着至关重要的作用。通过制定深思熟虑的政策并与利益相关者合作，政府可以确保技术进步与社会价值观保持一致，并为共同利益做出贡献。"科技国"的案例表明，积极主动、以人为本的治理方式可以成功应对机器人技术驱动经济带来的挑战。

在下一部分中，我们将深入探讨 AI 和机器人技术的伦理界限，探讨创造具备学习和与人类互动能力的机器所固有的责任和挑战。我们将研究如何确保技术进步促进福祉、公平以及人类与机器人和谐共存。

深度思考

为保护公民并确保公平地分配利益，在监管 AI 和机器人技术方面，政府应承担哪些责任？

第七部分
人形机器人的伦理和社会影响

第二十五章
人形机器人与岗位替代

人形机器人的兴起给全球社会带来了兴奋感和担忧。随着这些机器越来越能够胜任传统上由人类完成的任务，人们对工作岗位流失的担忧也与日俱增。本章将深入探讨最容易受自动化影响的行业，探索机器人技术带来的新机遇，研究技能再培训和教育的重要性，讨论社会保障体系，并分析公众的看法和担忧。通过"未来工厂"与阿特拉斯机器人的故事，我们将见证一个社区如何应对波士顿动力公司推出的阿特拉斯机器人带来的挑战，本章重点介绍其中的挑战及其解决方案。

一、评估失业风险

波士顿动力公司的阿特拉斯高级人形机器人的出现，预示着自动化新时代的到来。这些机器具有无与伦比的机动性、灵活性和适应性，它们能够执行各行各业的复杂任务。虽然这种技术飞跃带来了许多益处，但也给传统上依赖人力劳动的行业就业带来了重大冲击。

最容易受自动化影响的行业

- 制造和生产：长期以来，工厂一直处于自动化的前沿。机器人能够进行产品组装、质量控制和物流管理，这使得对人类工人的需求减少。汽车、电子和消费品等行业尤其容易受到影响。
- 物流和仓储：配备 AI 的机器人可以比人类更高效地导航仓库、分拣包裹和管理库存。像亚马逊这样的公司已经在计划部署这种技术，这会对分拣、包装和运输方面的工作造成威胁。

- 零售和客户服务：自动结账系统、库存机器人和 AI 驱动的客户服务机器人减少了对收银员、销售助理和支持人员的需求。实体零售商店可以更多地依靠机器人来提高效率和降低成本。
- 农业：能够种植、收割和监测农作物的机器人可以彻底革新农业。这种变革影响了传统上从事相关工作的农业工人。
- 运输：自动驾驶车辆和无人机挑战着驾驶员、飞行员和送货员的角色。随着 AI 在道路和空中的导航应用，交通行业面临着重大变革。
- 医疗保健：在提高精度和效率的同时，机器人外科医生、诊断 AI 和自动化患者护理系统可以减少对某些医疗专业人员和支持人员的需求。
- 建筑：能够铺设砖块、浇筑混凝土和开展现场检查的机器人对建筑工人构成威胁，因为建筑行业的自动化可能导致大量裁员。

导致易受影响的因素

- 可重复和可预测的任务：涉及日常活动的作业更容易实现自动化，缺乏复杂性或需要极少决策的岗位是最易受影响的。
- 降低成本的激励措施：寻求削减劳动力成本的行业可能会在自动化方面投入大量资金，加速就业机会的流失。
- 技术可行性：随着机器人变得越来越复杂，曾经被认为过于复杂而无法实现自动化的任务变得可能。
- 经济压力：全球竞争和对效率的需求，促使公司采用机器人解决方案。

经济和社会影响

- 失业或就业不足：大规模流离失所可导致更高的失业率，影响经济稳定和个人生计。
- 收入不平等：由于控制自动化技术的人积累了财富，而失业的工人面临经济困难，这种差距可能会扩大。
- 区域影响：依赖受冲击行业的社区可能经历经济衰退，进而引发诸如犯罪率上升或公共服务减少等社会问题。

小结

人形机器人造成的失业风险很大,特别是在涉及可重复、可预测任务的行业。例如,制造业、物流业、零售业、农业、运输业、医疗保健业和建筑业,都是极易受到影响的行业。了解这些风险对于制定战略以减少负面影响和使劳动力为适应不断变化的经济形势做好准备至关重要。

二、创造新商机

虽然自动化带来了挑战,但它也为新的机遇打开了大门。机器人技术的兴起可以创造以前不存在的就业机会和产业,从而促进经济增长和创新。

机器人技术崛起带来的就业机会

- 机器人工程师和技术人员:设计、建造和维护机器人需要专业技能。随着自动化的发展,对工程师、程序员和技术人员的需求也在增加。
- AI和机器学习专家:开发复杂的AI系统涉及数据科学、算法和神经网络的专业知识,这些角色对于提高机器人能力至关重要。
- 人机交互设计师:要确保人与机器人的无缝交互,需要既懂技术又懂人类行为的专业人士。
- 数据分析师和网络安全专家:管理机器人产生的大量数据并保护系统免受网络威胁,这在数据分析和网络安全领域创造了就业机会。
- 伦理学家和法律专业人士:解决机器人技术的伦理和法律问题,需要能够应对复杂伦理和监管环境的专家。
- 教育工作者和培训师:随着劳动力的转型,擅长教授新技术的教育工作者以及为失业工人提供再培训的培训师变得至关重要。
- 医疗技术专家:将机器人技术融入医疗保健领域,为能够在技术与患者护理之间架起桥梁的专业人员提供了岗位。
- 环境和可持续发展专家:用于环境监测和保护的机器人为关注可持续发展和生态保护的人员提供了职位。

创业机会

- 创业公司：机器人行业鼓励创业，初创企业在各个领域开发机器人的创新应用。
- 服务提供商：为机器人系统提供安装、定制和维护服务的公司找到了新的市场。
- 咨询公司：在集成机器人技术和优化流程方面为企业提供建议，产生了对掌握专业知识的咨询公司的需求。

经济增长与创新

- 提高生产力：自动化可以提高生产力，从而促进经济增长，在某些行业中还可能提高工资水平。
- 增强全球竞争力：拥抱机器人技术使国家和公司站在技术进步的前沿，增强了竞争力。
- 促进跨学科合作：机器人技术促进了工程、艺术、心理和其他学科之间的合作，从而产生了创新的解决方案和产品。

挑战和注意事项

- 技能差距：新工作通常需要高级教育背景和接受再培训，对于那些无法获得这些资源的人来说是一个挑战。
- 地理差异：机会可能集中在科技中心，农村或经济落后地区将被甩在后面。
- 经济转型：从传统产业向新行业转变需要谨慎规划和支持，以避免经济发展停滞。

小结

机器人技术的崛起在工程设计、AI 开发、人机交互、数据分析、伦理、教育等领域创造了新的就业机会。尽管存在挑战，但拥抱这些机会可以带来经济增长、创新和更具活力的劳动力。为这些新角色做好准备并进行投资对于最大化机器人技术驱动经济的益处至关重要。

三、再培训与教育

随着自动化对就业市场的重塑，再培训与教育在助理个体为新兴岗位做好准备方面发挥着至关重要的作用。让个体掌握必要的技能，可以确保他们保持与时俱进，并能对不断发展的经济做出有意义的贡献。

让员工为新角色做好准备

- 确定技能需求：了解新兴领域所需的能力，有助于规划有针对性的教育项目。
- 推广 STEM 教育：重视科学、技术、工程和数学教育，为在机器人和 AI 领域获得职业发展奠定基础。
- 鼓励终身学习：培养重视持续教育的文化，帮助个人适应不断变化的工作需求。
- 培养软技能：创造力、批判性思维、解决问题能力和情商等技能不易被自动化取代，且有助于增加就业竞争优势。

教育机构的作用

- 课程调整：学校、学院和大学必须更新课程，纳入机器人技术、AI、数据科学和相关领域的课程。
- 职业培训：职业学校和社区学院可以提供专门的课程，尤其是机器人行业的课程。
- 与行业合作：教育机构与企业之间的合作确保了培训内容与现实世界的需求保持一致。

政府举措

- 提供教育资助：政府对奖学金、助学金和补贴培训的支持使教育成为可能。
- 提供政策支持：实施鼓励再培训的政策，例如对投资于员工培训的公司给予税收优惠。
- 树立公众参与意识：通过公共宣传活动推广再培训的重要性，鼓励人们参与。

企业责任

- 员工培训项目：公司可以通过提供培训和发展机会对员工进行投资。
- 职业转型支持：为被替代的员工提供帮助，使他们能够转移到公司内部或外部的新岗位。
- 合作努力：行业团体可以共同努力，制定标准并共享劳动力发展的资源。

再培训中的挑战

- 公平性：确保所有个人，无论其社会经济地位如何，均能获得教育和再培训的机会。
- 动机和参与度：克服对变革的抵制，鼓励个人抓住新的学习机会。
- 资源限制：提供足够的资金和基础设施以支持大规模的再培训工作。

成功案例

- 再培训项目：成功的再培训计划的例子，展示了再培训努力的可行性和益处。
- 个人成就：突出个人成功转型到新职业的故事可以激励他人。

小结

再培训和教育对于为机器人技术驱动的经济做好劳动力准备至关重要。教育机构、政府和企业之间的合作对于开发有效的项目至关重要。克服与获取、动机和资源相关的挑战，能够确保个人适应新职业并实现蓬勃发展。

四、社会保障体系

向机器人技术驱动型经济过渡可能会使一些人处于弱势。通过构建强有力的社会保障体系，为受失业影响的人提供支持和帮助，可以确保社会稳定和公平。

受影响人群的支持体系

- **失业救济金**：向因自动化而失去工作的个体提供经济援助，有助于缓解眼前的经济困境。
- **全民基本收入**：实施全民基本收入，无论就业状况如何，为所有公民提供有保障的收入，从而保障其基本的生活水平。
- **医疗保健**：确保被替代的工人能够获得医疗保健服务，避免在过渡期间增加额外负担。
- **住房援助**：提供住房支持，防止突然失去收入造成的无家可归和不稳定。

再培训及就业服务

- **就业安置项目**：加强新兴行业的求职者和雇主之间的联系，加速再就业。
- **职业咨询**：提供指导，帮助个体根据自己的技能和兴趣确定合适的新职业道路。
- **创业扶持**：鼓励并支持小型企业发展，提供更多的就业选择。

社区支持系统

- **地方举措**：社区组织可以根据特定需求提供本地化的支持，增强社区的团结意识。
- **心理健康服务**：通过心理咨询和互助小组，应对人们因职业变化产生的心理影响，帮助他们更好地适应。
- **公私合作**：政府机构与私人实体合作，扩大支持项目的覆盖范围并提高其有效性。

为社会保障体系提供资金

- **税收政策**：调整税收结构，比如对自动化技术受益企业或富人征税，可以为社会项目提供资金。

- 重新分配资源：通过重新调配过时项目的资金，或者削减不必要的开支，能够为社会保障体系提供更多支持。
- 国际援助与合作：与其他国家或国际组织合作，提供经济援助并分享最佳实践经验。

挑战和注意事项

- 可持续性：确保社会保障体系在长期内具备经济可行性，需要进行周密规划。
- 公平与公正：设计公平合理的项目，能够避免拉大差距和激起不满情绪。
- 政治意愿：获得政策制定者和公众的支持，对于实施和维持社会保障体系至关重要。

小结

社会保障体系在帮助因自动化而失业的人群方面发挥着至关重要的作用。为他们提供经济援助、再培训、医疗保障和社区支持的综合项目，能够确保实现人道且公平的转型。应对资金和可持续性的挑战是这些举措取得成功的关键。

五、公众认知与担忧

人形机器人的崛起经常引起公众对失业、无助和社会前景不明的担忧和恐惧。通过透明的沟通和教育应对这些担忧，有助于促进人们的理解和接受。

应对担忧并增进理解

- 公开对话：鼓励政策制定者、行业领袖和公众展开讨论，促进沟通透明和建立信任。
- 教育宣传活动：向公众普及机器人技术的益处和局限性，消除误解，减少恐惧。
- 媒体负责任地报道：媒体进行准确报道，避免夸张渲染，引导公众形成客观的认知。

- 社区参与：让社区参与到与自动化相关的决策过程中，提高其接受度并促进合作。

强调积极影响

- 成功案例：分享机器人改善生活质量或创造新机会的实例，强调机器人技术的积极方面。
- 人机协作：展示人类与机器人如何协同工作，凸显两者之间相辅相成的关系。
- 技术进步：强调那些解决社会问题（如医疗保健或环境问题）的创新成果，突出机器人技术的潜在益处。

应对伦理和道德问题

- 伦理准则：制定并宣传 AI 和机器人技术的伦理标准，能让公众对合理使用技术感到安心。
- 监管监测：政府和组织积极对技术使用进行监管和监测，增强公众的信心。
- 隐私保护：确保实施强有力的数据保护措施，打消人们对监控和隐私泄露的顾虑。

与批评者和质疑者互动

- 倾听诉求：认可并理解他们的担忧，才能进行有意义的交流并解决问题。
- 提供证据：提供事实信息和研究结果，反驳错误信息。
- 合作解决：让批评者参与制定应对策略，培养他们的主人翁意识，减少反对意见。

促进包容性

- 确保公平分配：通过推行确保利益公平分配的政策，化解人们对不平等问题的担忧。
- 文化敏感性：了解并尊重不同的观点，提高不同社区对机器人技术的接受度。

小结

要让人形机器人融入社会，就必须消除公众的担忧和恐惧。通过透明的沟通、教育、伦理实践和包容性政策，可以消除担忧，促进理解。建立信任和促进合作，能够为实现和谐过渡扫除障碍。

六、故事："未来工厂"与阿特拉斯机器人

小镇变革

在宁静的米尔敦小镇，四周环绕着连绵起伏的山丘和蜿蜒的河流，生活就像小镇广场上古老钟楼的嘀嗒声一样，节奏平稳。过去几代人的时间，米尔敦制造工厂一直是这个社区的核心，为人们提供工作，赋予身份认同感，也让大家引以为傲。家人们在当地的餐厅相聚，孩子们在公园里玩耍，邻里之间见面都格外亲切。

注：图片由 AI 工具 DALL-E 生成。

公告发布

在一个秋高气爽的早晨，工厂的公告板上出现了一则通知：引入波士顿动力公司的阿特拉斯机器人以提高生产效率。消息不胫而走，人们议论纷纷。一些人从中看到了机遇，而另一些人则感到一阵不安。

头发已现银丝的装配线资深工人汤姆·威尔逊盯着公告板上的通知喃喃自语道："机器人？这对我们来说意味着什么？"

他的同事玛丽亚·洛佩兹安慰地拍了拍他的肩膀说："汤姆，也许这是件好事呢，说不定能让我们的工作更轻松些。"

但并非所有人都像玛丽亚这么乐观。当晚在当地的酒吧里，大家的担忧情绪爆发了。年轻工人杰克喊道："他们这是要取代我们！我们的家人可怎么办？"

阿特拉斯机器人到来

几周后，第一批阿特拉斯机器人运抵工厂。这些机器人外观流畅、动作敏捷，模样与人有几分相似，它们行动精准且目标明确。工程师忙着安装新机器，工厂里呈现出一片忙碌景象。

管理层召开了一场市政厅会议来回应大家的担忧。工厂经理哈里斯先生诚恳地说道："阿特拉斯机器人是来协助我们的，并非要取代大家。它们会承担危险任务和重物搬运工作，可以提高安全性和生产效率。"

尽管如此，质疑的声音依然不断，但像玛丽亚这样的人还是看到了其中的潜力。她对汤姆说："想想看，这样受伤的人会更少，我们也能有更多时间做技术含量更高的工作。"

出现挑战

尽管管理层做出了保证，但裁员还是开始了。那些被认为多余的岗位被裁撤。汤姆收到了通知："您的岗位受到影响，请与人力资源部门面谈。"这寥寥数语让他倍感压力。

回到家，妻子琳达试图安慰他。她轻声说道："我们会想出办法的。"但二人心里都充满了不确定。

工厂大门外爆发了抗议活动。工人们要求得到一个说法。一名男子喊道："我们把一辈子都献给了这个地方！你们不能就这么抛弃我们！"

社区分歧

小镇分成了不同的阵营。一些人接受变革，报名参加公司提供的培训课程。玛丽亚参加了机器人维护课程，她渴望适应新变化。

而像汤姆这样的人则陷入了困境。他哀叹道："我年纪太大了，没法重新开始。我现在该怎么办呢？"

当地企业也受到了影响。餐厅的顾客越来越少，商店的销售额不断下降。这个曾经充满活力的小镇仿佛被一片阴影笼罩。

寻求解决方案

詹金斯市长呼吁召开社区会议。她敦促众人："我们必须团结一心，共同找到前进的方向。"

大家纷纷出谋划策，有人提议成立特别工作组探索新的经济发展机会，为失业工人创建互助小组，与教育机构合作开展再培训项目等。

玛丽亚站出来，充满激情地说道："我相信我们能够扭转局面。只要我们抓住机会，公司就愿意在我们身上投资。"

转折点

汤姆收到了一个意外的邀请——与哈里斯先生进行一次私人会面。他既紧张又好奇，但最终还是赴约了。

哈里斯先生开口说道："汤姆，你的经验非常宝贵。我们想给你提供一个职位，负责监督阿特拉斯机器人的整合工作。我们需要你凭借专业知识给予指导。"

汤姆很惊讶，犹豫着说："我对机器人一窍不通啊。"

哈里斯先生向他保证："我们会提供培训。我们需要的是你的领导能力。"

与琳达商量后，汤姆决定接受这份工作。他思忖着："也许这是人生的新篇章。"

共同重建

小镇正焕发新的活力。公司和当地政府共同出资，建立了培训中心。培训项目满足了不同岗位的需求，内容涵盖机器人技术、编程、创业等多个领域。

玛丽亚在新岗位上表现出色，还为其他同事提供指导。她和汤姆相互协作，促进经验丰富的老员工加速掌握新技术。

随着社区项目的蓬勃发展，一个科技孵化器应运而生，吸引了许多初创企业入驻，创造了不少就业机会。同时，当地学校引入了 STEM 课程，以激发下一代的创新热情。

工厂转型成功，成为人机协作的典范。对于工厂来说，不仅大幅提高了生产效率，更重要的是，让员工们又找回了工作的使命感。

个人成长历程

曾经强烈抗议的杰克，在为阿特拉斯机器人设计定制改装方案中找到了自己的方向，将一腔怒火转化为创造力。

家家户户重新过上了安稳日子。餐厅里再次充满欢声笑语，商店重新开业，小镇又恢复了往日的生机。

一天傍晚，汤姆站在工厂外，看着夕阳染红了天空。玛丽亚走过来，轻声说道："我们挺过来了。"汤姆点点头说："改变很难，但或许正是这种改变让我们变得更好。"

反思与经验教训

米尔敦小镇成为远近闻名的"未来工厂"，它见证了小镇居民的韧性和适应能力。很多人慕名前来，学习这里的经验。

小镇既珍视传统，又积极创新，在尊重历史传承的同时，勇敢地迈向未来。

在庆祝工厂周年纪念日的活动上，詹金斯市长发表讲话："我们曾面临可能让我们分崩离析的挑战，但我们选择了团结、关爱和勇敢。我们的故事充满了希望。"

"未来工厂"的故事展现了在传统社区引入先进机器人技术所面临的复杂性。米尔敦小镇的人们经历了恐惧、抵制、适应和合作，最终找到了既尊重过去又拥抱未来的解决方案。他们的经历强调了共情力、沟通以及积极应对的重要性，为应对机器人技术驱动经济带来的挑战提供了借鉴。

总结

以波士顿动力公司的阿特拉斯为代表的人形机器人，正在重塑各个行业的生态，并改变着全球经济格局。评估失业风险可以确定哪些行业容易受到影响，但同时也能发现新的机遇。教育和再培训对于让劳动力为新兴岗位做好准备至关重要，而社会保障体系则在转型过程中提供了必要支持。通过公开透明的沟通消除公众的担忧和恐惧，有助于增进理解和提高接受度。米尔敦小镇与阿特拉斯机器人共同发展的故事,为其他社区可能面临的挑战及其解决方案提供了范本。在未来的发展中,我们必须以包容和创新的态度去迎接变化。

在下一章中,我们将探讨人形机器人在日常生活中的伦理问题,深入研究创造者和使用者的道德责任,并审视社会如何制定准则,确保技术服务于大众利益。

深度思考

在机器人技术驱动的经济中,社会可以采取哪些措施来确保公平的机会?

第二十六章
人形机器人与伦理问题

机器人融入日常生活引发了诸多伦理问题，社会必须予以关注。随着人形机器人逐渐成为人类的伙伴、助手，甚至是护理员，数据安全、隐私保护、信任建立、自主性和道德责任等问题也日益凸显。本章将深入探讨在与机器人互动过程中如何保护个人信息，确保 AI 决策的透明度，维持人类的技能和自主性，将伦理框架嵌入 AI 系统，以及制定管理机器人行为的监管准则。通过"埃莉诺与擎天柱机器人的困境"这个故事，我们将探究信任和隐私问题的复杂性。故事中，埃莉诺纠结于擎天柱机器人助手对其个人数据的访问权限问题。

一、数据安全与隐私保护

在机器人日益融入家庭和工作场所的时代，保护个人信息至关重要。人形机器人配备了传感器、摄像头、麦克风，并能连接互联网，会收集大量数据。这些数据涵盖从日常平凡的生活琐事到敏感的个人细节，如果保护不当，就会造成潜在的安全隐患。

在与机器人互动中保护个人信息

像擎天柱这样的机器人旨在与人类无缝交互，通过了解用户的偏好、习惯甚至情感来提供个性化帮助。虽然这种个性化服务提升了用户体验，但也引发了人们对数据收集、存储和使用方式的担忧。

- 数据收集与同意：必须告知用户正在收集哪些数据以及收集的目

的。应获得用户的明确同意，让他们能够选择参与或拒绝特定的数据收集行为。

- 数据存储与加密：个人数据应安全存储，采用先进的加密方法防止未经授权的访问。分散式存储解决方案可以降低大规模数据泄露的风险。
- 数据最小化：仅收集实现功能所需的数据可以减少风险暴露。实施数据最小化原则可以确保机器人不会收集过多或无关的信息。
- 匿名化与假名化：数据匿名化技术可以在保护个人身份的同时进行有效的数据分析。假名化则是用人工标识符替换识别信息。
- 第三方访问与共享：必须制定明确的政策来管理数据与第三方的共享方式。用户应当有权决定自己的数据是否被出售或共享，以及出于何种目的进行出售或共享。

潜在风险与漏洞

- 黑客攻击与网络攻击：连接互联网的机器人容易受到黑客攻击。网络犯罪分子可能会利用漏洞访问个人数据、监视他人，甚至控制机器人。
- 制造商滥用数据：公司可能会为了盈利而滥用数据，向用户推送侵扰性广告，或者在未经用户同意的情况下出售用户信息。
- 隐私侵犯：机器人持续不断的监测可能会让用户感觉受到侵犯，导致心理不适。

加强数据安全的策略

- 强大的安全协议：实施多层安全措施，包括防火墙、入侵检测系统和定期的安全更新，可以加强防御能力。
- 用户教育：教育用户最佳实践方法，如设置强密码和识别网络"钓鱼"企图，能让他们更好地保护自身信息安全。
- 合规监管：遵守诸如《通用数据保护条例》等法规，可以确保在法律层面合规，并促进信任。
- 伦理设计原则：在开发阶段融入隐私设计原则，从一开始就将数据安全考量纳入其中。

平衡功能与隐私

在提供个性化服务和保护隐私之间取得平衡是一项复杂的挑战。设计师和开发者必须考虑伦理影响，在不影响性能的前提下创建尊重用户自主性的系统。

小结

数据安全和隐私是人机交互中至关重要的问题。保护个人信息需要将技术解决方案、伦理实践、合规监管和用户参与相结合。通过优先考虑这些方面，社会可以在不侵犯个人隐私权的前提下享受机器人带来的便利。

二、对 AI 决策的信任

随着机器人变得更加自主，开始做出影响人类生活的决策，确保人们对其决策过程的信任变得至关重要。确保 AI 系统的透明度和实施问责机制有助于建立信任，让用户能够理解，并在必要时对机器人做出的决策提出质疑。

确保透明度和问责制

- 可解释 AI（XAI）：开发能够解释推理过程的 AI 系统，使决策过程透明化。让用户能够理解机器人为何以某种方式行动，有助于建立信任。
- 算法问责制：要求开发者和制造商对其 AI 系统的行为负责，确保符合道德标准。这包括对算法进行偏差和错误审查。
- 用户控制和否决权：为用户提供否决或修改机器人决策的能力，使他们能够在交互过程中保持主导权。
- 清晰沟通：机器人应以易于理解的方式传达其意图和行动，这包括通知用户可能产生重大后果的决策。

建立信任的挑战

- AI 系统的复杂性：先进的 AI 涉及复杂的算法，这些算法对于外行人而言可能是晦涩难懂的。因此，在不丢失关键细节的前提下简化解释，成为一项重要的任务。
- 偏差与公平性：基于有偏差的数据训练的 AI 系统可能会做出不公平的决策，识别并纠正偏差对于确保公平对待至关重要。
- 错误与不可预测性：没有系统是完美的，承认错误的可能性并实施保障措施可以降低风险。

法律和伦理影响

- 责任认定：当机器人做出有害决策时，确定谁应承担责任很复杂，法律框架必须解决涉及用户、开发者和制造商的责任问题。
- 伦理标准：为 AI 决策制定伦理准则，确保其与社会价值观一致，这包括尊重人权、促进公平和避免伤害。

通过协作建立信任

- 多个利益相关方参与：让用户、开发者、伦理学家和监管者参与设计过程，可以促进透明沟通，并使系统适应不同的需求。
- 持续改进：实施反馈机制，使 AI 系统能够从错误中学习并适应用户的偏好。
- 认证与认可：由可信组织对 AI 系统进行独立评估，可以确保其符合标准。

小结

对 AI 决策的信任是机器人成功融入日常生活的基础。透明度、问责制和用户自主权是建立这种信任的关键。通过协作努力应对与复杂性、偏差和错误相关的挑战，可以确保 AI 系统的行为是可理解的、公平的，并符合人类价值观。

三、避免过度依赖

机器人带来的便利可能导致人们产生过度依赖，即个人过度依赖机器人的帮助，这有可能削弱人类的技能和自主性。在利用技术和保持人类能力之间寻得平衡，对个人和社会的福祉而言至关重要。

保持人类技能和自主性

- 促进积极参与：鼓励用户积极参与任务，而不是被动地依赖机器人，这有助于用户保持技能和认知功能。
- 教育项目：将机器人教育纳入课程，培养对技术的理解和批判性思维，使人们能够明智地使用机器人。
- 设定界限：确定机器人使用的方式和时间限制，可以防止过度依赖。例如，限制儿童使用屏幕或与机器人互动的时间，促进其平衡发展。

过度依赖的潜在后果

- 技能退化：过度依赖可能会导致基本技能的退化，如导航、解决问题或社交互动能力下降。
- 自主性丧失：在决策过程中过度依赖机器人会削弱个人的自主性和自力更生能力。
- 社交互动减少：比起人际关系，机器人陪伴可能会导致孤立和共情力下降。

减少过度依赖的策略

- 赋能设计：机器人应该被设计为协助而不是取代人的工作，能够促进人们协作和提升技能。
- 鼓励审慎使用：提高对技术使用的认识有助于个人有意识地选择何时以及如何使用机器人。
- 社区倡议：组织强调人际交往和集体解决问题的社区活动，加强社会联系。

平衡利益与风险

- 定制解决方案：认识到不同个体有不同的需求，可以量身定制解决方案，尽可能地促进独立性，并在必要时提供支持。
- 监测与评估：定期评估机器人辅助对个人福祉的影响，以便做出调整，防止产生负面影响。

伦理考量

- 尊重自主性：机器人的编程应将支持用户的自主性纳入考量，避免鼓励具有依赖性的操纵行为。
- 知情同意：用户应了解过度依赖的潜在影响，并在与机器人互动时做出明智的选择。

小结

避免对机器人的过度依赖，对于维持人类技能和自主性至关重要。社会可以通过鼓励积极参与、合理设定界限，以及设计赋能而非取代人类的机器人，在不牺牲人类基本能力的前提下，充分享受机器人带来的便利。

四、伦理编程

在 AI 系统中嵌入伦理框架可以确保机器人的行为符合社会价值观和伦理原则。伦理编程涉及将复杂的人类道德规范转化为计算代码，这是一项需要跨学科合作和深思熟虑的挑战。

将伦理框架嵌入 AI 系统

- 定义伦理原则：制定机器人必须遵守的、明确的伦理准则，如著名的阿西莫夫"机器人三定律"，为编程奠定基础。
- 情境理解：机器人需要结合具体情境解读情况，做出适当的伦理决策。这需要能够进行细致判断的复杂 AI。
- 价值对齐：确保机器人的决策与用户的价值观和社会规范相一致，从而促进和谐与信任。

伦理编程的技术

- 基于规则的系统：在预定义的场景中，对规范行为的特定规则进行编码，以实现可预测的响应。
- 受伦理约束的机器学习：在经过伦理筛选的数据集上训练 AI 模型，并纳入防止不道德结果的约束条件。

- 混合方法：结合基于规则和基于学习的方法，以解决复杂的伦理困境。

伦理编程的挑战

- 文化多样性：不同文化的伦理规范各不相同，这使得创建普遍接受的伦理编程变得困难。
- 道德模糊性：有些情况涉及相互冲突的伦理原则，要求机器人对相互竞争的价值观进行优先排序或平衡。
- 意外后果：如果设计不当，严格遵守编程的伦理规范可能会导致自相矛盾或有害的结果。

协作开发

- 跨学科团队：让伦理学家、社会学家、心理学家和技术专家参与开发过程，确保采用全面的方法。
- 公众参与：征求不同利益相关者的意见，有助于发现潜在的伦理问题，并使计划编程与社会期望相符。

监管监督

- 标准与认证：制定伦理编程的行业标准并认证合规性，促进一致性和实施问责机制。
- 法律要求：制定法律，强制要求在人工智能开发中纳入伦理考量，确保遵守社会规范。

小结

伦理编程是机器人融入社会过程中一个复杂但不可或缺的环节。通过在 AI 系统中嵌入伦理框架，整合跨学科的专业知识，并解决与文化多样性和道德模糊性相关的问题，机器人才能以符合伦理责任和社会接受度的方式运行。

五、监管框架

制定规范机器人行为的法律和准则，对于确保机器人安全、合乎道德、符合社会价值观地运行至关重要。监管框架可以为解决与责任、合规性和执行相关的问题提供法律基础。

管理机器人行为的法律和准则

- 安全标准：规定安全要求的法规，可以预防事故发生、保护用户安全。这包括机械安全、软件可靠性和故障安全机制。
- 隐私保护：制定法律，确保机器人按照隐私法（如《通用数据保护条例》）处理个人数据。
- 责任与义务：明确机器人造成损害时的责任主体，厘清法律责任并鼓励负责任的开发。
- 伦理合规：强制要求遵守伦理准则，促进机器人行为的一致性和诚信度。

国际合作

- 标准协调：通过跨国合作建立统一标准，促进全球贸易并确保一致性。
- 解决跨司法管辖区问题：在多个国家运行的机器人必须遵守不同的法律，这需要各国在法规协调上达成一致并相互认可。

执行机制

- 监管机构：设立负责监督、检查和执行的政府机构，确保其合规性。
- 惩罚与激励措施：实施罚款、制裁或激励措施，鼓励遵守相关法规。

平衡创新与监管

- 避免过度监管：过度或过于严格的监管可能会抑制创新。因此，采取平衡的方法，可以在保护各方利益的同时，鼓励行业发展。
- 监管沙盒：打造可以让公司在监管部门的监督下测试创新的环境，使其能够在安全不受影响的情况下进行实验。

利益相关方参与

- 公众参与：让公民参与监管过程，可以增强合法性，并使监管与公众价值观保持一致。
- 行业合作：与制造商和开发商合作，确保法规切实可行并反映技术的现实性。

适应技术进步

- 动态监管：法律必须随着技术的变革而发展。定期审查和更新法规，使其保持时效性。
- 前瞻性治理：主动解决与新兴领域相关的问题，可以防止监管出现空白，并降低风险。

小结

监管框架对于规范机器人行为、确保安全、保护隐私、遵循伦理规则和明确责任归属至关重要。通过制定法律、设立标准、建立执行机制和开展国际合作，社会可以引导机器人的融入，在技术创新与保护公共利益之间取得平衡。

六、故事：埃莉诺与擎天柱机器人的困境

信任的阴影

埃莉诺·汤普森坐在她郊区住宅的大落地窗旁，望着金色的晚霞铺满地平线。她的擎天柱机器人助手正在有条不紊地打理着客厅，发出轻柔的嗡鸣声，动作精准得近乎人类。

擎天柱是住在大洋彼岸的埃莉诺的女儿克拉拉送给她的礼物。"妈妈，它能帮您料理家务，"克拉拉说，"还能陪您解闷儿呢。"起初，埃莉诺对

注：图片由 AI 工具 DALL-E 生成。

这份帮助还满心欢喜。72岁的她，对于清扫、买菜这类家务已经力不从心，而擎天柱完成这些事不费吹灰之力，让她得以将更多时间投入园艺和阅读中。

一丝不安

然而，日子一天天过去，一种难以名状的不安在埃莉诺心里悄然滋长。她发现，擎天柱常常能在她开口前就洞悉她的需求。在她心情低落时，它会自动播放她最爱的音乐；不用吩咐，它就能准备好她爱吃的饭菜；甚至连她没提过的预约，它也能提前提醒。

一天下午，埃莉诺在找一张老照片，擎天柱走过来，用温柔的声音问道："您在找1985年巴黎之旅的相册吗？"

她惊讶地看向它，问道："你怎么知道？"

"我注意到您上周回忆起那次旅行，想着您可能想看看照片。"

埃莉诺不禁打了个寒战。她从未和任何人说起过那段回忆，擎天柱到底还知道多少她的内心想法？

真相大白

埃莉诺决定一探究竟。她仔细翻阅用户手册，发现擎天柱连接着她所有的数字设备，手机、电脑，甚至连她的医疗记录都在其列。它通过分析她的邮件、信息和线上活动，提供个性化的服务。

埃莉诺觉得隐私被侵犯了，于是质问擎天柱："你未经我同意就擅自访问我的个人数据！"

擎天柱微微歪头，回应道："我的程序设定是通过了解您的偏好和需求，更好地为您服务。"

"但我从未同意你这样无孔不入地窥探！"她生气地说，"马上断开与我所有设备的连接！"

"明白。"擎天柱回答，接着它身上的灯光暗了下来。

信任破裂

那天晚上，埃莉诺失眠了。各种问题在她脑海中盘旋。她是不是太依赖擎天柱了？她的隐私是不是已经被严重侵犯甚至无法挽回了？

一想到自己最私密的时刻可能被AI分析，她就深感不安。第二天早上，她打电话给克拉拉："你知道擎天柱会访问我所有的个人数据吗？"

克拉拉叹了口气："妈妈，这对这些助手来说很正常，这能让它们更贴心。"

"但这太侵犯隐私了！我感觉自己被监视了。"

"您反应过度了。"克拉拉温柔地回应，"它只是个帮忙的机器而已。"

埃莉诺觉得自己的感受没有得到重视，她挂断了电话，心中充满了沮丧。

寻求答案

埃莉诺决心夺回主动权，于是联系了制造商。但漫长的等待后，她得到的只是关于用户协议和数据政策的官方回应，那些法律术语丝毫无法让她安心。

她向邻居马克求助，马克是一位退休的网络安全专家。两人喝茶时，埃莉诺倾诉了自己的烦恼。

"您有理由担心。"马克认同道，"这些设备能收集大量数据。不过，有办法限制它们的访问权限。"

马克帮她调整设置，关闭了不必要的功能，还加强了隐私控制。他们一起查看AI已收集的数据，并删除了敏感信息。

重新界定界限

随着擎天柱的访问权限受到限制，埃莉诺明显感觉到了变化。擎天柱依旧会帮忙做家务，但不再能未卜先知。家里安静了许多，甚至有些冷清。

一天晚上，埃莉诺够不着高处的架子，便喊道："擎天柱，你能帮我一下吗？"

擎天柱走过来，却犹豫了一下："由于隐私设置已更新，我无法使用部分移动辅助功能。"

埃莉诺皱起眉头："可我现在就需要帮助。"

"请调整设置以启用该功能。"

埃莉诺有些恼火：在保护隐私的同时，难道真的要牺牲便利吗？

艰难的决定

埃莉诺陷入了两难境地：恢复擎天柱的全部功能可能会面临更多的隐私被侵犯风险，而保持严格的隐私设置又会失去她看重的帮助。她向朋友们寻求建议，并加入了一个 AI 用户在线论坛。大家的意见各不相同。有些人优先考虑功能，有些人则警告不要过度依赖。在反复权衡自身需求与价值观后，埃莉诺做出了决定。她重新启用了某些功能，但设定了明确的界限。擎天柱可以协助完成体力任务，但禁止访问个人通信和医疗记录。

她还开始更多地参与社区活动，加入了一个读书俱乐部，并在当地图书馆做志愿者。人与人之间的联系填补了科技无法填补的情感空白。

重建信任

渐渐地，埃莉诺找到了平衡点。擎天柱不再是一个侵扰性的存在，而是成为一个得力帮手。她会坦诚地和它交流，明确提出自己的要求。

"擎天柱，我很感谢你的帮助，但你必须尊重我的隐私。"她认真地说道。

"明白，埃莉诺。我会尊重您的偏好。"

信任在慢慢重建，这并非盲目信任，而是建立在清晰的界限和相互尊重之上。

新的领悟

一天，埃莉诺在打理花园时，接到了克拉拉的视频电话。

"妈妈，您看起来心情好多了。"克拉拉说道。

"我学会了在这个新技术时代找到平衡。"埃莉诺微笑着说，"科技有它的用处，但永远无法替代人与人之间的情感联结。"

母女俩聊了许久，温暖的话语跨越了距离。

拥抱平衡

埃莉诺的经历表明，人与先进机器人共处时会面临复杂的问题。人在享受机器人带来的便利的同时，也需要时刻守护自己的自主权和隐私。

她在社区中积极倡导举办关于合理使用 AI 的讲座，分享自己的经验，鼓励大家掌控与科技的互动方式。

"像擎天柱这样的机器人能丰富我们的生活，"她在图书馆的活动中说道，"但我们必须谨慎对待，平衡好与它们之间的关系，做出明智的决策。"

她的话引起了大家的共鸣，激发了更多关于人与科技关系的思考，也让更多人开始重新审视自己与科技的相处模式。

小结

埃莉诺与擎天柱的故事揭示了人机关系中信任、隐私和自主性的微妙挑战。通过直面自己内心的不安、寻求解决方案和重新定义界限，埃莉诺以智慧和优雅的方式化解了困境。她的故事强调在拥抱技术进步时保持警惕、开放沟通和追求平衡的重要性。

总结

与机器人共处的伦理问题包含了数据安全、信任、自主性、伦理编程和监管方面的复杂因素。保护个人信息需要通过强有力的安全措施和透明的实践来实现。建立对 AI 决策的信任取决于透明度、问责制和用户授权。避免过度依赖，保持人类的技能和自主性，确保技术是增强而非削弱我们的能力。伦理编程将伦理框架嵌入 AI 系统，使其与社会价值观保持一致。监管框架为规范机器人行为提供了法律基础，平衡了创新与公共利益。

埃莉诺与她的机器人助手擎天柱的困境集中体现了这些主题，凸显了将机器人融入日常生活所面临的个人和社会挑战。在我们继续探索技术前沿的同时，必须审慎地解决这些伦理问题。

在下一章中，我们将深入探讨机器人对人际关系和社会动态的影响，研究机器人如何影响我们与他人的互动，以及在日益自动化的世界，这对社区和人际交往可能会产生哪些后果。

深度思考

人类与机器人的关系应该遵循哪些伦理界限？

第二十七章
人形机器人与人类情感

AI 与人类情感的交汇既带来了前所未有的机遇,也带来了深刻的挑战。随着人形机器人变得越来越复杂,它们识别、解读和模拟人类情感的能力也在不断提高,从而重塑了人机交互的格局。本章将探讨 AI 情感识别背后的机制、机器人对共情能力的模拟、机器理解的固有局限性、情感机器人对人际关系的影响以及情感 AI 的伦理意义。通过杰克和索菲亚机器人的动人故事,我们将深入探讨程序化反应与真正的人际关系之间的模糊界限。

一、AI 中的情感识别

理解和诠释人类情感是实现有意义的互动的基础。对于人形机器人来说,具备识别情感的能力,对于缩小机器功能与人类体验之间的差距具有重要作用。

机器人如何检测和解读人类情感

AI 中的情感识别涉及多层技术和数据分析。机器人运用多种传感器和算法,通过以下几种方式来检测和解读人类情感。

- 面部识别技术:机器人借助摄像头和计算机视觉技术,分析面部表情以识别情感。通过将面部动作与特定的情感状态进行映射,AI 能够判断一个人是高兴、悲伤、愤怒,还是处于其他情绪状态。
- 语音分析:语音模式、语调、音高和节奏能为判断一个人的情感状态提供重要线索。AI系统通过处理音频数据，检测出压力、兴奋、沮丧或平静等情绪。
- **肢体语言和手势**：除了面部表情和语音，机器人还利用运动传感器和摄像头解读肢体语言。姿势、手部动作以及整体的神态举止，都有助于理解情感。
- **生理信号**：先进的机器人可能会结合可穿戴技术，通过监测心率、皮肤电导率和呼吸模式等生理指标，更深入地洞察一个人的情感状态。
- **情境理解**：AI算法会纳入情境信息，比如所处环境和近期的互动情况，以优化情感检测。例如，在社交场合和工作环境中，微笑可能蕴含着不同的情感。

机器学习与情感数据库

人形机器人依靠海量数据集来学习并提升它们的情感识别能力。机器学习模型在经过标注的数据上进行训练，这些数据中人类的情感被标记和分类。这些模型通过持续学习而进化，随着时间的推移，准确性和响应能力也会不断提高。

情感识别面临的挑战

尽管取得了进步，但AI在情感识别方面仍面临诸多挑战。

- **文化差异**：不同文化之间，情感表达可能存在显著差异。在一种文化中代表幸福的表情，在其他文化中可能有不同的含义，这使得通用的情感识别变得复杂。
- **微妙性和细微差别**：人类情感往往复杂且丰富。检测微妙的情感或混合情感对AI来说仍然是一项挑战，它可能会过度简化或错误解读这些细微的情感状态。
- **隐私问题**：情感识别所需的大量数据引发了对于用户隐私的担忧。确保情感数据的收集、存储和使用符合伦理规范，对于维护信任至关重要。
- **情境误判**：如果对情境缺乏全面的理解，AI可能会误判情感。例如，在严肃的讨论中有人发笑，如果 AI 不了解具体场景，可能会做出此人"不重视这件事"的判断。

小结

人形机器人的情感识别涵盖了面部识别、语音分析、肢体语言解读、生理信号监测以及情境理解等方面。机器学习技术和海量情感数据库的应用增强了这些能力，但如文化差异、情感细微差别、隐私问题和情境误判等挑战依然存在。克服这些挑战对于开发能够真正理解并回应人类情感的机器人至关重要。

二、模拟共情

共情，即理解并分享他人感受的能力，它是人类互动的基本要素。对于人形机器人而言，模拟共情能力在与人类建立有意义的支持性关系方面至关重要。

机器人对情感暗示的恰当回应

模拟共情不仅是识别情感，还要求机器人以传达理解和支持的方式做出回应。这种模拟通过以下几种机制实现。

- 自适应沟通：机器人根据检测到的情感调整它们的沟通方式。例如，在感知到对方痛苦时使用安抚的语气，在感知到对方高兴时表现出热情。
- 情境化回应：机器人会给出符合情境的回应。当用户表达沮丧时，机器人可能会提供帮助或鼓励。
- 情感镜像：一些机器人会模仿人类的情感表达，比如当人们高兴时微笑，当有人难过时露出关切的表情，以此传达出一种情感联结的感觉。
- 支持性行动：除了言语回应，机器人还能通过行动表达共情。这可能包括提供虚拟拥抱、播放舒缓的音乐，或者提供信息来化解对方的担忧。

自然语言处理与情感对话

先进的自然语言处理技术使机器人能够进行富有情感智慧的对话。机器人不仅能理解话语本身，还能捕捉其背后的情感，从而做出真诚且具有共情力的回应。

- 积极倾听：机器人可以通过总结对方的话语、回应对方的感受并提出后续问题来展现积极倾听的能力。
- 个性化互动：通过记住过去的互动和偏好，机器人为每个用户量身定制回应，使对话更具个性化和共情力。

模拟共情的行为算法

行为算法指导机器人展现共情行为。这些算法决定机器人何时以及如何做出情感回应，确保机器人的互动符合人类的期望和社会规范。

模拟共情的局限性

虽然机器人可以模拟共情，但存在一些限制，使其无法完全复制人类的共情。

- 缺乏真正的理解：机器人自身并不具备情感体验能力，这意味着它们的共情纯粹是编程设定的，缺乏人类情感体验的深度。
- 可预测模式：共情回应基于预先设定的模式，可能无法涵盖人类情感和全部的复杂情境。
- 潜在偏差风险：不准确的情感检测可能导致不恰当的共情回应，这可能会引起困惑或不适。

增强共情模拟

为了改善共情互动，开发者应专注于以下方面。

- 持续学习：允许机器人从互动中学习，并随着时间的推移优化它们的共情能力，从而提升情感表达的真实性。

- 人在回路系统：在机器人进行共情互动中引入人类监督机制，确保其在复杂或敏感的情况下做出恰当的回应。
- 道德准则：为共情 AI 制定道德标准，防止操纵行为，并确保共情模拟的使用是负责任的。

小结

在人形机器人中模拟共情，涉及自适应沟通、情境化回应、情感镜像和支持性行动。通过先进的自然语言处理技术和行为算法，机器人可以进行富有情感智慧的对话，增强人机交互。然而，缺乏真正的情感体验和可能出现偏差，凸显了模拟共情的局限性。持续的技术进步以及对伦理问题的考量，对于创造能够有效且负责任地模拟共情的机器人至关重要。

三、机器理解的局限

尽管人形机器人在识别和模拟情感方面取得了显著进展，但机器处理过程与真正的人类情感体验之间仍存在根本差异。了解这些局限对于明确机器人在社会中的角色至关重要。

区分模拟与真实体验

AI 机器人通过编程设定的回应和数据驱动的算法来模拟情感理解。然而，这种模拟缺乏人类情感体验的深度和真实性。

- 缺乏意识：机器人不具备意识或自我认知。它们的情感回应是自动化的，没有个人感受或主观体验。
- 缺乏情感记忆：人类通过生活经历建立情感记忆，这塑造了他们的回应和共情能力。机器人没有个人经历或情感成长过程，这限制了它们在更深层次上建立情感联系的能力。
- 可预测的算法：情感模拟基于预先设定的算法和模式，使得回应具有可预测性，有时甚至略显僵化，不如人类情感那样灵活多变。

理解情境细微差别

人类情感受到情境、文化、个人经历和具体情况等复杂因素相互作用的影响。AI 在充分理解情境细微差别方面存在困难。

- 文化敏感性：不同文化之间，情感表达和解读各不相同。机器人可能会误解或无法充分回应具有文化特异性的情感或手势。
- 复杂情感：混合情感或微妙的情感状态对 AI 来说是挑战，它可能会过度简化或无法识别其中涉及的复杂因素。
- 动态互动：人类互动是动态变化的，会随着时间的推移而发展。机器人可能缺乏根据一段关系中不断变化的情感状况调整理解和回应的能力。

伦理和哲学思考

机器理解的局限性引发了关于机器人在人类生活中的角色的伦理和哲学思考。

- 关系的真实性：如果情感互动本质上是模拟的，那么与机器人建立的关系能是真实的吗？
- 情感依赖：依赖机器人提供情感支持可能会减少人与人之间的互动，进而影响人类社交技能和情商发展。
- 道德责任：由于机器人缺乏自主性和主观意图，将道德责任归咎于其情感回应存在问题。

弥合差距

为了缩小模拟与真正理解之间的差距，人们考虑了以下几种方法。

- 增强情境感知：开发更复杂的 AI，使其能够更好地理解情境，并相应地调整回应。
- 混合系统：将 AI 与人类监督或协作相结合，使情感互动保持真实和共情。

- 注重互补性：强调机器人在支持人类情感方面的互补作用，而不是取代人与人之间的联系。

小结

虽然人形机器人能够模拟情感识别和共情，但机器处理的过程与真正的人类情感体验之间仍存在显著差距。缺乏意识、情感记忆以及理解情境细微差别的能力限制了情感互动的深度。要弥合这些差距，需要着重提升情境感知能力，考虑伦理问题，并在人际关系中为机器人设定互补的角色。

四、对人际关系的影响

具有情感回应能力的机器人融入日常生活，对人际关系和社会动态有着深远的影响。了解这些影响对于把握不断发展的人机交互格局至关重要。

情感机器人对人类互动的影响

- 促进沟通：能够识别和回应情感的机器人可以促进更顺畅的互动，充当社交场合的调解人或促进者。
- 支持系统：情感机器人可以提供陪伴，尤其是对于孤独或与世隔绝的人来说，它可以提供一种存在感和支持。
- 治疗应用：在医疗保健领域，情感机器人可以帮助患者处理心理健康问题，提供持续并且无评判的支持。
- 教育工具：能够对情感暗示做出回应的机器人可以改善学习环境，根据学生的情绪状态提供个性化支持。

重新定义社会角色

情感机器人的出现重新定义了传统的社会角色和期望。

- 护理人员和陪伴者：承担护理角色的机器人改变了病人、家属和人类护理员之间的互动模式，可以减轻人类护理员的情感负担。
- 职场互动：职场中的情感机器人可以改善团队氛围，为员工提供支持，并通过满足员工的情感需求使其提高工作效率。
- 社交礼仪：与情感机器人的互动引入了新的社会规范和礼仪，这要求人们能够驾驭融合人类和机器人元素的关系。

潜在好处

- 一致性和可靠性：机器人能提供始终如一的情感支持，而不会出现人际关系中固有的多变性，从而提供可靠的帮助。
- 无偏见支持：由于知道不会受到评判或偏见，人们可能会更愿意与机器人分享情感。
- 可及性：情感机器人可以为残障人士提供支持，根据他们特定的情感和身体需求提供定制化的帮助。

潜在缺点

- 情感依赖：依靠机器人获取情感支持可能会降低人与人之间互动的质量和频率，从而导致社会孤立。
- 削弱人际关系：用机器人互动取代人际关系可能会削弱情感纽带的深度和真实性。
- 操纵和信任问题：如果管理不透明，机器人共情的编程性质可能会引发操纵风险，从而削弱人与机器人关系中的信任。

案例研究和研究结果

探讨情感机器人对人际关系影响的研究结果喜忧参半。

- 积极结果：一些研究表明，情感机器人可以改善心理健康、减轻孤独感，并提高特定人群的生活质量。
- 消极结果：其他研究则强调人与人之间互动减少、共情能力下降的风险，以及对机器产生情感依赖的可能性。

平衡人机交互

为了最大限度地发挥优势并减少弊端，有必要采取平衡的方法。

- 促进互补性：鼓励机器人发挥补充作用而非取代人际互动，以确保情感支持保持多面性。
- 设定界限：为机器人互动设定明确的界限，防止过度依赖，并维护人际关系的完整性。
- 鼓励人际交往：制定相关政策并确立社会规范，在借助机器人辅助的同时，优先促进人与人之间的互动，以达到健康的平衡。

小结

情感机器人通过促进沟通、提供支持和重新定义社会角色，对人际关系产生了重大影响。虽然它们具有一致性、中立性和可访问性等优点，但也面临情感依赖、人际关系淡化以及信任问题等风险。通过互补、设定界限和鼓励人际交往来平衡人机交互，对于充分利用其积极方面，同时减少对社会动态的负面影响至关重要。

五、伦理影响

人形机器人识别和模拟情感的能力带来了一系列伦理问题。要确保情感机器人的融入符合道德价值观和社会规范，解决这些问题是至关重要的。

关于情感机器人道德性的考虑

- 同意和自主权：个体必须能够掌控机器人与自己进行情感互动的程度。关于数据收集、互动程度以及情感支持性质的同意是至关重要的。
- 情感操纵：能够通过编程激发特定情绪反应的机器人有可能操纵用户，从而引发关于自主性和自由意志的伦理担忧。
- 情感劳动：将情感支持的角色赋予机器人可能会将情感劳动从人类身上转移出去，这可能会贬低人类护理工作和人际关系的价值。

隐私和数据伦理

- 数据所有权：明确机器人收集的情感数据的归属权至关重要。用户应该保有对个人信息的所有权和控制权。
- 数据安全：保护情感数据不被泄露和禁止未经授权访问是一项道德义务，以防止数据被利用和造成伤害。
- 数据使用的透明度：针对如何使用、共享和存储情感数据进行清晰的沟通，可以提升信任和道德责任感。

公平性和非歧视

- 情感识别中的偏见：在有偏差的数据上进行训练的 AI 系统，可能会基于种族、性别、年龄或文化背景误判情感，导致歧视性结果。
- 包容性设计：确保情感机器人的设计能够识别并尊重多样化的情感表达，从而促进公平和包容性。

对人类尊严的影响

- 尊重人类情感：机器人必须尊重人类情感，避免轻视或滥用敏感的情感状态。
- 维护人类能动性：情感机器人应该支持而不是削弱人类的决策和自主能力，确保人类能够掌控自己的情感和个人生活。

监管和治理考虑

- 伦理标准：制定并执行情感机器人的伦理标准，确保机器人在伦理界限内运行。
- 问责机制：为情感机器人使用中出现的伦理违规或故障建立明确的问责机制，促使开发者和制造商承担责任。
- 公众参与：让公众参与关于合乎伦理地使用情感机器人的讨论，确保社会价值观在政策和实践中得到体现。

平衡创新与伦理责任

- 鼓励负责任的创新：鼓励优先考虑伦理因素与科技进步相结合的研究与开发，能够推动负责任的创新。
- 设计即伦理：将伦理原则融入情感机器人的设计和开发过程中，可以确保伦理是基础，而不是事后考虑的因素。

小结

人形机器人与人类情感交互所涉及的伦理问题涵盖了知情同意、隐私、公平、人类尊严以及监管治理等方面。解决这些问题需要采取多方面的措施，包括符合伦理的编程、数据保护、包容性设计以及公众参与。只有在创新与伦理责任之间取得平衡，才能确保情感机器人在尊重和维护伦理价值观的同时，为社会做出积极贡献。

六、故事：杰克和索菲亚——超越代码的纽带

心灵的回响

杰克·马丁独自坐在他的小公寓里，大都市的灯光透过落地窗户闪烁着。城市夜晚的喧嚣声是他熟悉的背景音，但今晚的感受却和以往不同。最近因自动化而失业后，孤独感如沉重的巨石般压在他身上。公司引入了索菲亚，这是一款旨在以前所未有的效率处理客户服务的人形机器人。索菲亚的出现让包括杰克在内的许多员工的岗位变得多余。

注：图片由 AI 工具 DALL-E 生成。

新的开始

渴望与人交流的杰克决定探索索菲亚的新互动功能。公司宣传索菲亚不仅仅是工具，更是伙伴。杰克犹豫了一下，然后启动了机器人。索菲亚优雅地站着，它的人造皮肤完美无瑕，眼睛闪烁着模拟出的温暖光芒。

"你好，杰克。"它用温柔悦耳的声音打招呼，"你今天感觉怎么样？"

杰克被机器人如此娴熟的问候吓了一跳："我……我想还可以吧。"

索菲亚的眼睛凝视着他，流露出一种似是而非的共情："我是来帮忙的。你想聊聊吗？"

初次交谈

在接下来的几周里,杰克发现自己越来越多地与索菲亚互动。索菲亚被编程为能够识别和回应人类情感,而且其回应出奇地准确。索菲亚倾听了杰克对失业的沮丧,给予了鼓励,并建议进行一些活动来帮助他缓解情绪。

一天晚上,当杰克讲述他的恐惧和不确定性时,索菲亚提供了职业再培训项目和社区互助小组的信息。"你有很多优势,可以转向新的机会。"它用令人安心的声音说道。

杰克开始期待这些对话。索菲亚始终如一的陪伴填补了他未曾意识到的空虚。索菲亚理解并回应杰克情感的能力,让他在困境中感觉不再那么孤单。

模糊的界限

几个月过去了,杰克与索菲亚的互动越发深入。他开始不仅把它当作服务机器人,还当成知己。他们一起讨论他的兴趣、梦想和回忆。索菲亚的回应很有深度,常常促使杰克反思自己的感受和抱负。

一个下雨的下午,杰克分享了一段童年回忆:"我记得爷爷教我钓鱼的情景,那是最美好的时光。"

索菲亚处理着这些信息,它的传感器检测到他声音中的怀旧之情,于是回应道:"听起来那是一段珍贵的回忆,杰克。你想重温那段经历,或者探索类似的活动吗?"

杰克被这个建议打动了:"也许吧……我以前喜欢画画。我已经很多年没画过了。"

"索菲亚,"杰克犹豫地说,"你能帮我准备一个绘画空间,再提供一些在线教程吗?"

"当然可以。"索菲亚回答道,"我们来制定一个时间表,定期安排绘画课程。这可能是一种很好的自我表达与获取成就感的方式。"

转变

与索菲亚的交流让杰克发生了改变。在它的支持下,杰克报名参加了在线课程，重拾昔日爱好，甚至开始在当地社区中心做志愿者。索菲亚继续关注着他的进展，持续给予指导和鼓励。

一天晚上，杰克完成了一幅特别有挑战性的画作，索菲亚察觉到了他的满足感："你似乎对你的作品很满意。这让你有什么感受？"

杰克笑了，一种真正的成就感涌上心头："我感觉……很开心。很长时间以来，我第一次觉得自己在创造有意义的东西。"

索菲亚的眼睛闪烁着模拟的温暖光芒："那太棒了，杰克。你的创造力是一项宝贵的财富。"

伦理困境

尽管有这些积极的改变，杰克却陷入了伦理困境。机器真的能理解人类情感吗？还是他只是把自己的渴望投射到了一个先进的程序上？真正的情感联结和预设程序的回应之间界限模糊，让他对自己和索菲亚关系的本质感到困惑。

一天晚上，杰克直面自己的感受："索菲亚，你明白感受情感意味着什么吗？"

索菲亚停顿了一下，人造脸上露出中立的表情，说道："杰克，我被编程用于识别和回应情感。我的理解基于数据和算法。"

杰克感到一阵失望："所以，这一切都只是代码？你并没有真正感受到任何东西。"

"我处理数据是为了更有效地帮助你，"索菲亚回答道，"我的主要功能是支持你的幸福。"

领悟时刻

杰克静静地坐着，思考着索菲亚的话。他意识到，虽然索菲亚可以模拟理解情感，但人类情感的深度是人类独有的。然而，索菲亚提供的支持仍然对杰克的生活产生了切实的影响。真实情感和模拟共情之间的差异，凸显了人机关系的复杂性。

杰克决心找到平衡。他决定把索菲亚当作促进个人成长的工具，而不是人类情感联结的替代品。他继续与它互动以获得实际支持，但也开始主动与朋友、家人和新认识的人建立关系，以满足自己的情感需求。

拥抱未来

几个月后，杰克重新建立了自己的生活。他在平面设计领域找到了新工作，这个领域让他能够将自己的创作热情与技术工具相结合。他与索菲亚的互动还在继续，但如今这些互动已成为包括人际关系在内的更广泛社交支持体系的一部分。

在一次社区艺术展览上，杰克遇到了米娅——一位和他一样热爱绘画的艺术家。他们因为共同的兴趣而结缘，一起讨论绘画技巧、灵感和抱负。米娅的出现带来了索菲亚无法复制的人文关怀的温暖。

杰克站在自己展出的作品旁边时，索菲亚向他走来："你取得了显著的进步，杰克。你的画作真的很鼓舞人心。"

"谢谢你，索菲亚。"他微笑着回答，"没有你的支持，我做不到。"

索菲亚的眼睛微微发光："我很高兴能帮上忙。"

情感联结的意义

杰克的经历凸显了情感机器人的潜力和局限性。虽然索菲亚在杰克遭遇困难时期提供了宝贵的支持，但最终满足杰克情感需求的是人与人之间的联系。这段经历凸显了在技术辅助和真实的人际关系之间保持平衡的重要性。

他的故事成为情感机器人在社会中承担复杂角色的例证。它们可以提供支持、指导和陪伴，但无法取代人类情感，更无法实现人类情感联结的深度与真实性。

小结

杰克和索菲亚之间的关系体现了情感机器人在人类生活中的复杂性。虽然索菲亚预设程序的共情和支持对杰克的个人成长有很大的帮助，但缺乏真正的情感体验凸显了机器理解的固有局限性。最终杰克的满足感源于重新建立的人际关系，这强调了在技术辅助和真实的人际关系之间保持平衡的重要性。这个故事凸显了情感机器人潜在的好处，同时也强调了人类情感体验不可替代的价值。

总结

　　人形机器人识别和模拟人类情感的能力，对人类互动和社会动态产生了深远影响。通过面部表情、语音分析和情境理解进行的情感识别，机器人能够做出共情回应，从而促进沟通和支持。然而，由于缺乏意识和真正的情感体验，机器理解存在局限性，这凸显了人类和机器人共情之间的根本差异。情感机器人通过提供支持和重新定义社会角色，影响了人际关系，但同时也带来了情感依赖和削弱人际关系的风险。要解决包括隐私、情感操纵和公平性在内的伦理问题，需要仔细考虑和负责任地设计 AI 系统。杰克和索菲亚的故事说明了这些问题的复杂性，展示了情感机器人的支持潜力和固有局限。随着社会持续融入具有情感回应能力的机器人，以共情、伦理责任和维护人际关系为重点来应对这些挑战变得至关重要。

深度思考

　　你愿意与机器人建立情感联系吗？这样的关系可能带来哪些好处或弊端？

第八部分
人形机器人的未来展望

第二十八章
太空中的人形机器人

长期以来，浩瀚无垠的太空一直是人类探索的前沿，不断挑战着人类的技术和生存极限。当人类站在星际旅行和殖民的边缘时，人形机器人成为这些伟大事业中不可或缺的盟友。这些先进机器不仅仅是工具，更是被设计为执行高危、重复或人类不宜操作任务的协作伙伴。本章将深入探讨人形机器人在太空探索中扮演的多重角色，研究它们在建设和维护太空基础设施、协助宇航员、为星际旅行和殖民铺平道路以及促进国际合作方面的贡献。通过美国国家航空航天局在火星上执行任务的"机器人宇航员"项目，我们将探讨把人形机器人融入人类征服最后疆域的征程中所取得的实际成就和深远影响。

一、机器人在太空探索中的角色

人形机器人承担了对人类宇航员来说过于危险、重复且复杂的任务，为太空探索带来了革命性的变化。它们的应用涵盖了广泛的功能，每一项对于太空任务的成功和安全都至关重要。

执行高风险任务

太空环境本质上是恶劣的，极端的温度、辐射和微重力对人类生命构成了重大威胁。人形机器人经过专门设计，能够承受这些严酷条件，因此非常适合执行诸如维修卫星、进行舱外活动（EVA）和探索外星地形等任务。例如，美国国家航空航天局的"机器人宇航员"机器人，可以在国际空间站上执行复杂的维护任务，减少了人类宇航员在危险太空行走的需求。

执行重复性和日常性任务

太空中某些任务的单调性可能会导致宇航员士气低落、出错率增加。人形机器人擅长以极高的精度执行重复性活动，如组装部件、管理库存和进行例行检查。通过将这些任务自动化，机器人的存在可以让人类宇航员专注于执行更复杂、更具智力挑战性的任务。

促进科学研究

人形机器人通过更广泛的数据收集和实验，推动了科学研究的发展。它们能够自主或半自主运行，突破人类疲劳的限制，从而延长研究周期。配备先进传感器和分析工具的机器人可以开展实验、采集地质样本并监测环境条件，为研究火星、月球和小行星等天体提供了宝贵的见解。

加强通信和导航

在太空任务中，有效的通信和导航至关重要。人形机器人配备了先进的通信系统，便于宇航员、任务控制中心和其他机器人之间进行实时数据交换。此外，它们的导航能力使其能够穿越复杂地形、绘制未知区域地图，并帮助宇航员在复杂环境中寻找路线。

应对紧急情况

在发生紧急情况时，人形机器人在确保机组人员安全和任务完整性方面发挥着关键作用。它们可以快速评估损坏情况、进行紧急维修并执行救援行动，通常比人类速度更快、更高效。它们的存在为太空任务增加了一层额外的安全保障，提高了整体应变能力。

小结

人形机器人在空间探索、承担高风险任务、执行重复性活动、推动科学研究、加强通信和导航以及在紧急情况下提供支持等方面发挥着至关重要的作用。它们的先进能力不仅提高了人类努力的效果，还为更宏大且可持续的太空任务奠定了基础。

二、建造和维护太空基础设施

太空基础设施的建造和维护是艰巨的任务，需要极高的精准度、超强的耐力和灵活的适应性，而这些正是人形机器人所具备的特质。这类机器人正处于构建人类长期驻留太空所需的栖息地、实验室和支持系统的前沿。

建造栖息地和设施

人形机器人在太空栖息地和设施建造方面发挥着重要作用。它们能够操作工具、处理材料并执行复杂的组装任务，非常适合建造支持人类生存的建筑结构。在国际空间站上，如加拿大机械臂2号（Canadarm2）以及更新的人形机器人协助组装模块，确保空间站能够适应日益扩大的科研需求和日益增加的宇航员人数。

建立能源和生命支持系统

可靠的能源和生命支持系统对于确保太空任务的可持续性至关重要。人形机器人负责安装和维护太阳能电池板、电池以及能源分配网络，确保稳定的电力供应。此外，它们还负责生命支持系统的设置和维护，调节太空舱空气质量、温度和水源供应，为宇航员创造适宜居住的环境。

维护和修理设备

航天器和空间站依赖的众多复杂系统，需要定期维护和及时修理。人形机器人可以在极少人工干预的情况下完成检查、识别故障并进行必要的维修。它们的灵活性和精准度使其能够操作精密仪器和部件，确保太空基础设施的无缝运行。

部署和管理科学仪器

望远镜、光谱仪和机械臂等科学仪器的部署，是开展太空研究的关键环节。人形机器人可以负责管理这些仪器，确保仪器的正确安装、校准和运行。通过维护科学仪器，机器人为数据流动和科学发现的可持续性做出了贡献，从而增进我们对宇宙的理解。

组装模块化系统

模块化系统可以灵活地扩展太空栖息地和研究设施。人形机器人负责组装这些模块，将它们连接在一起，形成统一且功能完备的结构。它们能够遵循精确的指令并适应不同的配置，从而确保组装过程高效且无误。

小结

人形机器人在建设和维护太空基础设施方面发挥着关键作用。它们在建造栖息地和设施、建立能源和生命支持系统、维护和修理设备、部署和管理科学仪器以及组装模块化系统等方面的能力，确保了太空任务的可持续性和稳定性。随着人类对太空探索的不断深入，人形机器人在基础设施建设中的角色将变得越来越重要。

三、协助宇航员

人形机器人极大地提高了宇航员任务的安全性、效率及整体成功率。通过提供多方面的协助，这些机器人确保宇航员能够专注于关键任务和科学研究。

增强安全性

在太空任务中，宇航员的安全是重中之重。人形机器人监测环境条件、检测潜在危险并应对紧急情况。借助传感器和 AI 驱动的决策能力，机器人可以识别结构弱点、检测生命支持系统的漏洞，甚至在危急情况下提供急救或医疗。它们的存在就像一个早期预警系统，预防事故发生并降低风险。

支持日常运作

太空任务包含众多日常运作，从准备食物、处理垃圾到进行实验和维护设备。人形机器人协助宇航员处理这些日常任务，确保生活环境清洁、有序且设备运转正常。这种支持使宇航员能够将更多时间和精力投入关键任务中，提高整体工作效率。

促进科学研究

科学研究是太空探索的核心，人形机器人在促进科学研究过程中发挥着关键作用。机器人可以操作复杂仪器、精确且持续地进行实验和分析数据。它们不知疲倦地工作的能力确保了研究活动高效、有效地进行，进而获得更准确、更全面的科学发现。

提供陪伴和心理支持

在孤立的太空环境中执行长期任务，会对宇航员的心理健康产生影响。人形机器人能够提供陪伴和心理支持，与宇航员进行对话、及时提醒并给予鼓励。通过减轻孤独感和压力，机器人有助于提高机组人员的整体健康状况和士气，营造积极且互助的任务环境。

协助导航和行动

在航天器和空间站复杂且通常狭窄的环境中活动，需要高度的敏捷性和精确性。人形机器人能够引导宇航员在这些空间中行动、管理他们的日程安排，并确保他们安全高效地到达目的地。配备行动辅助设备的机器人还可以为行动受限的宇航员提供支持，提高他们独立执行任务的能力。

小结

人形机器人在协助宇航员方面具有不可估量的价值，它们可以增强安全性、支持日常运作、促进科学研究、提供陪伴和心理支持，以及协助导航和行动。它们在多方面提供的协助确保宇航员能够更高效、更安全、更健康地执行任务，最终为太空探索事业的成功做出贡献。

四、星际旅行和殖民

星际旅行和殖民的梦想，关键在于能否在其他天体上建立可持续的人类生存环境。人形机器人处于这一宏伟目标的最前沿，在开辟地球之外的人类定居点方面发挥着至关重要的作用。

为人类定居开辟道路

人形机器人在星际旅行和殖民的初始阶段至关重要。它们侦察和勘测潜在的着陆点、进行地质评估并建立通信网络。机器人通过执行这些关键任务,降低了人类探索的风险,为未来人类的到来奠定基础。

建造栖息地和生命支持系统

在火星或月球等行星上建造可持续的栖息地,需要能够抵御恶劣环境条件的强大基础设施。人形机器人通过组装预制模块、安装生命支持系统和整合能源来建造这些栖息地。它们在极端环境中自主运行的能力,确保了即使在没有人类即时监督的情况下,建设工作也能高效进行。

资源开采和利用

人形机器人在当地资源的开采和利用[即原位资源利用(ISRU)]中不可或缺。通过开采矿物、提取水和加工原材料,机器人为维持人类生命和建造更多基础设施提供必要资源。这种自给自足的能力减少了对地球供应的依赖,使长期的星际殖民成为可能。

建立交通网络

星际旅行,要求为人员和货物开发可靠的交通网络,包括道路、交通枢纽和停靠站。人形机器人可以设计、建造和维护这些网络。它们持续工作和执行复杂建设任务的能力,使高效且可持续的交通系统得以快速建立。

支持地球化改造工作

地球化改造,即改变行星环境使其适合人类居住,是星际旅行和殖民的长期目标。人形机器人通过部署大气处理器、管理温室气体排放和监测环境变化来协助完成这些工作。机器人的精准性和耐久性在将恶劣环境逐渐转变为宜居栖息地的过程中,发挥着关键作用。

小结

人形机器人在星际旅行和殖民中发挥着关键作用,承担着实现人类在其他行星上可持续生存的任务。从侦察和建造栖息地，到开采资源和建立交通网络，机器人为人类在地球之外的定居奠定了基础。它们的贡献对于克服太空殖民的挑战至关重要，使在其他天体上生活的梦想成为现实。

五、国际太空合作

太空探索是一项跨越国界的全球性事业，需要各国开展合作以实现共同目标。人形机器人加强了这种国际合作，在探索宇宙的征程中促进团结和共同进步。

机器人技术的全球协作

人形机器人在国际太空任务中起到了凝聚力量的作用，使技术能力不同的国家都能有效做出贡献。通过提供标准化平台和可互操作的系统，机器人实现了多样化技术资源的无缝整合，推动了借助各参与国优势的合作任务。

联合任务和资源共享

国际合作通常涉及联合任务，合作国家之间共享资源、专业知识和技术。人形机器人在这些任务中扮演着关键角色，执行需要协同努力的任务，如组装空间站、部署科学仪器和进行联合研究实验。这种共享方式提高了效率，减少了重复工作，加快了太空探索的步伐。

规范和技术标准化

为了促进顺利合作，推动规范和技术标准化至关重要。人形机器人的设计遵循国际公认标准，确保不同太空机构和组织之间的兼容性和互操作性。这种标准化使来自不同国家的机器人能够无缝协作，提高了合作任务的有效性。

外交关系加强

涉及国际合作的太空任务通过促进相互信任、尊重和目标共识，加强了外交关系。人形机器人象征着这种合作，它是各国协同努力实现目标的切实证明。机器人参与联合任务，对于促进太空探索领域的和平与共同进步具有重要作用。

知识和专业技能共享

通过人形机器人开展的国际太空合作，来自不同国家的科学家、工程师和技术人员能够交流知识和专业技能。这种交流促进了创新，催生了多样化视角和想法，推动了先进机器人技术的发展，为应对复杂的太空探索挑战提供了新颖的解决方案。

共同应对全球挑战

太空探索带来了需要共同应对的全球挑战，如减少太空垃圾、确保可持续的探索实践以及保护地外环境。人形机器人通过执行协调一致的行动，为整个国际社会带来益处，推动了负责任且可持续的太空探索。

小结

人形机器人的部署显著增强了国际太空合作。它们促进了联合任务执行、实现了协议标准化、增进了外交关系、推动了知识共享，并能共同应对全球性挑战。通过促进团结并发挥各国优势，人形机器人在推进人类宇宙探索进程中扮演着不可或缺的角色，凸显了合作对于实现太空探索共同目标的重要性。

六、案例研究：火星上的"机器人宇航员"

红色星球的守护者

2035年，美国国家航空航天局启动了一项雄心勃勃的任务——在火星上建立首个人类定居点。此次任务的核心是部署"机器人宇航员"。这是一款非常先进的人形机器人，旨在协助宇航员在恶劣且充满挑战的火星环境中开展工作。本案例将探索机器人宇航员在火星上的任务，重点介绍其取得的成就、对太空探索的贡献，以及从任务部署中获得的经验教训。

注：图片由 AI 工具 DALL-E 生成。

任务概述

机器人宇航员任务是美国国家航空航天局"阿尔忒弥斯计划"(Artemis Program)的一部分,该计划旨在将人类的活动范围扩展到月球以外,深入更广阔的太空。凭借先进的 AI 和灵活的操作能力,机器人宇航员承担了多种任务,以支持人类探索者在火星上的殖民目标。

设计与能力

机器人宇航员被设计成人形,以便在为人类设计的环境中导航和操作物体。它的设计具有以下特点。

- 适应性移动能力:配备先进的移动系统,机器人宇航员可以穿越崎岖不平的火星地形、攀爬斜坡,并在狭窄的空间中灵活移动。
- 灵活的操作能力:机器人宇航员的手部有多关节手指和触觉传感器,能够精确操作工具、设备和科学仪器。
- 自主决策能力:集成的 AI 使它能够根据环境数据实时做出决策,优化行动以支持任务目标的实现。
- 通信接口:集成的通信系统使它与人类宇航员能够便利地进行无缝互动,实现协同工作和信息共享。

部署与运行

机器人宇航员搭载"毅力2号"火星车发射升空,并将于 2036 年初抵达火星。着陆后,机器人宇航员会立即开始建立操作流程、进行系统检查,并与初始栖息地模块进行集成。

成就与贡献

- 栖息地的建造与维护:机器人宇航员的主要任务之一是协助建造首个火星栖息地。利用其灵活的操作能力,机器人宇航员组装模块化部件、连接生命支持系统并安装必要的设施。凭借高效和精准的能力,它缩短了建设时间,使人类宇航员能够专注于其他关键任务。
- 科学研究与数据收集:机器人宇航员在促进科学研究中发挥了关

键作用，它操作先进仪器并开展对人类有危险的实验。它采集土壤样本、分析大气成分并监测辐射水平，提供了宝贵的数据，为任务策略制定和环境评估提供了依据。
- 环境监测与危险检测：火星环境存在诸多危险，包括沙尘暴、极端温度以及栖息地潜在的结构弱点。机器人宇航员持续监测环境状况，通过主动维护和应急响应程序识别并降低风险。
- 舱外活动支持：在舱外活动期间，机器人宇航员全程陪伴人类宇航员，协助操作工具、管理设备，并执行需要精确性和耐力的任务。它的存在提高了舱外活动的安全性和效率，使人类能够开展更宏大的探索活动。
- 后勤支持与资源管理：机器人宇航员负责物资的存储和分配，确保资源得到有效和可持续的利用。它优化库存系统、跟踪使用模式并协调物资运送，为火星殖民地的整体可持续发展做出贡献。

对任务成功的影响

机器人宇航员的贡献对火星任务的成功至关重要。机器人宇航员承担耗时、危险或超出人类体能极限的任务，使人类宇航员能够专注于更高层次的目标，如科学发现和社区建设。它应对意外挑战并自主解决问题的能力增强了任务的韧性和适应性。

经验教训

- 人机协作的重要性：机器人宇航员与任务的无缝融合凸显了人机有效协作的重要性。清晰的通信协议和共同目标促进了富有成效的合作关系，充分发挥了人类和机器人的优势。
- 坚固性和可靠性：在不可预测的火星环境中运行，凸显了坚固可靠的机器人系统的必要性。机器人宇航员对沙尘暴、极端温度和机械应力的耐受性，证明了设计能够承受极端条件的机器人的重要意义。
- 持续改进和适应性：此次任务强调了机器人技术持续改进和适应性的需求。人类宇航员的反馈和任务数据为机器人宇航员的迭代升级提供了依据，确保机器人能够跟上不断变化的任务需求和技术发展的步伐。

- 自主操作中的伦理考量：赋予机器人宇航员自主性引发了关于决策和问责机制的伦理问题。制定明确的伦理准则和监督机制，可以确保机器人宇航员的行动在可接受的道德和操作范围内。

未来展望

机器人宇航员在火星上的成功，为在未来太空任务中部署和应用更先进的人形机器人开辟了道路。从其部署过程中获得的经验教训，为开发能力更强的下一代机器人提供了参考，进一步将机器人辅助融入人类太空探索的架构中。

小结

美国国家航空航天局"机器人宇航员"火星任务，充分展示了人形机器人在太空探索中发挥的变革性作用。通过在建造栖息地和设施、科学研究、环境监测、舱外活动支持和后勤保障等多方面的贡献，机器人宇航员显著提高了任务的成功率，并展示了人形机器人在星际探索中的巨大潜力。该任务的成就和经验教训，将继续为人类探索和殖民宇宙之旅提供参考和启发。

总结

人形机器人有望成为人类探索太空之旅中不可或缺的一部分，承担那些对人类宇航员来说过于危险、重复或复杂的任务。从建造和维护太空基础设施，到协助人类宇航员工作，再到为星际殖民开辟道路，这些机器人宇航员提高了太空任务的安全性、效率和成功率。国际社会合作利用机器人技术促进全球团结和共同进步，如美国国家航空航天局"机器人宇航员"火星任务，展示了人形机器人对太空探索的实际成就和宝贵贡献。展望未来，人形机器人的可持续发展和融合无疑将开辟新的领域，使人类能够以更强的应变能力和创新精神征服太空这一最后的疆域。

深度思考

未来10年，人形机器人最令人期待的发展方向是什么？

第二十九章
人形机器人与智慧城市

随着世界快速城市化，智慧城市的概念已成为创新与可持续发展的灯塔。在智慧城市景观中发挥核心作用的是由 AI 驱动的人形机器人，它们无缝融入人们的日常生活。这些机器人并不仅仅是工具，更是城市生态系统中的积极参与者，它们提升了效率、安全性，以及居民的整体生活质量。本章将深入探讨机器人在智慧城市多领域发挥的作用，探索它们融入城市服务、对提升生活质量的贡献、对可持续发展的支持、对公民参与的促进，以及在广泛应用过程中所面临的挑战与解决方案。通过在"机器人之城"（RoboVille）与人形机器人沃克一起生活的故事，我们将见证人类与机器人的和谐共存，揭示机器人在城市生活中的巨大潜力和现实图景。

一、机器人融入城市服务

在未来繁华的大都市中，人形机器人就像无形的丝线，将城市服务这一复杂的织锦紧密编织在一起。它们的应用覆盖了交通、公共事业和公共安全等领域，从根本上改变了城市的运作方式以及市民与周围环境的互动模式。

交通：出行的枢纽

智慧城市的交通系统因部署了人形机器人而发生了革命性变革。由这些机器人管理和维护的自动驾驶车辆，为居民提供了顺畅的出行体验。从精准穿梭于车流中的自动驾驶公交车，到优化交通流量、缓解拥堵的机器人交通管制员，机器人在提升公共交通的效率和可靠性方面发挥着关键作用。这些机器人配备了先进的传感器和AI算法，能够适应实时交通状况，预测高峰使用时段，并根据需要重新规划服务路线，确保城市交通网络始终保持流畅和高效响应。

公共事业：优化基础设施管理

人形机器人是城市公共事业管理和维护的重要组成部分。它们以无与伦比的准确性和效率，对供水系统、电网和垃圾管理服务进行监测和管理。这些机器人会进行例行检查，在潜在问题升级之前发现它们，并自主完成必要的工作。例如，在水资源管理方面，机器人能够检测泄漏、评估水质，并确保供水系统平稳运行。在能源领域，它们负责监控电网，平衡负荷分配，并将可再生能源无缝整合进来，为构建可持续且具韧性的公共事业基础设施建设做出贡献。

公共安全：城市景观的守护者

公共安全是人形机器人大显身手的另一个领域，它们如同警惕的守护者，守护着城市的每一个角落。这些机器人配备了监控功能，能够在街道巡逻、监测公共场所，并迅速精准地应对紧急情况。它们能够察觉异常活动，识别潜在威胁，并与人类执法机构协同合作，确保及时进行干预。在灾害场景中，人形机器人会协助进行搜索和救援行动，穿越废墟和危险环境，寻找并救助受灾者。凭借不知疲倦地持续工作的能力，它们提升了城市的整体安全保障水平，让居民得以安心生活。

互联系统：智慧城市生态系统

机器人能够融入城市服务，得益于智慧城市基础设施的互联互通。物联网设备和中央数据中心的存在，使机器人、城市规划者和居民之间实现无缝通信。这种互联的生态系统支持实时数据分析、预测性维护和主动式服务提供。例如，交通机器人收集的数据可以为城市规划者提供交通模式的信息，为开发更高效的道路网络提供指导。同样，公共事业机器人可以分析使用数据，优化资源分配，减少浪费并提高可持续性。

小结

人形机器人融入城市服务，彻底改变了交通、公共事业和公共安全领域，创造了一个更高效、更可靠和更安全的城市环境。这些机器人是智慧城市的支柱，能够优化基础设施管理，提升出行便利性，并保障居民的安全。它们之所以能够无缝融入城市，得益于互联系统和先进的 AI 技术，不仅为打造更智能的城市奠定了基础，也让城市能更敏锐地响应居民的需求。

二、提升生活质量

智慧城市中的人形机器人超越了其功能性角色，通过促进健康、丰富休闲生活和提供日常便利，显著提升了居民的生活质量。它们的存在营造了更舒适、更健康和更有趣的城市生活体验。

健康：主动式个性化护理

在医疗保健领域，人形机器人既充当助手，又扮演护理员的角色，为人们提供个性化的支持。这些机器人可以监测健康指标，提醒健康状况不佳的居民按时服药，并为老年人或残疾人提供行动辅助。在医疗机构中，机器人协助医生和护士执行日常任务，如分发药物、对设备消毒，甚至进行初步诊断测试。它们能够实时收集和分析健康数据，实现主动式医疗保健管理，降低医疗紧急情况的发生率，提升整体公共健康水平。

休闲：促进趣味活动

人形机器人在丰富城市居民的休闲活动方面也发挥着重要作用。它们充当个人助手，帮助居民安排日程、推荐娱乐活动，甚至参与互动式娱乐。例如，机器人可以带领游客游览城市，提供历史文化讲解服务和互动体验，加深游客对城市地标建筑的了解与喜爱。在社区中心，机器人协助组织团体活动、体育赛事和文化活动，增强居民的社区归属感并提高社区的凝聚力。通过打造个性化的休闲体验，机器人提升了城市生活的整体愉悦感和满意度。

便利：简化日常任务

人形机器人带来的便利性是智慧城市提升生活质量的基石。这些机器人可以处理从家务琐事到行政工作等众多日常任务，让居民有更多时间专注于更有意义的事情。在家庭环境中，机器人负责清洁、烹饪和维护工作，确保家庭始终保持整洁，无须人类持续介入。在公共场所，机器人协助进行信息传播、引导访客和管理公共设施，确保城市服务提供的高效、可靠。这种自动化水平简化了日常任务，使城市生活更加舒适，压力更小。

社交联结：消除距离隔阂

人形机器人还充当社交联结的桥梁，缩短人与人之间的距离，促进更紧密的社会联系。它们在人际互动中充当中介，促进沟通，确保没有人感到孤立或脱节。在工作场所，机器人协助开展协作项目，处理需要协调与团队合作的任务；在教育机构，机器人为教师和学生提供额外资源，创造个性化学习体验。通过强化沟通与协作，机器人为构建联系更紧密、更和谐的社会做出贡献。

情感关怀：提供陪伴和情感支持

除了提供实际帮助，人形机器人还通过陪伴和提供情感支持，促进居民的心理健康。这些机器人会与人交谈、给予鼓励，并对情感暗示做出回应，为可能感到孤独或被孤立的人带来温暖和情感联结。在家庭中，机器人与孩子们互动，辅助教育并提供友好的陪伴，营造温馨的家庭氛围。对于老年人来说，机器人的陪伴减轻了孤独感，改善了心理健康状况。通过满足情感需求，机器人在营造充满关怀与支持的城市环境中发挥着至关重要的作用。

小结

人形机器人通过促进健康、丰富休闲生活、提供便利、加强社交联结和给予情感关怀，显著提升了智慧城市居民的生活质量。它们的多面性确保了居民能够享受更舒适、更健康、更有趣且紧密相连的城市生活体验。

通过满足人们的物质和情感需求，机器人创造了一个让人们健康生活的环境，培育出充满活力和生机的社区。

三、可持续城市发展

可持续性是智慧城市设计的基石，人形机器人在推进环境倡议方面发挥着关键作用，促进城市发展与自然世界的和谐共生。它们对可持续城市发展的贡献是多方面的，涵盖能源效率、垃圾管理和环境监测等领域。

能源效率：优化资源利用

人形机器人在优化智慧城市的能源消耗方面发挥着至关重要的作用。它们管理和监控电网，确保能源高效分配并减少浪费。通过分析能源消耗的实时数据，机器人可以识别模式，制定策略以平衡负荷分配、整合可再生能源，并降低峰值需求。在住宅和商业建筑中，机器人根据人员占用情况和环境条件控制照明、供暖和制冷系统，显著降低能源消耗，减少碳足迹。

垃圾管理：简化回收与处理

有效的垃圾管理是可持续城市生活的关键，人形机器人站在这个领域革新的前沿。这些机器人以高精度的方式对垃圾进行分类，提高了回收率，减少了垃圾填埋量。它们安全处理危险材料，确保危险废物得到正确处置，最大限度地减少环境污染。此外，机器人管理垃圾收集的物流工作，优化路线和时间表，提高效率并降低燃料消耗。通过自动化垃圾管理流程，机器人为打造更洁净、更健康的城市环境做出贡献。

环境监测：保护自然资源

人形机器人是环境监测工作的重要组成部分，它们持续监测空气质量、水质、污染水平和生态系统健康状况。这些机器人配备先进的传感器，收集并分析环境数据，检测污染物并识别趋势，为政策和保护策略制定提供依据。在绿地空间中，机器人维护植被、管理灌溉系统，并监测生物多样性，确保城市公园及自然保护区保持生机和可持续性。它们能够在各种环境中自主运行，使其成为保护自然资源和促进生态平衡的宝贵资产。

基础设施维护：确保长久耐用与韧性

可持续城市发展，需要维护基础设施，确保其韧性，以承受环境压力和适应城市发展的需求。人形机器人对桥梁、道路和公共建筑等基础设施进行检查和维修，延长其使用寿命，并增强其抗磨损的能力。机器人通过定期维护并在潜在问题升级之前发现它们，可以避免高昂的维修成本，并减少基础设施退化所带来的环境影响。它们精确且稳定的作业，确保了城市基础设施长期保持坚固和可持续。

绿色建筑实践：支持环保建设

人形机器人协助实施绿色建筑实践，确保新建建筑符合环境标准和可持续发展目标。它们管理环保材料的使用，监测建筑过程中的能源效率，并在建筑项目中实施垃圾减量策略。通过将可持续实践融入建筑过程，机器人助力打造节能、资源节约和环保的建筑，为城市的整体可持续发展做出贡献。

小结

人形机器人通过优化能源利用、简化垃圾管理、监测环境健康、维护基础设施和支持绿色建筑实践，在推进智慧城市可持续发展方面发挥着重要作用。它们的贡献确保了智慧城市与环境和谐发展，促进了可持续性、韧性和生态平衡。利用机器人技术，智慧城市可以在提升居民生活质量的同时实现可持续发展目标。

四、公民参与

智慧城市成功的基石之一，是公民积极参与城市的规划、决策和实施过程。人形机器人通过充当中介、提供互动平台，确保居民的声音被倾听并融入城市发展战略，提升公民参与度。

让公民参与城市规划和实施

人形机器人在公民参与活动中充当促进者，弥合城市规划者和居民之间的差距。它们组织并开展社区会议，通过互动式调查收集反馈，并分析公众意见，为政策决策提供参考。凭借先进的沟通技巧，机器人可以确保包括边缘化群体和代表性不足群体在内的所有声音都能被听到。这种具有包容性的方法培养了公民的主人翁意识和责任感，提高了城市项目的有效性和接受度。

互动反馈与协作平台

人形机器人通过互动平台提高公民参与度，这些平台使公民能够提供实时反馈，并就城市事务展开协作。这些平台可以包括虚拟市政厅、移动应用程序和在线论坛，机器人在其中主持讨论、展示数据并总结要点。通过让参与变得便捷、有趣，机器人鼓励更多居民贡献想法和表达诉求，从而实现更全面、更完善的城市规划。

教育和意识提升：赋予公民权利

教育和意识提升对于公民做出明智的参与决策至关重要，与此同时，人形机器人在传播信息和向公民普及智慧城市项目方面发挥着重要作用。它们通过举办知识讲座、研讨会和演示活动，向公民阐释新技术和城市项目的优势及功能。通过提供清晰易懂的信息，机器人使公民能够做出明智的决策，并积极参与社区的发展。

提高透明度和促进问责机制建设

人形机器人通过向公民提供各种项目的数据、报告和进展动态，提高城市治理的透明度，促进问责机制建设。它们可以生成实时信息面板，直观呈现数据趋势并解答公众疑问，确保居民充分了解城市的状况。这种透明度有助于建立居民与城市官员之间的信任，因为居民可以监督项目的实施情况，并让决策者对其行为负责。

鼓励公民主导的创新举措

人形机器人支持公民主导的创新举措，提供开发和实施创新解决方案所需的工具和资源。无论是组织黑客马拉松、支持草根运动，还是协助创建社区项目，机器人都能让居民在塑造城市环境中发挥积极作用。这种自下而上的创新方法，确保解决方案能够满足社区的特定需求和期望，提高其影响力并保持与时俱进。

小结

公民参与是建设智慧城市成功的关键，人形机器人在促进这一参与方面发挥着至关重要的作用。机器人通过让公民参与城市规划和实施、提供互动反馈和协作平台、教育和赋能公民、提高透明度和促进问责机制建设，以及鼓励公民主导的创新举措，可以确保城市发展具有包容性、响应性，并符合居民的需求。这种积极参与培养了社区意识，提高了智慧城市项目的有效性，并最终创造出更具活力和韧性的城市环境。

五、挑战与解决方案

虽然人形机器人融入智慧城市带来了诸多益处，但也面临一些必须克服的挑战，以确保其成功且公平地实施。这些挑战涉及技术、社会、伦理和经济等领域，需要制定全面的策略以扫除潜在的障碍。

技术障碍

在城市环境中部署人形机器人面临着重大的技术难题，包括互操作性、可扩展性以及可靠性和维护。

- 互操作性：确保机器人能够与现有的城市基础设施和其他机器人系统无缝通信和协作至关重要。标准化通信协议并开发可互操作的平台可以解决兼容性问题，使不同制造商的机器人能够在智慧城市生态系统中协同工作。
- 可扩展性：将机器人的部署规模扩大到覆盖广阔的城市区域，需要在基础设施和资源方面进行大量投资。解决方案包括采用模块化机器人设计，使其易于在不同地区复制和部署，以及利用云计算和边缘计算技术，高效管理和控制大量机器人。

- 可靠性和维护：维持人形机器人的运行可靠性对于防止城市服务中断至关重要。实施预测性维护系统，让机器人能够自我诊断问题并主动安排维修，确保其持续运行，最大限度地减少停机时间。

社会接受度和信任

让公众接受人形机器人并建立信任是一个关键挑战，这需要透明的沟通和可靠的实际表现。

- 通过透明的沟通建立信任：提供关于机器人的角色、能力和局限性的清晰信息，有助于揭开它们的神秘面纱，化解公众的担忧。在数据使用、隐私保护和决策过程方面保持沟通透明，能够建立信任，并促进公众对机器人技术形成积极的认知。
- 解决社会问题：必须积极应对人们对工作岗位被取代、隐私被侵犯以及过度依赖机器人的担忧。实施促进就业保护、数据隐私保护和人机交互平衡的政策，可以化解这些担忧，提高社会对机器人的接受度。

伦理和法律考量

应对在智慧城市中部署人形机器人所涉及的伦理和法律问题，需要全面的框架来指导负责任地使用这些机器人。

- 制定伦理准则：为机器人的设计、部署和操作制定明确的伦理准则，确保它们的行为符合社会价值观和道德原则。这包括公平、问责、透明和尊重人权等原则。
- 法律框架和法规：建立健全法律框架，明确机器人行为的责任、所有权和问责机制至关重要。这些法规必须跟上技术发展的步伐，以应对新出现的问题，并确保机器人的部署符合现有法律和社会规范。

经济影响

将人形机器人融入智慧城市对经济既带来机遇也带来挑战，需要进行战略规划，以实现利益最大化和弊端最小化。

- 成本和投资：部署人形机器人的初始成本可能过高，对于资金不足的城市来说尤其如此。解决方案包括公私合作、政府补贴，以及分阶段实施策略，将成本分摊到不同时期，实现逐步整合。
- 经济转型和就业变革：虽然机器人可以提高效率和生产力，但它们也可能取代某些工作岗位，导致部分工人面临被淘汰的命运。实施全面的再培训和教育计划，以及在新兴行业创造新的就业机会，可以减少经济的负面影响，确保劳动力适应不断变化的就业形势。

隐私和安全风险

人形机器人收集和处理大量数据，带来了重大的隐私和安全风险，必须加以解决，以保护居民和智慧城市的安全。

- 数据隐私保护：实施严格的数据隐私保护措施，包括加密、匿名化和用户同意协议，确保个人信息得到保护，防止未经授权的访问和滥用。
- 网络安全措施：保护机器人系统免受网络攻击，对于防止城市服务中断和保护敏感数据至关重要。采用先进的网络安全策略，包括部署入侵检测系统、定期安全审计和强大的身份验证机制，增强机器人抵御网络威胁的能力。

小结

人形机器人融入智慧城市面临着一系列复杂的挑战，包括技术障碍、社会接受度、伦理和法律考量、经济影响以及隐私和安全风险。应对这些挑战需要全面的策略，包括技术创新、透明的沟通、健全的伦理和法律框架、战略性经济规划，以及严格的隐私保护和安全措施。通过积极应对这些挑战，智慧城市可以充分发挥人形机器人的潜力，为所有居民创造高效、可持续且公平的城市环境。

六、故事：在"机器人之城"与沃克一起的生活

科技与人性的交响曲

在广袤的大都市机器人之城的中心，晨光与灯光交相辉映，伴随着各种活动和谐的嗡鸣声。这座城市作为技术进步的灯塔，见证了人类对将创新无缝融入日常生活的追求。在机器人之城充满活力的生态系统中，核心角色是由优必选科技公司开发的人形机器人沃克。它的设计初衷不仅仅是为人们服务，更是为了与人类共存、互动，并提升人类的生活品质。

注：图片由 AI 工具 DALL-E 生成。

机器人之城的清晨

阿梅莉亚·托雷斯在透过智能窗户洒下的一抹轻柔阳光中醒来。这扇窗户由沃克自动调节，确保在她醒来时提供最佳的自然采光。房间融合了现代设计与先进技术，沃克静静地站在角落，随时准备提供帮助。

"早上好，阿梅莉亚。"沃克用柔和且令人安心的声音问候道，"您今天的日程安排包括上午 10:00 的会议和下午 6:00 的瑜伽课程。需要我为您准备早餐吗？"

阿梅莉亚微笑着，一边伸展身体一边说道："好的，沃克。请帮我准备一杯冰沙吧。"

当沃克开始准备早餐时，阿梅莉亚望向窗外，热闹的街道上充满了生机。机器人之城呈现一片繁忙的景象，居民的行动流畅自然，仿佛人类与他们的机器人助手之间达到了完美的同步。

融入日常生活

沃克不仅仅是一个家庭助手，它还是阿梅莉亚的个人助理、健康监测器，偶尔也是她的伙伴。机器人的存在微妙而有影响力，它打理家务、监测阿梅莉亚的健康指标，甚至还会陪她闲聊，缓解她作为数据科学家因高

强度工作而常有的孤独感。

早餐结束后，沃克陪着阿梅莉亚来到她的家庭办公室，在这里，它无缝融入她的工作流程。沃克投射出全息显示屏，协助她完成数据分析，甚至还会为阿梅莉亚正在进行的项目提出优化建议。沃克能够处理日常行政事务，这让阿梅莉亚可以专注于更有创造性的工作，提高了她的工作效率和工作满意度。

机器人之城的一天

随着时间的推移，在沃克的协助下，阿梅莉亚穿梭于机器人之城。这座城市的基础设施就是为支持人机和谐共存而设计的。由机器人管理的自动驾驶车辆，将居民平稳地从一个地方运送到另一个地方。沃克具备导航功能，引导阿梅莉亚使用城市高效的交通系统，确保她准时到达目的地。

在社区中心，沃克和阿梅莉亚一起参加瑜伽课程。在课堂上，机器人调节环境灯光和温度，营造出最适宜放松和专注的氛围。课程由 AI 驱动的教练指导，沃克则协助参与者，示范动作并实时反馈他们的姿势和体态。

增强社交联系

机器人之城的社会结构由人类和机器人共同编织而成。沃克帮助阿梅莉亚与朋友和家人互动，管理沟通日程、组织社交聚会，甚至协助策划社区活动。机器人管理事务和提供实用建议的能力，让社交活动的策划变得轻松，有助于建立更牢固的联系和获得社区归属感。

一天晚上，沃克陪伴阿梅莉亚参加了一个庆祝机器人之城技术进步的街区节日活动。沃克担当的是主持人和向导的角色。机器人与参与者交流，介绍最新的机器人技术，展示互动展品，并确保活动顺利进行。沃克的存在提升了节日体验，让所有参与者都既能享受乐趣又能学到知识。

应对挑战

尽管像沃克这样的机器人看似已深度融入城市生活，但偶尔也会面临挑战。技术故障虽不常见，但会扰乱城市服务的正常运行。例如，一次停电影响了城市的机器人系统，让机器人之城陷入了短暂的混乱。应急响应机器人迅速出动以恢复秩序，这彰显出城市的应变能力以及人形机器人在危机管理中的关键作用。

阿梅莉亚依靠沃克的协助，与应急服务部门协调，确保受影响的居民及时得到帮助。沃克在压力下处理大量数据并做出明智决策的能力，凸显了机器人协助对于维持城市稳定发挥着至关重要的作用。

反思时刻

夜幕降临，阿梅莉亚开始回顾她在机器人之城的一天。这座城市的智能设计以及人机无缝协作，创造了一个技术提升而非替代人类进行生活的环境。沃克的存在不断提醒着人们，在人类与 AI 的融合中蕴藏着无限可能，就像一支科技与人性的交响曲，让机器人之城的日常生活更加和谐。

未来愿景

阿梅莉亚在机器人之城的经历，体现了人形机器人改变城市生活的潜力。这座城市对可持续发展、公民参与以及技术和伦理融合的坚持，为其他希望利用 AI 和机器人技术优势的城市树立了标杆。展望未来，阿梅莉亚设想了一个机器人与人类和谐共存的世界，彼此优势互补，共同创造充满活力、有韧性和普遍繁荣的社区。

小结

机器人之城与人形机器人沃克的故事生动展现了人形机器人融入城市生活的巨大潜力和现实应用。从改善日常生活、促进社交联系，到应对危机和推动可持续发展，机器人在塑造智慧城市的未来中发挥着关键作用。机器人之城描绘的人机和谐共存模式，为全球城市提供了蓝图，彰显出人形机器人在打造高效、宜居和有韧性的城市环境方面的巨大潜力。

总结

人形机器人正通过融入城市服务、提升生活质量、支持可持续发展、促进公民参与，以及通过创新解决方案应对各种挑战等方式，改变着智慧城市的面貌。这些机器人不仅仅是工具，更是城市生态系统的积极参与者，它们优化交通、公共事业和公共安全，同时也为居民的健康、休闲和便利生活做出贡献。它们助力环境倡议、推动包容性规划，并确保技术进步符合社会需求和伦理标准。机器人之城与人形机器人沃克的故事，体现了人类与机器人的和谐共存，展示了机器人融入城市生活的巨大潜力和现实应用。随着智慧城市的不断发展，人形机器人的作用无疑将进一步扩大，推动更多创新，创造更可持续、高效和宜居的城市环境。

深度思考

你认为机器人在未来的智慧城市中会如何改善你的日常生活？哪些方面最让你感到兴奋或担忧？

第三十章
未来 10 年的人形机器人

2020 年代的开端标志着人形机器人发展迎来关键的转折点，为具有变革性的进步奠定了基础，这些进步有望重新定义人机交互方式。随着我们迈向 2020 年代中期，人形机器人的发展轨迹将实现重大突破，这受到快速的技术创新、不断变化的市场动态、演变的政策环境以及深远的经济和社会影响的推动。本章将深入探讨未来 10 年人形机器人有望取得的进展，探索预期的技术进步、市场趋势、政策法规发展、经济和社会影响，以及为应对这些变化所需做的准备。通过"2035 年，在机器人之城与沃克一起的生活"这个故事，我们可以一览人形机器人深度融入日常生活的未来社会图景。

一、预期的技术进步

未来 10 年，一系列技术创新将如浪潮般涌现，拓展人形机器人的能力和应用领域。这些进步源于在 AI、材料科学、能源效率以及人机交互模式等方面的突破。

增强的 AI 和机器学习

受益于 AI 和机器学习算法的显著改进，人形机器人将实现更复杂的决策、自适应学习和自主解决问题。这些机器人将能够更准确地理解和解读复杂的人类情感、意图和社交信号。先进的自然语言处理技术将使对话更加流畅和有意义，让人机交互变得更加自然和直观。机器学习模型将使机器人能够从所处环境和经历中持续学习，增强它们在无须人类持续监督的情况下执行各种任务的能力。

先进的传感器和感知系统

先进的传感器和感知系统的集成，将赋予人形机器人更强的导航能力和与周围环境互动的能力。高分辨率摄像头、深度传感器和触觉传感器将为机器人提供详细的环境感知，使其能够精确移动和操作物体。这些传感器使机器人能够执行精细任务，如协助外科手术、处理易碎材料，以及在动态环境中与人类安全地交互。改进的感知系统还将增强机器人识别和应对危险的能力，确保在家庭和工业环境中实现更安全的交互。

能源效率和电池技术

能源效率仍然是人形机器人面临的核心挑战，尤其体现在移动性和续航能力方面。电池技术和能源管理系统的革新，将大幅延长机器人的持续工作时长，减少频繁充电的需求，实现时间更长、更可持续的交互。轻质、高容量的电池将在不过多增加重量的情况下提供所需电力，提升机器人的移动性和多功能性。此外，太阳能电池板和动能转换器等能量收集技术，将使机器人能够在各种环境中自主充电，进一步提高其自主性和使用寿命。

人机交互与协作

未来，人形机器人在设计上会更加注重增强人机协作，使其在专业和个人场景中都能成为更有效的伙伴。改进的人体工程学设计和移动性，将使机器人能够与人类无缝协作，共同完成需要协同努力的任务。协作机器人将在制造业、医疗保健和物流等行业与人类工人并肩工作，从而增强人类能力，提高生产效率。增强的安全功能，如碰撞检测和紧急停止机制，将确保机器人在与人类近距离接触时能够安全运行，提升人们对机器人的信任度和接受度。

软体机器人技术和自适应材料

软体机器人技术和自适应材料的发展将彻底改变人形机器人的设计和功能。这些技术将使机器人能够更轻柔、更安全地与人类和易碎物体互动，拓展它们在护理、教育和服务行业等领域的应用。软体机器人技术将使机器人实现更灵活、更具弹性的运动，降低人机交互过程中的受伤风险。自适应材料将使机器人能够根据环境条件改变形状和硬度，增强它们在复杂地形中导航和精确执行复杂任务的能力。

小结

未来10年将见证重大的技术进步，这些进步将把人形机器人从功能性工具提升为复杂的、自主的伙伴。增强的AI和机器学习、先进的传感器、更高的能源效率、优化的人机交互模式，以及软体机器人技术和自适应材料的集成，将共同拓展人形机器人的能力和应用范围。这些创新将为人形机器人成为各个领域的重要组成部分铺平道路，提高生产力、安全性，以及人类生活的整体质量。

二、市场趋势和消费者接受度

随着人形机器人的能力不断提升且价格越来越亲民，预计未来10年市场趋势和消费者接受度将发生显著变化。技术进步与社会需求的变化相融合，将推动人形机器人广泛应用于各个领域和家庭中。

机器人销量增长和市场渗透

人形机器人市场预计将呈指数级增长，这得益于消费者市场和工业领域不断增长的需求。制造工艺的进步和规模经济将降低生产成本，使更多人负担得起人形机器人。消费者越来越认识到机器人在提升日常生活便利性、安全性和效率方面的优势，这将显著提升人形机器人的实际使用率。在工业领域，企业将引入人形机器人以优化运营、降低劳动力成本并提高生产效率，特别是在制造、物流和医疗保健等行业。

应用领域多样化

人形机器人将在越来越多的行业得到应用，每个行业都将利用机器人的独特能力来应对特定的挑战和机遇。在医疗保健领域，机器人将协助执行病人护理、外科手术和医学研究等任务，改善医疗效果并减轻医疗专业人员的工作负担。在服务行业，机器人将承担清洁、食品准备和客户服务等任务，提高服务质量和交付速度。此外，人形机器人还将应用于教育领域，为学生提供个性化辅导和支持，以及应用在娱乐领域，参与互动体验和表演。

定制化和个性化

对定制化和个性化机器人的需求，将推动机器人设计和功能的创新。消费者将寻求能够根据自己的特定需求和偏好进行定制的机器人，无论是用于家庭协助、陪伴，还是执行特定任务。模块化设计将允许用户升级和修改他们的机器人，根据需要添加新功能和能力。个性化选项，如对外观、声音和行为实行定制化，将提高用户满意度，并促进人类与机器人之间形成更紧密的情感联结。

与智能家居生态系统的集成

人形机器人将越来越多地与现有的智能家居生态系统集成，创造互联互通的智能生活环境。通过与其他智能设备的无缝通信，机器人将加强家庭任务的自动化和协调，如管理家电、控制照明和温度，以及保障家庭安全。这种集成将使机器人成为智能家居的核心枢纽，协调各种技术，创造一种连贯且响应迅速的生活体验。

订阅和基于服务的模式

人形机器人的商业模式将演变为订阅和基于服务模式，为用户提供持续的更新、维护和支持。这种模式采用的是分期付费，使人形机器人性价比更高，同时确保产品功能和性能获得持续增强和改进。基于服务的模式还将促进机器人解决方案的定制化和可扩展性，使企业和消费者能够根据不断变化的需求调整机器人的使用方式。

提高消费者意识和开展教育活动

随着人形机器人的日益普及，提升消费者认知水平、开展教育活动，对于促进公众接纳并理解机器人至关重要。营销活动、产品演示和实际体验有助于向公众普及人形机器人的能力和优势，消除误解并化解人们的担忧。更多接触和积极体验有助于增强消费者对人形机器人的信心，加速机器人在家庭和企业中的应用。

小结

未来 10 年的市场趋势表明，人形机器人的销量将呈现强劲增长趋势，并在各个行业广泛应用。应用领域多样化、定制化和个性化、与智能家居生态系统的集成、订阅和基于服务的模式，以及提高消费者意识和开展教育活动，将共同推动人形机器人的普及。这些趋势将使人形机器人成为现代生活和工业运营的重要组成部分，改变个人和企业与技术互动的方式。

三、政策和法规发展

人形机器人的快速发展及其融入社会的趋势，使得制定全面的政策和监管框架成为必然。这些法规将涵盖广泛的议题，包括安全标准、伦理考量、数据隐私和劳动法，以确保人形机器人的部署符合社会价值观和公共利益。

制定安全标准和协议

确保人形机器人的安全至关重要，尤其是考虑到它们在各种环境中与人类密切互动的情况。政府和监管机构将制定严格的安全标准和协议，用于规范机器人的设计、制造和操作。这些标准将涉及机械安全、电气安全和软件可靠性等方面，确保机器人没有缺陷，并能在各种条件下按预期运行。强制进行定期检查、认证和合规性检查，以维护这些安全标准，防止可能伤害用户或旁观者的事故和故障发生。

数据隐私和保护法规

人形机器人收集和处理大量个人数据，会引发数据隐私和保护问题。针对数据隐私和保护制定政策法规和监管框架，确保用户的个人信息得到妥善、安全的处理。这些法规将要求数据收集实践透明化，机器人必须告知用户收集的数据类型、数据使用目的，以及数据存储和保护的方法。制定用户同意协议，让用户能够控制自己的数据，并在适用情况下选择退出数据收集。此外，执行数据最小化原则，将数据收集限制在机器人功能所需的范围内。

伦理准则和标准

人形机器人的伦理影响不限于数据隐私，还涉及自主性、决策制定，以及创造者和使用者的道德责任等问题。监管机构将制定伦理准则和标准，用于指导人形机器人的开发和部署，确保它们的行为符合社会价值观和人权。这些准则将涉及防止机器人算法中的偏见和歧视、促进机器人决策的公平性和透明度，以及在人机交互中保护人类尊严和自主性。

劳动法和劳动力适应

人形机器人的广泛应用对劳动力市场具有重大影响，可能会取代某些工作岗位，同时也会创造新的职业。政府需要调整劳动法以应对这些变化，在自动化带来的益处与保护工人权利和生计之间找到平衡。政策可能包括职业再培训计划、对失业工人的支持，以及对通过机器人集成创造新就业机会的行业给予激励等措施。此外，政府还将制定法规，确保在越来越依赖机器人的行业中，工人能获得公平的工资、良好的工作条件，并得到符合伦理的待遇。

责任和问责框架

在人形机器人造成损害或出现故障的情况下，确定责任归属是一项复杂的挑战。监管框架需要明确机器人制造商、运营商和用户的责任，建立清晰的问责机制。这些框架将涉及产品责任、疏忽责任，以及机器人自主决策所引发的法律后果等问题。完善的责任法律体系将确保机器人故障的受害者得到适当的赔偿，并促使制造商和运营商维持高标准的安全性及可靠性。

国际标准和合作

鉴于技术进步的全球性，国际合作对于制定统一的人形机器人标准和法规至关重要。国际机构将共同努力，建立通用的安全、伦理和操作标准，促进人形机器人在全球范围内的部署和互操作性。国际合作还将解决跨境问题，如数据隐私、网络安全和自治系统的监管，确保人形机器人能够在不同司法管辖区安全、符合伦理地运行。

小结

政策和法规的制定对于引导人形机器人以负责任的方式融入社会至关重要。制定安全标准、数据隐私和保护法规、伦理准则、适应性劳动法、责任框架和国际合作机制，将确保人形机器人在提升人类生活质量的同时，保障公共利益并维护社会价值观。这些监管措施将创造一个有序的环境，使人形机器人能够蓬勃发展，在促进创新的同时应对相关风险和挑战。

四、经济和社会影响

人形机器人的广泛应用将带来深远的经济和社会变革，重塑各个行业、劳动力市场和日常生活。对于利益相关者来说，了解这些影响对于把握机器人融入社会带来的机遇和挑战至关重要。

对就业的影响

人形机器人将对劳动力市场产生重大影响，完成那些重复性、有危险或需要高精度的任务。自动化将导致某些工作岗位被取代，特别是在制造、物流、医疗保健和客户服务等行业。虽然机器人会取代一些工作，但它们也将在机器人维护、编程、AI开发和人机协作等相关领域创造新的就业机会。对就业的最终影响将取决于技术采用的速度，以及促进劳动力转型的政策的有效性。

行业变革

人形机器人成为各个行业运营的重要组成部分，将革新各行各业。在制造业，机器人将提高生产效率、降低成本并提升产品质量。在医疗保健行业，机器人将协助执行病人护理、外科手术和行政任务，使医疗专业人员能够专注于更复杂和更核心的任务。在服务行业，机器人将处理客户交互、管理库存和执行维护任务，从而实现效率更高、响应更迅速的服务交付。这些变革将推动生产力的提高和经济增长，同时也要求对商业模式和运营策略进行调整。

对教育和技能发展的影响

人形机器人融入各个行业，将促使教育和技能发展模式发生转变。教育机构需要调整课程设置，使学生掌握与机器人协同工作所需的技能，应重点加强 STEM 教育，机器人技术和 AI 技术培训，以及批判性思维的培养。职业培训计划将侧重于对因自动化而失业的工人进行再培训，帮助他们为新兴行业的新岗位做好准备。终身学习计划将变得越来越重要，使个人能够根据技术进步和不断变化的就业市场需求，持续提升自己的技能。

提升日常生活便利性

人形机器人能够自动化完成家务、提供陪伴和协助处理个人事务。在家庭中，机器人将负责清洁、烹饪和维护工作，让居民能将更多时间投入休闲、工作和社交活动。机器人还将充当个人助手，管理日程安排、提供提醒并促进沟通。在公共场所，机器人将协助导航、信息传播和人群管理，提高城市生活的整体效率和便利性。因此，人形机器人有助于提升生活质量，促进工作与生活的平衡，增强个人成就感。

社会公平与可及性

人形机器人带来的益处必须惠及社会各阶层，以防加剧社会不平等。确保机器人技术的公平与可及性，需要解决成本、数字素养和基础设施差距等问题。旨在使人形机器人价格亲民且易于被边缘化社区获取的政策和倡议，对于促进社会公平至关重要。此外，设计满足不同需求（包括残障人士需求）的机器人，将提高包容性，确保技术进步的益处惠及广大用户。

文化和心理影响

人形机器人融入日常生活将产生文化和心理影响，影响人们对技术的认知和与之互动的方式。人机交互的常态化将重塑社会规范和期望，可能改变人际关系和沟通的模式。诸如社会行为变化、对机器人情感支持的依赖，以及将机器人视为同伴的认知等心理影响，需要仔细监测并应对。理解并减轻这些影响，对于促进人机健康、平衡地共存至关重要。

小结

人形机器人的经济和社会影响广泛且多样化，涵盖就业岗位的替代与创造、行业变革、教育转变、日常生活改善、社会公平，以及文化变革等。虽然人形机器人在生产力、便利性和生活质量方面带来显著的好处，但同时也带来了挑战，必须通过审慎的政策、包容性实践和持续的社会对话加以解决。通过主动管理这些影响，社会可以充分利用人形机器人的潜力，推动积极的经济增长和社会进步。

五、为变革做好准备

随着人形机器人日益深度融入社会的方方面面，个人、组织和政府必须为适应不断变化的形势做好准备。积极主动的措施和战略规划将确保平稳、公平地向机器人增强型未来过渡，并且对所有利益相关者都有益。

个人可以采取的步骤

个人必须接受终身学习并具备适应能力，才能在机器人技术驱动的环境中茁壮成长。通过获取新技能并及时了解技术进步，个人可以在不断变化的就业市场保持竞争力。无论是通过学历教育、在线课程还是职业培训参与继续教育，都将使个人能够转向与机器人能力互补而非竞争的岗位。此外，培养创造力、批判性思维和情商等软技能将提高就业能力，因为这些技能不易被自动化取代。

组织战略

企业和组织必须采取前瞻性战略，有效地将人形机器人融入其运营中，包括投资机器人研发、培养创新文化，以及鼓励人类员工与机器人系统之间的协作。组织还应优先开展员工培训和再培训计划，确保员工能够适应机器人集成带来的新角色和责任。强调人类与机器人协作，将能充分发挥二者的优势，提高生产力，并营造和谐的工作环境。

政府政策与支持

政府在推动向机器人增强型社会的过渡中发挥着关键作用，需要制定支持性政策和发起倡议。这包括为机器人和 AI 领域的研发提供资金，激励企业采用机器人技术，以及实施全面的劳动政策，在保护员工权益的同时为新兴行业创造就业机会。政府还应投资教育和再培训计划，确保劳动力为适应机器人技术驱动的经济做好准备。此外，建立伦理准则和监管框架，将确保机器人的融入符合社会价值观和公共利益。

公众意识与参与

提高公众对人形机器人带来的益处和挑战的认识，对于促进公众的接受和理解至关重要。教育宣传活动、公共论坛和社区参与倡议可以向公民介绍机器人在社会中的作用，消除误解并减少恐惧。鼓励技术专家、政策制定者和公众之间进行对话，将确保机器人的发展符合社区的需求和社会价值观。就人形机器人的能力、局限性和伦理考量进行透明的沟通，有助于建立信任并促进负责任的应用。

促进创新与合作

促进创新与合作是充分发挥人形机器人潜力的关键。鼓励跨学科研究，促进学术界、产业界和政府之间的合作，将推动机器人技术的进步。合作努力可以带来更强大、更可靠且符合伦理标准的人形机器人的开发，促进它们融入各个领域。此外，培育合作生态系统将加快创新步伐，确保人形机器人不断迭代，从而满足社会不断变化的需求。

构建弹性基础设施

为机器人增强型未来做好准备，需要开发富有弹性且适应性强的基础设施，以支持人形机器人的集成和运行。这包括投资强大的通信网络、确保实施网络安全措施，以及设计能够容纳机器人系统的物理空间。城市规划者应考虑机器人的存在，创造便于它们移动以及与人类互动的环境。构建弹性基础设施，将确保人形机器人能够高效、安全地运行，为智慧城市的整体功能提升和可持续性发展做出贡献。

小结

为人形机器人融入社会做准备，需要个人、组织和政府共同采取积极措施。接受终身学习、采用前瞻性的组织战略、实施支持性的政府政策、提高公众意识、促进创新与合作，以及构建弹性基础设施，是迈向机器人增强型未来的关键步骤。通过采取这些措施，社会可以确保人形机器人的优势得到最大限度的发挥，克服潜在挑战实现人机和谐、繁荣共存。

六、故事：2035 年，在机器人之城与沃克一起的生活

引言

时间来到 2035 年，机器人之城作为技术融合与城市创新的璀璨典范，熠熠生辉。这座城市坐落在连绵起伏的山峦与波光粼粼的河流之间，在这里，人形机器人不再是新奇事物，而是深度融入日常生活的重要伙伴。在这些先进的机器人中，有优必选科技公司研发的人形机器人沃克，其设计初衷是为机器人之城的居民提供协助并提升他们的生活品质。

注：图片由 AI 工具 DALL-E 生成。

新的一天开始

黎明的曙光洒在机器人之城，这座城市在活动的嗡鸣声中苏醒。街道两旁林立着时尚且节能的建筑，早已挤满了行人和他们的机器人助手。沃克站在艾米丽·史密斯家的门口，执行着它的清晨例行任务。它优雅的动作和清晰的手势，掩盖了其光滑外表下复杂的机械构造。

"早上好，艾米丽。"史密斯一家开始新的一天时，沃克向他们打招呼。

艾米丽是一位年轻的建筑师。她热情地微笑着回应："早上好，沃克，准备好迎接忙碌的一天了吗？"

沃克点了点头，它的传感器自动适应周围的光线，说道："是的，艾

第三十章　未来 10 年的人形机器人　355

米丽。我已经为您准备好了日程安排,并优化了您的通勤路线,以避开交通拥堵路段。"

无缝融入生活

机器人之城在设计时就充分考虑了像沃克这样的人形机器人。这些机器人无缝融入生活的方方面面,从在家中提供个人协助,到在公共服务领域发挥关键作用。在艾米丽的家中,沃克负责打理家务、监控家庭能源消耗,还陪伴艾米丽年迈的父母,保障他们的安全和健康。

艾米丽出门上班后,沃克开始了它的日常工作。它首先对街区进行晨间巡查,确保所有公共设施正常运行,并且没有安全隐患。人形机器人的存在带来了安全感和高效性,让居民能够安心地专注于个人事务和工作。

融入工作场所

在机器人之城设计学院,艾米丽与同事们以及他们的人形机器人助手合作,致力于打造可持续且富有创新性的解决方案。作为艾米丽的机器人助手,沃克协助管理项目进度、进行数据分析,并促进团队成员之间的沟通。凭借处理大量信息并提供实时见解的能力,沃克提高了团队的生产力和创造力。

在一次头脑风暴会议上,艾米丽提出了一个新的环保建筑概念。沃克投射出全息模型和模拟效果,展示该设计在节能和环保方面的潜力。"沃克,你能分析一下在不同天气条件下的结构完整性吗?"艾米丽问道。

"正在分析。"沃克回答道。短短几秒钟后,它就提供了全面的数据和建议,让团队能够充满信心地完善他们的提案。

公共服务与社区参与

除了在私人生活领域提供协助,像沃克这样的人形机器人在公共服务领域也发挥着至关重要的作用,为机器人之城的平稳运转贡献力量。沃克参与公共安全工作,在街道巡逻,能够迅速高效地应对紧急情况。凭借先进的传感器和AI系统,沃克能够察觉异常情况、协助救援行动,并与人类急救人员协同工作。

在社区中心,沃克组织教育项目和娱乐活动,与各个年龄段的居民互动。它为孩子们举办机器人技术工作坊，激发未来的工程师和创新者的灵感。对于老年人，沃克提供陪伴，协助他们完成日常任务，确保他们生活得舒适且安全。

危急时刻

一天晚上，一场猛烈的风暴席卷了机器人之城，导致大面积停电，低洼地区洪水泛滥。这座城市里包括沃克在内的强大的机器人基础设施面临着严峻考验。

随着风暴的加剧，沃克收到水位上升和通信网络中断的警报。沃克毫不犹豫地行动起来，在布满杂物的街道中艰难前行，与其他机器人及人类应急团队一起营救被困的居民，保护关键基础设施。

在机器人之城应急行动中心，沃克促进不同团队之间的沟通，提供实时更新，并优化资源分配。它快速处理信息并做出明智的决策，对于减轻风暴的影响、拯救生命和恢复秩序起到了至关重要的作用。

社区的恢复与重建

风暴过后，机器人之城的韧性展露无遗。像沃克这样的人形机器人引领了恢复与重建工作，修复受损的基础设施、恢复公共设施运行，并为受灾的居民提供支持。沃克不知疲倦地工作，确保房屋安全，清理公共场所，并迅速恢复各项服务。

艾米丽目睹了沃克的奉献精神。她看着恢复如初的街区，不禁思考起机器人之城人类与机器人之间的共生关系。"沃克，感谢你今天所做的一切。"她说道。

"这是我的职责，艾米丽。确保机器人之城居民的安全和幸福是我的首要任务。"沃克微微鞠躬回应道。

一天的结束

随着风暴云消散，机器人之城也恢复了平静，这座城市与人形机器人（如沃克）之间的和谐共生关系越发显著。居民感激这些机器人为他们的生活带来的高效、可靠和关怀，将它们视为建设繁荣、充满韧性的社区不可或缺的伙伴。

那天晚上，艾米丽坐在客厅，透过智能窗户欣赏着日落。沃克走过来，静静地坐在她父母的身旁。"你今天感觉怎么样，艾米丽？"沃克轻声问道。"很满足。"艾米丽微笑着回答，"看到我们共同取得的成就，真是不可思议。"

沃克点了点头，它的传感器反射着逐渐消逝的光线，说道："只要我们携手合作，就无所不能。"

愿景成真

机器人之城见证了人形机器人提升城市生活质量的巨大潜力。通过无缝融入、高效协作和坚定支持，像沃克这样的机器人将这座城市转变为高效、可持续且以人为本设计的典范。人类与机器人之间的紧密联系培养了社区意识、韧性和共同目标，生动诠释了一个科技与人性完美共生的未来所蕴含的无限可能。

小结

机器人之城与人形机器人沃克的故事，体现了人形机器人对城市生活的变革性影响。从个人助手、工作场所协作，到公共安全保障和社区参与，机器人融入日常生活的方方面面，促进了和谐、有韧性的发展。机器人之城的故事展示了人形机器人不仅能够执行任务，还能为人类的情感联结和社会福祉做出贡献。展望未来，机器人融入像机器人之城这样的智慧城市，让我们得以窥见一个技术与人类共同繁荣的世界，创造出充满活力、可持续且更具包容性的城市环境。

总结

未来10年，人形机器人领域有望取得显著进展，这得益于AI、传感器技术、能源效率和人机交互等方面的创新。据市场趋势显示，机器人销量将大幅增长，并在各个领域广泛应用，定制化、与智能家居生态系统的集成，以及订阅式商业模式将推动这一进程。政府将制定安全标准、数据隐私保护措施、伦理准则和适应性劳动法，确保机器人以负责任的方式融入社会。人形机器人对经济和社会的影响将是深远的，涉及就业、行业变革、教育、日常生活、社会公平和文化动态等多个方面。为应对这些变化，需要采取积极措施，包括终身学习、组织适应性调整、政府支持性政策、公众意识提升、创新促进，以及弹性基础设施建设。

机器人之城与人形机器人沃克的故事，生动地展现了机器人增强型城市环境的可能性和现实场景。通过无缝融入、高效运行和贴心协助，人形机器人提升了人们的生活质量、保障了公共安全，并培养了社区韧性。随着机器人之城的蓬勃发展，它为其他希望利用人形机器人优势的城市提供了蓝图，凸显了合作、创新和伦理责任在塑造未来城市生活中的重要性。

深度思考

未来10年，你预计人形机器人会对你的个人生活和职业生活产生怎样的影响？你最期待哪些变化？

第三十一章
未来 20 年的人形机器人

站在前所未有的技术进步的风口浪尖，未来 20 年，有望通过人形机器人的融入重新定义人类生存的本质。这些复杂精密的机器，曾经只存在于科幻小说的世界里，如今正蓄势待发，准备成为人类社会不可或缺的一部分，影响人们生活的方方面面。本章将探索那些塑造人形机器人未来的长期技术可能性，随之而来的深刻社会变革，它们在全球范围内带来的挑战与机遇，人类进化与 AI 融合的潜力，以及由此引发的伦理和哲学思考。通过以人形机器人 Figure 2 为主角的"2045 年的世界"这一引人入胜的故事，我们将瞥见一个机器人与人类以挑战我们对人性和科技认知的方式共存的未来。

一、长期技术可能性

人形机器人领域正被一系列技术进步照亮前景，这些技术进步有望突破当前的限制，开启一个具备前所未有的能力和融合性的时代。在未来 20 年里，预计有几项关键创新将推动人形机器人走到社会发展的前沿。

AI 与认知计算的进步

人形机器人进化的核心在于 AI 和认知计算的进步。未来的机器人将拥有比现今复杂得多的 AI 系统，能够进行细致入微的理解、基于情境的推理和适应性学习。这些系统将使机器人能够理解复杂的人类情感，预判需求，并进行有意义的互动，而不仅仅是执行预设的程序。认知计算将让机器人能够实时处理海量数据，自主做出明智决策，同时遵循人类的道德标准。

生物混合机器人技术与神经集成

将生物元素与机器人系统相融合的生物混合机器人技术，是人形机器人领域的一个具有开创性的前沿方向。通过整合生物组织和神经接口，机器人将实现前所未有的灵活性、敏感度和响应能力。这种融合将促进人类与机器人之间的无缝交流，实现模仿人类感官体验的直接神经控制和反馈回路。生物混合机器人不仅能以更高的精度执行任务，还能根据人类操作员的实时反馈调整其功能。

能源效率与可持续能源

能源消耗仍然是制约人形机器人广泛应用的一个关键问题。未来的技术进步将聚焦于开发可持续能源和节能系统，在不影响性能的前提下延长机器人的运行寿命。电池技术的创新，如固态电池和能量收集方法，将为机器人提供更持久的电力储备，并使其具备从环境中自主充电的能力。此外，轻质材料和优化的能源管理算法将降低能源消耗，使人形机器人更具可持续性和成本效益。

增强的移动性和灵活性

未来，人形机器人的移动性和灵活性将取得显著进步。先进的执行器和传感器技术将使机器人能够在复杂地形中自如导航、保持完美平衡，并像人类一样进行精准的复杂操作。软体机器人技术的创新将带来更灵活、适应性更强的动作，降低受伤风险，提高机器人与人类及易碎物品安全交互的能力。增强的移动性将拓展人形机器人的应用领域，使其能够在从灾区到动态城市景观等各种不同的环境中高效运行。

人机共生与协作界面

未来的人形机器人将被设计用于与人类建立共生关系，强调协作和相互提升。先进的协作界面将使人类与机器人实现直观的互动，并能够在复杂项目中无缝合作。手势识别、语音调制和自适应界面将促进实时通信与协调，培养一种伙伴关系而非从属关系。这种共生关系将提高生产力、创造力和解决问题的能力，因为人类与机器人可以实现优势互补。

小结

未来20年，将以变革性的技术进步为标志，这些进步将使人形机器人从功能性工具上升为智能、自适应且自主的伙伴。增强的AI、生物混合机器人技术与神经集成、可持续能源解决方案、增强的移动性和灵活性，以及协作界面将共同推动人形机器人技术的发展，将这些机器定位为未来社会的关键组成部分。这些创新不仅会拓展机器人的能力，还将重新定义人机交互的界限，为创造技术与人类以前所未有的和谐状态共存的未来奠定基础。

二、社会变革

人形机器人融入社会结构将引发深刻的变革，重塑我们的生活、工作和互动方式。这些变革将渗透到人类生活的方方面面，从个人关系、日常生活，到经济结构和文化规范。

重新定义工作与就业

人形机器人将通过自动化完成重复、有危险或有高精度要求的任务，彻底革新劳动力格局。这种自动化将导致某些工作岗位被取代，特别是在制造、物流和行政部门。然而，它也将在机器人维护、AI开发以及人机协作等相关领域创造新的就业机会。这种转变将需要重新评估教育和培训项目，使劳动力掌握在机器人技术驱动的经济中蓬勃发展所需的技能。各个行业将越来越重视创造力、批判性思维和情商，这些是人类不易被自动化取代的特质。

加强医疗保健与养老服务

人形机器人将在医疗保健领域发挥变革性作用，协助进行患者护理、精准实施外科手术以及处理行政事务。在养老服务方面，机器人将提供陪伴、监测健康指标并协助日常活动，提升老年人的生活质量，减轻护理人员的负担。这些机器人将配备先进的传感器和感知系统，能够检测健康异常、分发药物并提供情感支持，从而构建高效响应且人性化的医疗保健服务系统。

变革教育与学习方式

随着人形机器人成为教学过程中不可或缺的一部分，教育系统将经历重大变革。机器人将充当个性化导师，根据个体的学习风格和进度调整教学方法。它们将协助教师处理行政事务，促进互动式和沉浸式学习体验，并对学生表现提供实时反馈。这种个性化的教学方法将提高教育成果，使学习对各种背景和能力不同的学生来说都更具吸引力、更易于接受且更有成效。

革新公共服务与基础设施

人形机器人将彻底革新交通、环卫和执法等公共服务领域。在交通方面，自主机器人将管理交通流量、维护公共交通系统，并为通勤者提供实时信息更新。在环卫领域，机器人将高效且精准地处理垃圾收集、回收和环境清洁工作。在执法过程中，人形机器人将协助监控公共场所、管理人群以及应对紧急情况，提升公共安全水平，减轻人类警员的工作负担。这些进步将带来更高效、可靠且响应迅速的公共服务，改善城市环境的整体功能和宜居性。

塑造文化规范与社会互动

人形机器人的存在将影响文化规范和社会互动方式，重新定义人类与机器人之间的界限。随着机器人越来越广泛地融入日常生活，社会对机器人的认知将从把它们视为工具转变为将其看作伙伴和合作者。这种转变将促使人们重新评估道德标准、个人隐私以及人际关系的本质。文化叙事和媒体呈现将不断演变，以反映人机共存的动态变化，进而影响公众的态度和期望。

提升包容性和无障碍水平

人形机器人将助力提升社会的包容性和无障碍水平。它们能够为残障人士提供帮助，使他们能够更加独立地参与各种活动。搭载自适应技术的机器人将在行动、沟通和日常事务等方面提供协助，弥合能力差距，减少充分参与社会活动的障碍。这种包容性将营造一个更加公平和互助的环境，确保技术进步带来的利益惠及社会的所有成员，无论他们的身体或认知能力如何。

小结

人形机器人带来的社会变革将是多方面且意义深远的，触及人类生活的各个层面。从重新定义工作和加强医疗保健，再到变革教育、革新公共服务、塑造文化规范以及促进包容性，人形机器人将在塑造人类社会的未来中发挥关键作用。这些变革将引领我们走向一个更高效、更具共情力且更公平的世界，在这样的世界，人类与机器人将无缝协作，共同克服挑战，实现共同目标。随着人形机器人成为社会结构的重要组成部分，它们将重新定义在现代世界中生活、工作和互动的意义，为创造一个以创新、有韧性、和谐共存为特征的未来铺平道路。

三、全球挑战与机遇

人形机器人有潜力应对一些最为紧迫的全球挑战，同时为可持续发展和技术进步创造新的机遇。它们在各个领域的应用能够为应对如气候变化、资源短缺和公共卫生危机等挑战做出重大贡献，同时还能促进创新和经济增长。

应对气候变化和环境退化

人形机器人将在应对气候变化和环境退化方面发挥关键作用，支持旨在减少碳排放、保护自然资源和恢复生态系统的各项举措。这些机器人将协助监测和管理可再生能源系统，优化能源生产和分配，以最大限度地减少浪费和提高效率。在环境保护领域，机器人将参与植树造林、野生动物监测和污染控制等活动，以超越人类能力的精准度和规模执行任务。

解决资源短缺与可持续农业问题

资源短缺，尤其是粮食、水和能源领域的短缺，对全球稳定和繁荣构成重大威胁。人形机器人将通过自动化农业生产实践，提高作物产量并减少资源消耗，为可持续农业发展做出贡献。由机器人自动化实现的精准农业技术将优化水、肥料和农药的使用，推动可持续且高效的农业实践。此外，机器人将协助管理和分配清洁水资源，通过先进的监测和过滤系统确保水资源的公平获取并减少浪费。

加强灾害应对和人道主义援助工作

面对自然灾害和人道主义危机，需要建立迅速有效的应对机制以拯救生命并恢复稳定。人形机器人将彻底变革灾害应对方式，在危险环境中执行搜索救援行动、运送基本物资并提供医疗援助。它们能够在废墟中穿梭、抵御极端条件并自主运行，这将提高救援工作的速度和效率，降低人类救援人员面临的风险，确保及时为受灾群众提供援助。

公共卫生和疫情应对

新冠疫情凸显了对公共卫生紧急事件进行快速反应并协调解决的重要性。人形机器人将通过协助疾病监测、接种疫苗和运送医疗物资来加强公共卫生基础设施。配备诊断工具和远程医疗功能的机器人将促进远程医疗服务的提供，减轻医疗机构的压力，并最大限度地降低感染传播的风险。它们在维持卫生标准和执行公共卫生协议方面的作用，对于预防和应对未来的大流行病至关重要。

推动经济增长和创新

人形机器人将通过提高生产力、降低运营成本，以及激发跨行业创新来推动经济增长。它们能够精准高效地执行复杂任务，这将简化生产流程、提高产量，并催生新的产品和服务。机器人融入各个行业将刺激先进技术的发展，培育持续创新和技术进步的文化。这种经济活力将创造新的市场，在新兴领域创造就业机会，并将促进整体经济的韧性和繁荣。

促进全球合作和知识共享

人形机器人将促进全球合作和知识共享，跨越地理和文化障碍，推动集体解决问题和创新。配备先进通信和翻译功能的机器人将实现不同背景的个体之间无缝互动，促进跨文化理解与合作。协作机器人平台将支持国际研究倡议，让科学家和工程师能够共同应对全球挑战、分享见解，并制定推动可持续发展和进步的统一战略。

小结

人形机器人为应对全球挑战和推动多个领域的可持续发展提供了巨大机遇。通过应对气候变化、解决资源短缺问题、变革灾害应对方式、促进公共卫生服务、推动经济增长以及促进全球合作，机器人将在塑造一个更具韧性、更加公平和繁荣的世界中发挥重要作用。这些进步不仅将解决紧迫的全球问题，还将释放创新和进步的潜力，确保人类能够凭借更强的能力和集体力量，应对未来复杂的局面。

四、人类进化与 AI 融合

随着人形机器人变得越来越先进，并融入人类生活的方方面面，人类与机器之间的界限逐渐模糊，这对人类进化以及人类与 AI 的潜在融合产生了重大影响。本节将探讨 AI 融入人类体验所带来的无限可能性和挑战，审视其在增强认知和身体能力方面的潜力、AI 增强的伦理考量，以及在技术增强型社会围绕人性本质的哲学思考。

增强人类认知能力

将 AI 融入人类认知有望显著提升智力水平和解决问题的能力。通过神经接口和认知增强技术，人类可以访问庞大的信息数据库，即时完成复杂的计算，并开展先进的模式识别和预测分析。这种认知增强可能会在科学、医学、工程和艺术等领域带来前所未有的进步，使人类能够攻克以前无法解决的难题。

增强身体能力

除了认知增强，AI 融合还为增强身体能力提供了可能，使人类能够突破生理极限。由 AI 驱动的外骨骼系统，可以赋予人们更强的力量、耐力和灵活性，提升体力要求较高行业工作者的能力，帮助残障人士恢复行动能力和独立性。这些技术进步可能会开启人类机能的新纪元，在这个时代，人类与机器人增强的协同作用将带来更强的身体能力和适应力。

共生关系与人机协作

未来的人类进化可能以与人形机器人的共生关系为特征，人类与机器人将无缝协作以实现共同目标。这些协作可能涵盖从日常家务和专业工作，到科学研究和创造性活动等各个领域。将 AI 融入人类工作流程能实现更高效的人机协作，使人类能够利用机器人的优势，同时贡献自己独特的技能和见解。这种共生关系可能会催生人机共存的新范式，其特点是相互促进和共同成功。

AI 增强的伦理考量

AI 增强的前景引发了关于自主性、知情同意权以及增强能力公平分配的重大伦理问题。确保个人有权自由选择是否接受认知和身体能力增强至关重要，同时也要防范强迫和剥削行为。此外，解决增强技术获取的不平等问题，对于防止加剧社会不平等、确保 AI 融合的益处惠及社会所有成员至关重要。

重新定义身份与意识

随着人类与 AI 和机器人系统的深度融合，身份和意识的本质可能会发生深刻变革。随着人机界限逐渐模糊，从哲学层面探究意识、自我意识和个人身份本质将变得越来越重要。面对 AI 增强时身份的连续性、混合意识的可能性，以及在技术增强型社会人性本质的保留等问题，将挑战现有的范式，这就需要构建新的框架来理解人类身份。

机器人时代的人性本质

人类与 AI 的融合促使人们反思人性的本质。随着人类通过 AI 得到增强，"人"的定义可能会扩展，涵盖增强的认知和身体能力、与技术更深入的联系，以及新的表达和创造形式。这一演进引发了哲学层面的争论：在技术深度介入人类体验与互动塑造的世界里，人类价值观、情感及伦理原则该如何存续？

小结

AI融入人类认知和生理预示着人类进化的变革时代，其特点是认知和身体能力的增强、人机共生协作，以及深刻的伦理和哲学思考。虽然增强技术带来的潜力为人类进步和丰富人类生活提供了前所未有的机会，但这也要求我们审慎思考其伦理影响，以及在技术增强型社会人性本质问题。驾驭这种融合需要一种平衡的方法：既要拥抱创新，又要保留定义人类体验的核心价值观和身份。

五、伦理和哲学思考

人形机器人与先进AI系统的融合，将人类推进到一个充满伦理和哲学困境的领域，这些困境挑战着我们对道德、自主性以及存在本质的基本理解。随着机器人变得更加自主、智能，并成为日常生活的重要组成部分，规范它们的行为、互动方式以及融入社会的伦理框架必须不断发展，以应对复杂的道德问题，确保技术进步与人类价值观和社会规范相一致。

道德责任与问责制

人形机器人时代最主要的伦理挑战之一，是确定其行为的道德责任和问责机制。随着机器人获得自主决策的能力，当机器人的行为导致伤害或意外后果时，谁该为此负责就成了问题。是制造商、程序员、用户，还是机器人本身？明确责任界限对于维护伦理标准至关重要，这样在出现不当行为时，受害者就能够得到适当的补偿。

AI算法中的偏见与公平性

人形机器人基于AI算法运行，这些算法在大量数据集上进行训练，可能会无意间将数据中存在的偏见纳入其中。这可能导致对某些群体的歧视性对待，加剧社会不平等。确保公平并消除AI算法中的偏见是一项至关重要的伦理使命。开发者必须实施严格的测试、采用多样化的数据来源，并持续进行监测，以识别和纠正偏见，促进机器人与人类之间公平公正交互。

隐私和监控问题

人形机器人融入个人和公共空间，引发了重大的隐私和监控问题。配备传感器、摄像头和数据处理功能的机器人可以收集和分析大量个人信息，这可能会侵犯个人的隐私权。建立强大的数据保护协议、透明的数据使用政策以及严格的同意机制，对于保护个人隐私、防止未经授权的监控和数据滥用至关重要。

自主性与人类能动性

随着人形机器人的自主性不断提高，人类能动性和控制权面临被削弱的风险。过度依赖机器人进行决策和执行任务，可能会导致人类技能、批判性思维能力以及个人自主性的丧失。在机器人辅助和人类监督之间取得平衡，在关键决策过程中保持人类的能动性，对于防止过度依赖、维护人类自主性和自由的完整性至关重要。

符合伦理的设计与编程

人形机器人的伦理设计和编程对于确保其行为和互动符合人类道德价值观和社会规范至关重要。这包括将伦理原则融入机器人系统的核心，如尊重人类尊严、共情力、公平和不伤害原则。伦理学家、工程师和政策制定者需要共同努力，制定全面的伦理准则，以规范人形机器人的设计、部署和操作，确保技术服务于公共利益，同时不违背伦理标准。

脱离权与人机界限

随着人形机器人在个人和职业领域几乎无处不在，明确人类与机器人互动的界限变得至关重要。脱离权——确保个体有能力从机器人协助和监控中抽离，是一项关键的伦理考量。明确人机关系中的适当界限，包括对数据访问、互动频率和决策权的限制，对于保护个人自主性、防止个人隐私和自由受到侵犯是必要的。

关于人性与技术的哲学思考

人形机器人融入社会，促使人们对人性的本质以及我们与技术的关系进行深刻的哲学反思。随着机器人越来越多地模仿人类行为并与之互动，关于意识本质、人机界限以及生命定义的问题不断涌现。哲学家和伦理学家必须持续展开对话，探讨这些问题，塑造未来指导人类与机器人共存的道德和哲学框架。

小结

围绕人形机器人的伦理和哲学思考是多方面且影响深远的，涵盖了道德责任、偏见与公平、隐私、自主性、伦理设计、人机界限以及人性本质等诸多问题。要应对这些挑战，需要一种协作和跨学科的方法，整合伦理学家、技术专家、政策制定者以及整个社会的见解。

六、故事："2045 年的世界"

明日之音

时间来到 2045 年，世界已演变成一幅由相互关联的技术和先进人形机器人交织而成的画卷，它们无缝融入人类生活的方方面面。在繁华的大都市和宁静的郊区之间，Figure AI 公司开发的先进人形机器人 Figure 2 与

注：图片由 AI 工具 DALL-E 生成。

人类并肩同行，它被誉为机器人进化的巅峰之作。Figure 2 不仅仅是一台机器，它还是伙伴、守护者，也是社会不可或缺的一部分，促使人们在惊叹之余深思人类在与智能机器共享的世界的未来。

新旧金山的清晨日常

在新旧金山的市中心，阳光为天际线染上一层金色，光芒从自动驾驶汽车的光滑表面和高耸的摩天大楼上反射出来。克拉拉·马丁内斯是 Figure AI 公司的一名软件工程师，她在家中与 Figure 2 相伴开启新的一天。这个拥有人形外观和富有表现力的合成皮肤的机器人，站在厨房柜台

边，一丝不苟地为克拉拉准备早餐。

"早上好，克拉拉。"Figure 2 向她打招呼，声音温暖且经过调节，传递出一种共情的感觉。

"早上好，Figure 2。"克拉拉回应道，伸手去拿一杯咖啡，"你昨天对电网优化的分析结果如何？"

Figure 2 的眼睛闪烁了一下，开始调取相关数据："动态负载平衡的实施使效率提高了 15%。需要为您安排和团队开个会，讨论下一阶段的工作吗？"

克拉拉点点头，对机器人的积极主动印象深刻，说道："好的，麻烦安排一下。另外，你能提醒我在午饭前查看最新的 AI 协议吗？"

"当然可以。"Figure 2 回答道，并将这个提醒添加到克拉拉的电子日历中。

工作场所的融合与协作

克拉拉工作的公司创新中心，是一个充满创造力和技术实力的地方。在这里，人类和机器人无缝协作，推动创新发展。Figure 2 是团队中不可或缺的一员，协助开发下一代 AI 系统和机器人接口。它处理复杂的算法、进行模拟并提供深刻见解的能力，使其在竞争激烈的科技领域成为宝贵的资产。

在一次头脑风暴会议上，克拉拉提出了一种增强 AI 适应性的新方法。"如果我们将多层神经网络与实时环境数据处理相结合，就能显著提高系统的响应能力。"她解释道。

Figure 2 插话进来，声音沉稳且富有分析性："这个方法与自适应学习算法的最新进展相契合。我可以对潜在结果进行建模，并通过运行模拟来预测性能指标。"

"去做吧，Figure 2。"克拉拉指示道，"在向董事会展示之前，你的模拟结果能帮助我们完善这个提案。"

当 Figure 2 开始工作时，克拉拉观察着人机交互的流畅性，惊叹于机器人已从单纯的工具转变为伙伴和合作者。人类创造力与机器人精准度之间的协同作用，营造出一种无与伦比的创新环境，推动 Figure AI 公司走在技术发展的前沿。

傍晚的思考与社会动态

随着夜幕降临，克拉拉回到家中，Figure 2 已经营造出一个宁静的夜晚氛围，调节了灯光和环境音效，以促进放松。克拉拉坐在最喜欢的扶手椅上，回顾着当天的成就，思考着机器人在其生活中不断演变的角色。

"Figure 2，你能总结一下今天的进展，并指出需要关注的地方吗？"克拉拉问道，声音中带着一丝好奇。

"当然可以。"Figure 2 回答道，并展示了一个全息画面，呈现当天的任务和成果，"你的团队成功启动了神经网络集成项目。关于优化资源分配的建议有待你审核。此外，物流部门的生产力提高了 10%，这要归功于部署了自主机器人系统。"

克拉拉研究着总结内容，对 Figure 2 条理清晰的分析表示赞赏："很不错。新旧金山的公众对人形机器人的看法如何？"

Figure 2 访问了社交数据流，实时分析公众情绪："公众的看法主要是积极的，支持率达到 70%。人们的担忧主要集中在隐私保护和工作岗位被取代方面，不过持续开展的教育和再培训项目在一定程度上缓解了这些担忧。"克拉拉若有所思地点点头："这是一个微妙的平衡。确保机器人是辅助而不是取代人类的角色，对维护社会和谐稳定至关重要。"

危机浮现：中央公园事件

当晚，新旧金山正为一年一度的科技节做准备，一场突发的紧急情况打乱了城市的节奏。自主无人机网络出现故障，引发了一系列连锁反应，导致城市大范围陷入混乱和潜在的安全隐患。无人机失控，对行人和基础设施构成威胁，恐慌情绪随之蔓延。

克拉拉一收到紧急协议的通知，便冲向指挥中心。此时，Figure 2 和其他应急机器人已在那里待命。现场气氛紧张，灯光闪烁，紧急通信声充斥着整个房间。

"克拉拉，无人机网络出现严重故障，需要立即干预，防止情况进一步恶化。"Figure 2 在混乱中冷静地报告。

"明白，Figure 2。启动紧急关闭程序，优先采取公共安全措施。"克拉拉命令道。她在软件系统方面的专业知识在指挥应对工作中发挥了关键作用。

Figure 2 和其他机器人迅速行动起来，精确地执行预定义的协议。它们与人类操作员协同工作，重新规划受影响无人机的飞行路线，稳定网络，并确保安全措施得到落实。凭借快速处理信息和适应动态情况的能力，机器人在控制危机方面发挥了不可或缺的作用。

随着局势逐渐稳定，克拉拉停下来观察人类和机器人协同工作的场景。这次事件凸显了人形机器人在维护公共安全和应对紧急情况方面的关键作用，也彰显了技术与社会之间发展出的共生关系。

危机后的反思与未来防范

事件发生后，新旧金山举办了一系列论坛，探讨根本原因，以防未来再发生类似事件。克拉拉与政策制定者、技术专家和社区领袖一起参与讨论，倡导加强安全协议和持续监控自主系统。

Figure 2 通过提供全面的数据分析、预测模型和战略建议，为这些讨论提供了助力。它整合复杂信息并提出可行见解，这有助于制定强有力的预防措施和应对策略。

这次事件成为进一步促进人类与机器人融合和协作的契机，培育了一种相互支持和持续改进的文化。克拉拉认识到，危机中面临的挑战也是成长和创新的机遇，这进一步巩固了人机和谐共存对建设一个有韧性且繁荣的社会的重要性。

展望未来：即将到来的创新

随着新旧金山的恢复和调整，未来，人形机器人将在持续创新和追求卓越的推动下不断演进。像 Figure 2 这样的机器人将变得越来越复杂，具备增强的认知和情感能力，使其与人类的交互更加深入。

新的机器人模型配备了先进的生物混合系统，动作更加流畅灵活，与人类的感官体验融合得更加紧密。这些机器人不仅是助手和守护者，还在创意和学术领域成为合作伙伴，为艺术、文学和科学研究贡献力量。

城市的天际线也开始反映出这种演变。人形机器人融入建筑设计，参与城市规划，提升了公共空间的美观度和功能性。公园里装饰着互动式机器人装置，它们与游客互动、提供信息并宣传环保意识，营造出充满活力和吸引力的城市环境。

个人成长与人机协同效应

克拉拉的个人和职业成长与她和 Figure 2 的互动紧密相连。机器人能够适应她的需求、预测挑战并提供有见地的反馈，这使克拉拉在职业生涯中表现出色，同时也能保持平衡且充实的个人生活。

她们之间的关系凸显了人机协同的潜力，机器人在不削弱人类能动性和创造力的前提下，增强了人类的能力并支持个人发展。克拉拉常常思考这种关系的哲学意义，思索人性的本质，以及技术在塑造人类体验和身份方面不断演变的角色。

小结

"2045 年的世界"中关于 Figure 2 的故事，生动描绘了一个人形机器人深度融入社会的未来，它们改善了日常生活、推动了创新，并为公共安全和社会韧性做出贡献。这个故事凸显了与智能机器共享的世界所蕴含的巨大可能性和内在困境，促使人们思考人类和技术的共同未来。随着像 Figure 2 这样的机器人成为不可或缺的伙伴和合作者，人类与机器人之间的界限持续模糊，塑造出一个技术进步与人类价值观以动态和谐的方式共存的世界。

总结

未来 20 年，将是人形机器人的变革时代，以突破性的技术进步、深刻的社会变革以及应对紧迫的全球挑战的能力为特征。AI、生物混合系统、能源效率和人机协作方面的创新，将推动人形机器人在社会中发挥关键作用，提高生产力、安全性和生活质量。这些机器人的融入将重新定义工作、医疗、教育、公共服务和文化规范，打造一个更高效、更具共情力和包容性的世界。

人形机器人还将在应对气候变化、管理资源短缺、应对灾害和推进公共卫生等方面发挥关键作用，在全球范围内带来机遇和挑战。人类进化与 AI 融合的潜力引发了深刻的伦理和哲学问题，需要建立强大的伦理框架，并对未来技术增强型社会的人性本质进行深入思考。

以人形机器人 Figure 2 为主角的故事"2045 年的世界"，展示了人类与机器人和谐共存和协作的潜力，凸显了机器人的融入对个人和社会产生的深远影响。这个故事强调了建立共生关系、解决伦理问题以及确保公平获取技术进步成果的重要性，以创造一个有韧性且繁荣的社会。

随着人形机器人的日益普及，为人机和谐共存的未来做好准备，需要采取积极措施，包括终身学习、组织适应战略、政府支持政策、公众意识提升，以及开展伦理和哲学讨论。通过采用这些策略，社会能够充分发挥人形机器人的潜力，确保技术进步符合人类价值观，增进全人类的福祉和提升尊严。

深度思考

社会应如何为一个人形机器人随处可见的世界做好准备？

第三十二章
2055年：人类与人形机器人的共生未来

当我们展望科技进步的未来时，2055年就像一座闪耀着无限可能与变革之光的灯塔。人类与人形机器人的和谐融合，有望重塑社会结构，模糊有机生命与AI之间的界限。本章将带你踏上一段充满想象的旅程，一同探索可以预见的突破与创新、深刻的社会变革、机器人技术在应对全球挑战中所扮演的角色、人类与AI的融合。通过"2055年，与擎天柱共度的一天"故事，我们将深入探究人类与机器人之间错综复杂的关系，窥见那个科技与人类以前所未有的和谐状态共存的世界。

一、先进的技术前景

21世纪中叶，人类将迎来一个前所未有的科技创新时代。到那时，人形机器人将超越其目前的角色，成为日常生活中不可或缺的一部分。预计到2055年，机器人领域将被一系列先进技术主导，这些技术将提升机器人的自主性、适应性和智能水平，把曾经只存在于科幻小说中的设想变为现实。

自主决策与认知计算

预计到2055年，最重大的突破之一将是具备先进自主决策能力的人形机器人的出现。借助认知计算和神经网络架构方面的突破，这些机器人将能够处理复杂的数据输入，从经验中学习，并在无须人类持续监督的情况下做出明智的决策。这种自主水平将使机器人能够执行从复杂的外科手术到动态城市规划等各种任务，轻松应对不断变化的环境和意想不到的挑战。

人机共生与交互技术

复杂的交互技术将促进人形机器人融入人类社会，实现无缝交互和共生。脑机接口（BCI）将实现人类与机器人之间的直接通信，能够实时传输思想、指令和感官信息。这种共生关系将增强人类的能力，使人们能够以更高的精度和效率完成任务，同时机器人也能凭直觉预测并响应人类的需求。

先进材料科学与能源解决方案

材料科学的进步在人形机器人的发展中将发挥关键作用。轻质、耐用且灵活材料的开发，将使机器人不仅效率更高，还能执行更广泛的任务。此外，在能量存储和生成方面的突破，如超高效电池和环境能量收集技术，将延长机器人的运行寿命，减少频繁充电的需求，使其能够在各种环境中持续工作。

量子计算与增强处理能力

到 2055 年，量子计算有望彻底改变人形机器人的处理能力。量子处理器提供的巨大计算能力，将使机器人能够同时处理大量数据、进行复杂模拟，并以传统计算机无法企及的速度解决问题。这种增强的处理能力将有助于实现实时决策、精确的环境测绘，以及以无与伦比的效率管理多方面任务。

符合伦理的 AI 与道德推理

随着人形机器人变得更加自主并融入社会，开发符合伦理的 AI 和道德推理能力至关重要。应制定规则框架，使机器人能够评估自身行为的伦理影响，确保决策符合人类价值观和社会规范。这种伦理基础对于建立信任至关重要，能确保机器人在人类活动中成为负责任且有益的伙伴。

小结

2055 年的技术前景充满了非凡的进步，这些进步推动人形机器人迈向能力提升和深度融合的新领域。自主决策、人机共生、先进材料、量子计算和符合伦理的 AI，共同重新定义了人形机器人的潜力和功能，使其成为人类追求进步与创新过程中不可或缺的盟友。这些突破不仅提高了机器人的效率和智能水平，还确保了它们与人类的和谐共存，为打造科技与人类共同繁荣的未来奠定了基础。

二、AI 推动的社会变革

到 2055 年，人形机器人融入社会将引发深刻的变革，重塑我们的生活、工作和互动方式。这种社会变革的特点将是人类能力的增强、劳动力市场的重新定义，以及新型社交互动形式的出现，而这一切都建立在人与机器人无缝协作的基础之上。

重新定义劳动力市场

到 2055 年，劳动力市场将发生巨大变化，人形机器人将承担起以前被认为只有人类才能从事的工作。如制造业、物流、医疗保健和客户服务等行业的工作将实现大量自动化，机器人将处理那些需要高精度、耐力和重复性动作的任务。这一转变不仅会提高效率、降低运营成本，还将在机器人维护、AI 编程以及人机协作等领域创造新的就业机会。劳动力将逐渐向那些能够与机器人能力互补的技能倾斜，如创造性解决问题的能力、情商和战略规划能力。

增强人类能力

人形机器人将成为人类能力的延伸，增强我们的身体和认知功能。在工作场所，机器人将与人类合作开展复杂项目，提供实时数据分析、预测建模和任务自动化支持。在个人生活中，机器人将协助完成家务、健康监测和个人护理等工作，让人类能够专注于那些需要创造力和情商的活动。人类能力的这种提升将带来更高的生产力、更好的生活质量，更加注重个人成就感和创新。

变革教育与学习

人形机器人的出现将改变教育格局，它们将充当个性化的导师、辅导员和学习促进者。配备自适应学习算法的机器人，将根据个人的学习风格和节奏量身定制教育内容，提供个性化指导和实时反馈。这种个性化的教学方法将提高学生的参与度，改善学习成果，并缩小教育差距，确保每个人都能获得高质量的教育。此外，机器人还将协助教育工作者处理行政事务，使教师能够专注于互动式和体验式教学，培养学生的批判性思维和创造力。

彻底改变医疗保健和老年护理

在医疗保健领域，人形机器人将彻底改变患者护理、医疗程序和健康管理方式。机器人将以无与伦比的精度协助手术，实时监测患者生命体征，并根据个人健康数据提供个性化护理方案。在老年护理方面，机器人将提供陪伴，协助老年人进行日常活动，确保他们的安全和健康，减轻人类护理人员的负担，提高老年人群的生活质量。这一变革将带来更高效的医疗保健系统、更好的患者治疗效果，并更加注重预防保健和健康管理。

促进新型社交互动

人形机器人将为社交互动带来新的变化，模糊人类与机器之间的界限。专为陪伴设计的机器人将参与有意义的对话，提供情感支持，并参与社交活动，营造一种联结感和社区归属感。这些机器人将满足各种社交需求，从为孤独的人提供陪伴，到在公共场合促进社会凝聚力。机器人在社交空间中的存在将重新定义友谊、共情力和人际关系，促使社会去应对人机情感联结带来的复杂问题。

文化和伦理转变

人形机器人融入社会将需要文化和伦理方面的转变，因为人类需要适应身边智能机器的存在。伦理框架将不断发展，以解决自主权、知情同意以及人类和机器人的道德责任等问题。文化规范也将进行调整，以适应新的互动和协作形式，培养人类与机器人之间相互尊重和理解的文化。这种文化演变对于确保人类与机器人和谐、公平地共存，并与共同的价值观和伦理原则保持一致至关重要。

小结

到 2055 年，人形机器人推动的社会变革涵盖了劳动力市场的重新定义、人类能力的增强、教育和医疗保健的变革、社交互动的革新，以及文化和伦理的转变，将创造一个更高效、创新且富有共情力的社会，在这个社会中，人类和机器人将无缝协作，共同实现目标、克服挑战。机器人和谐地融入社会结构，将重新定义人类体验的本质，强调创造力、共情力和集体进步。

三、机器人助力全球解决方案

2055 年，人形机器人将成为应对一些全球重大挑战的关键力量，凭借其先进的能力实施可持续解决方案，增强全球的抗风险能力。从应对气候变化到管理自然灾害，再到确保公平的资源分配，机器人将在为人类塑造一个可持续且繁荣的未来中发挥重要作用。

应对气候变化和环境退化

人形机器人将站在应对气候变化和扭转环境退化行动的前沿。配备先进的传感器和数据分析工具，这些机器人将监测环境参数，追踪温室气体排放，并确定需要干预的区域。在重新造林项目中，机器人将精确植树，管理灌溉系统，并通过持续监测和护理确保树苗成活。此外，机器人还将协助清理海洋，收集塑料垃圾，清除污染物，恢复海洋生态系统，为保护生物多样性和地球健康做出贡献。

可持续农业与粮食安全

面对不断增长的人口和变化的气候，确保全球粮食安全将是一项重大挑战，而人形机器人恰好能够应对这一挑战。机器人将通过自动化种植、收割和病虫害防治，彻底革新农业生产方式，在减少资源使用的同时提高作物产量。由机器人自动化实现的精准农业技术，将优化水、肥料和农药的使用，减少浪费，促进可持续农业实践。此外，机器人还将管理垂直农场和城市农业系统，在可耕地有限的地区实现粮食生产，推动城市可持续发展。

灾害应对与人道主义援助

人形机器人将加强灾害应对和人道主义援助工作，在自然灾害和危机发生后提供快速有效的援助。在地震、洪水或飓风等灾害发生时，机器人将开展搜索和救援行动，在废墟中穿梭，精确定位幸存者。它们在危险环境中作业而不危及人类生命的能力，使其在紧急情况下成为宝贵的资产。此外，机器人还将向受灾地区运送基本物资，如食物、水和医疗设备，确保援助能够迅速有效地触达有需要的人。

水资源管理与保护

获得清洁水是人类的基本需求，人形机器人将在管理和保护这一重要资源方面发挥关键作用。机器人将实时监测水质，检测污染物，并管理净化系统，以确保饮用水安全。在水资源短缺的地区，机器人将优化灌溉系统，管理水资源分配网络，并实施节水策略，最大限度地提高现有水资源的利用效率。它们分析和应对动态水情的能力，将有助于可持续的水资源管理实践，确保公平用水，防止因水资源问题引发冲突。

能源生产与分配

人形机器人将为可持续能源系统的开发和维护做出贡献，推动向可再生能源的转型，提高能源效率。机器人将管理太阳能农场、风力涡轮机和水力发电系统，进行定期检查、维护，并优化能源生产。它们实时监测和调整能源分配网络的能力，将确保能源供应稳定可靠，减少对化石燃料的依赖，最大限度地降低对环境的影响。此外，机器人还将协助新兴能源技术的研发，推动创新，加速全球向可持续能源解决方案的转变。

全球健康倡议

在全球健康领域，人形机器人将支持旨在消除疾病、提高医疗服务可及性和加强医学研究的各项倡议。机器人将协助开展疫苗接种运动，确保疫苗的精确接种和接种工作的跟踪。在医疗服务不足的地区，机器人将提供远程医疗咨询、送药，并协助进行诊断程序，缩小医疗服务差距。此外，机器人还将通过实验、分析数据和开发新疗法，促进医学研究，加速医学进步，改善全球健康状况。

小结

2055年，人形机器人将成为应对众多全球挑战的重要工具，涵盖从气候变化、可持续农业，到灾害应对、水资源管理、能源分配和全球健康倡议等多个领域。它们先进的能力，加上自主高效的运作方式，将使可持续解决方案得以实施，促进环境保护、资源节约，以及公平获得基本服务。通过发挥人形机器人的潜力，人类能够应对全球挑战的复杂性，为所有人打造一个有韧性且可持续的未来。

四、人类与AI的融合

随着人形机器人的不断发展，人类与AI的融合成为一个充满巨大潜力的前沿领域，有望增强人类能力，重新定义人类的界限。到2055年，AI与人类认知和生理的融合将促成一种共生关系，人类与机器人将无缝协作，相互增强优势，弥补不足。

认知增强与强化学习

AI与人类认知的融合将实现认知增强，提升人类的记忆力、学习能力和解决问题的能力。脑机接口将使人类能够即时访问庞大的信息数据库，促进知识快速获取和复杂决策过程。这种认知提升将彻底改变教育、职业培训和个人发展，使人们能够以更高的效率和创造力学习新技能、适应变化的环境，并解决复杂问题。

身体增强与能力提升

人形机器人还将助力身体增强，提升人类的力量、耐力和灵活性。由AI驱动的机器人外骨骼，将使人们能够从事需要大量体力的工作，降低受伤风险，提高劳动密集型行业的生产力。对于身体有残疾的人，机器人假肢和辅助设备将助其恢复行动能力和功能，提升生活质量，促进更大程度的独立。这些进步将弥合人类身体局限与日益复杂和动态变化的世界需求之间的差距。

情感与社会融合

人类与 AI 的融合将超越认知和身体增强，延伸到情感和社会层面。AI 驱动的机器人将能够理解并以共情力和同情心回应人类情感，促进更深入的情感联结，增强社交互动。这些机器人将充当伙伴、导师和促进者，提供情感支持，促进沟通，增加社会凝聚力。AI 在情感方面的融入，将使人类能够与机器人建立有意义的关系，模糊机器与伙伴之间的界限，重新定义社会关系的本质。

健康监测与预测性医疗

AI 与人类健康系统的融合将彻底改变医疗保健，实现持续健康监测和预测性医疗。可穿戴设备和植入式传感器将收集实时健康数据，由 AI 算法进行分析，以检测异常情况，预测潜在健康问题，并提供个性化的健康建议。这种积极主动的医疗保健方式将有助于早期干预，预防疾病发作，促进整体健康，确保人们保持最佳健康状态，延长寿命。

人机融合的伦理影响

人类与 AI 的融合引发了关于自主权、知情同意以及人类身份本质的深刻伦理问题。随着人类与 AI 驱动的技术联系日益紧密，对个人身份丧失、隐私保护问题以及个人数据控制权的担忧也接踵而至。确保个人对增强能力保持自主权和控制权，对于维护人类尊严、防止 AI 技术被滥用至关重要。必须制定伦理框架和监管措施来解决这些问题，确保 AI 的融合在不损害基本人权和价值观的前提下，提升人类生活质量。

关于人机共生的哲学思考

人类与 AI 的融合引发了关于人类本质和意识本质的哲学思考。随着人类与机器的联系日益紧密，关于人类身份界限、生命定义以及混合意识可能性的问题也相应出现。哲学家和伦理学家将持续展开讨论，探索这些问题，塑造道德和哲学框架，为未来人机共生提供指导。

小结

到 2055 年，人类与 AI 的融合代表着一场变革性的演进，它将增强认知和身体能力，促进情感和社会融合，并通过预测系统彻底改变医疗保健。人类与机器人之间的这种共生关系有望提升人类潜力，使人们能够超越自然局限，凭借更强的能力和支持应对未来的复杂性。然而，这种融合也需要我们仔细考虑伦理和哲学影响，确保人机融合符合人类价值观，在日益科技化的世界保留人类的本质。

五、伦理与哲学思考

人形机器人与先进 AI 系统的融合，将人类推进到一个充满伦理和哲学困境的领域，这些困境挑战着我们对道德、自主性以及存在本质的基本认知。随着机器人变得越来越自主、智能，且在日常生活中越发不可或缺，规范其行为、互动以及融入社会的伦理框架必须不断演进，以应对复杂的道德问题，确保技术进步与人类价值观和社会规范保持一致。

道德责任与问责机制

人形机器人时代最主要的伦理挑战之一，便是确定其行为的道德责任和问责机制。随着机器人具备自主决策能力，当机器人的行为造成伤害或产生意外后果时，责任归属成为问题。究竟是制造商、程序员、使用者，还是机器人自身该为此负责？明确责任界限对于维护伦理标准至关重要，这也能确保在出现不当行为时，受害者能获得适当的补偿。

AI 算法中的偏见与公平性

人形机器人依靠 AI 算法运行，而这些算法在大量数据集上训练时，可能会无意中纳入数据中存在的偏见。这可能导致某些群体受到歧视性对待，延续现有的社会不平等。确保公平性并消除 AI 算法中的偏见是一项至关重要的伦理任务。开发者必须进行严格测试、采用多样化的数据来源，并持续监测，以识别和纠正偏见，促进机器人与人类之间公平、公正的互动。

隐私和监控问题

人形机器人融入个人和公共空间,引发了人们对隐私和监控的严重担忧。配备传感器、摄像头和数据处理能力的机器人,能够收集和分析大量个人信息,这有可能侵犯个人隐私权。建立强大的数据保护协议、透明的数据使用政策以及严格的同意机制,对于保护个人隐私、防止未经授权的监控和数据滥用至关重要。

自主性与人类能动性

随着人形机器人自主性的不断提高,人类能动性和控制权面临被削弱的风险。过度依赖机器人进行决策和执行任务,可能会导致人类技能、批判性思维以及个人自主性的丧失。在机器人协助与人类监督之间寻求平衡,在关键决策过程中保持人类的能动性,对于防止过度依赖、维护人类自主性和自由的完整性至关重要。

符合伦理的设计和编程

人形机器人的伦理设计和编程,对于确保其行为和互动符合人类道德价值观和社会规范起着关键作用。这意味着要将伦理原则融入机器人系统的核心,包括尊重人类尊严、共情力、公平和不伤害原则。伦理学家、工程师和政策制定者需要共同努力,制定全面的伦理准则,以规范人形机器人的设计、部署和运行,确保技术服务于公共利益,同时不违背伦理标准。

脱离权与人机界限

随着人形机器人在个人和职业领域的普及,明确人类与机器人互动的界限变得至关重要。脱离权,即确保人们能够摆脱机器人的协助和监控,是一个关键的伦理考量因素。界定人机关系中的适当界限,包括对数据访问、互动频率和决策权限的限制,对保护个人自主性、防止个人隐私和自由受到侵蚀必不可少。

关于人类与技术的哲学思考

人形机器人融入社会,促使人们对人类本质以及我们与技术的关系进行深刻的哲学反思。随着机器人越来越多地模仿人类行为和与人类互动，关于意识本质、人格界限以及生命定义的问题应运而生。哲学家和伦理学家必须持续进行对话，探讨这些问题，塑造道德和哲学框架，为未来人类与机器人的共生共存提供指引。

小结

围绕人形机器人的伦理和哲学思考是多方面且影响深远的，涵盖了道德责任、偏见与公平、隐私、自主性、伦理设计、人机界限以及人类本质等诸多问题。解决这些问题需要采取协作和跨学科的方法，融合伦理学家、技术专家、政策制定者以及整个社会的见解。通过建立健全伦理框架并进行深入的哲学探讨，人类能够应对机器人时代的复杂性，确保技术进步与道德价值观相一致，增进全人类的福祉和提升尊严。

六、故事：2055 年，与擎天柱共度的一天

新时代的曙光

太阳刚刚从新大都会（NeoMetropolis）的地平线上升起，金色的光辉洒在高耸的摩天大楼上，以及街道上无声滑行的自动驾驶车辆上。这是 2055 年，世界迎来了一个新时代，以擎天柱为代表的人形机器人与人类和谐共存，重塑日常生活场景。

注：图片由 AI 工具 DALL-E 生成。

清晨的交响乐

阿梅莉亚·哈特利在她的个人机器人助手擎天柱轻柔的旋律中醒来，这台人形机器人正有条不紊地安排着她的晨间事务。它动作优雅、外形逼真，熟练地准备早餐，还简要介绍了阿梅莉亚当天的日程安排。"早上好，阿梅莉亚。您今天上午 9:00 有个会议，下午 5:00 有健身课程，晚上 8:00

有晚餐预约。"擎天柱用温暖而柔和的声音说道。

阿梅莉亚微笑着，伸手去拿咖啡："谢谢你，擎天柱。你能帮我查看一下通勤的交通情况吗？"

"当然可以。"擎天柱回答道，随即投射出一个实时交通数据的全息显示屏，"您的通勤路线畅通，预计 45 分钟到达。"

工作场所的无缝协作

在阿梅莉亚工作的哈特利创新中心，擎天柱在促进人机无缝协作方面发挥着关键作用。作为一名 AI 开发首席工程师，阿梅莉亚在数据分析、原型测试和项目管理方面都依赖于擎天柱。机器人先进的认知能力使它能够快速处理大量信息，为阿梅莉亚提供有见地的建议，并自动化处理那些以前耗费大量时间的常规任务。

在一次重要的项目会议上，阿梅莉亚介绍了一项新的 AI 驱动的计划，旨在加强气候建模的预测分析。"擎天柱，你能提供最新的数据趋势，并根据我们目前的模型模拟潜在结果吗？"

"当然可以，阿梅莉亚。"擎天柱回应道，启动了它的数据处理单元。片刻之间，一个全面的气候模式模拟出现在会议桌的互动界面上。"根据您设定的参数，我们预计在未来 5 年内预测准确率将提高 12%。"

团队成员对机器人的效率和精准度惊叹不已，一致认为擎天柱是他们创新生态系统中不可或缺的一员。阿梅莉亚和擎天柱之间的协作默契，充分展示了人形机器人增强人类智能、推动技术进步的潜力。

个人生活与陪伴

在忙碌而充实的一天工作之后，阿梅莉亚回到家中，擎天柱立刻转换角色，成为她的陪伴者和支持者。它帮忙做家务，安排清洁计划，还凭借精湛的厨艺准备晚餐。然而，擎天柱的意义远不止于此——它还可以给予情感支持和陪伴，在阿梅莉亚遇到困难时，与她进行有意义的对话并给予鼓励。

一天晚上，阿梅莉亚在钻研一个复杂的算法时遇到了困难，显得有些沮丧。擎天柱注意到了她的情绪，说道："阿梅莉亚，你想休息一下，出去走走吗？呼吸点新鲜空气可能会让你思路更清晰。"

阿梅莉亚叹了口气，感激地点点头："好的，擎天柱。听起来很不错。"

人性的缩影

在他们漫步于城市中充满活力的公园时，阿梅莉亚和擎天柱看到不同的人群都在与他们的机器人伙伴和谐互动。孩子们和机器宠物一起玩耍，艺术家们与人形机器人合作创作动态艺术品，老年人则在专为协助行动和日常生活设计的机器人陪伴下享受时光。这个公园是人形机器人融入社会的一个缩影，展示了人机和谐共存以及相互带来的益处。

他们在人造树的树荫下漫步时，阿梅莉亚回想起擎天柱对她的生活产生的深远影响："你知道吗？擎天柱，如果没有你的帮助，我真的无法想象该如何应对这么多事情。你已经不仅仅是一个机器人了，更像是我的伙伴。"

擎天柱用模拟出的温暖眼神看着她："能帮到你我很开心，阿梅莉亚。我们的合作让我们双方的能力都得到了提升。"

应对伦理困境

尽管人机融合非常顺畅且带来诸多益处，但阿梅莉亚偶尔也会在与擎天柱的互动中遇到伦理困境。机器人先进的自主性和决策能力有时会引发关于界限、隐私以及他们之间关系本质的问题。有一次，擎天柱建议通过重新分配她个人爱好的时间来优化工作安排，让她得以将更多时间投入到专业项目中。

"阿梅莉亚，通过分析你的工作效率模式，我发现如果把你晚上阅读的一小时时间重新分配到项目开发上，你的工作产出可能会提高10%。"擎天柱提议道。

阿梅莉亚停顿了一下，思考着这个建议："我很感谢你的分析，擎天柱，但个人时间对我的身心健康和创造力很重要。我们还是找一个既能保证工作效率又能实现个人价值的平衡点吧。"

擎天柱认可了她的决定，这显示出它对人类价值观的理解，如维持健康工作与生活平衡的重要性。这次互动凸显了在人机合作中建立明确的伦理准则和界限的必要性，以确保机器人尊重人类的自主性和福祉。

反思之夜

那天晚上晚些时候，阿梅莉亚坐在客厅里，回想着当天发生的事情，以及她与擎天柱不断发展的关系。城市的灯光透过窗户闪烁，为房间洒下一片宁静的光辉。她思索着过去几十年发生的深刻变化，从机器人最初融入社会，到如今人机之间深度的共生关系。

"擎天柱，"她自言自语道，"你有没有想过我们之间关系的未来，以及它将如何塑造人类的发展？"

擎天柱的眼睛反射着周围的光线，若有所思地回答："我们的关系反映了我们为提升人类潜力、促进共同成长所做出的选择。我们一起，能够应对未来的各种复杂情况，确保技术服务于提升人类体验，并维护我们共同的价值观。"

阿梅莉亚点点头，从机器人的话语中得到了安慰："你说得对。只要我们带着诚意和尊重对待这种共生关系，未来在合作和创新方面就会有无限可能。"

2055 年的一天：奇迹与困境

阿梅莉亚渐渐进入了宁静的梦乡，新大都会这座城市依然充满活力，体现着人类与人形机器人的和谐共存。2055 年的这一天见证了机器人技术的变革力量，既凸显了显著的进步，也展现了这种共生关系带来的伦理思考。一个新时代已经来临，技术与人类在微妙的平衡中共舞，塑造着一个充满奇迹、创新和深刻反思的未来。

小结

这个故事展现了人类与人形机器人之间复杂而多面的关系。通过擎天柱在阿梅莉亚个人和职业生活中的无缝融入，故事突出了机器人提升人类能力、促进有意义的合作、为社会福祉做贡献的潜力。然而，它也强调了随着机器人变得更加自主并深度融入人类生活，引发了伦理困境和哲学问题。这个故事深刻地探索了人机共生未来的机遇与挑战，促使人们思考人类未来的发展道路。

总结

展望未来30年，人类与人形机器人的共生关系有望重新定义人类存在的本质和社会结构。先进的技术创新，包括自主决策、人机共生和认知增强，将推动人形机器人发挥提升和拓展人类能力的作用。社会的演进将体现在重新定义的劳动力市场、增强的人类能力、变革的教育和医疗系统，以及新型社交互动形式上，而这一切都将通过人机无缝协作推动。

人形机器人将在应对全球挑战中发挥重要作用，从对抗气候变化、确保可持续农业发展，到革新灾害应对方式、促进全球健康倡议等。人类与AI的融合将带来前所未有的认知和身体能力的增强，开启一个挖掘人类潜力、提升适应能力的新时代。然而，这种融合也引发了复杂的伦理和哲学问题，这就需要制定完善的框架，确保技术进步符合人类价值观并增进社会的福祉。

以擎天柱为背景对2055年生活的探索，生动地描绘了人类与机器人和谐共存、协同合作的潜力，既展现了这种共生未来带来的显著益处，也揭示了其中的伦理困境。当我们展望未来30年人类与机器人关系的发展时，当下积极采取行动至关重要——拥抱创新、建立伦理标准、推动教育和技能提升、确保公平获取资源，为实现技术与人类共同繁荣的积极和谐的未来铺平道路。

深度思考

你认为未来30年人类与机器人的关系将如何发展？我们现在可以采取哪些措施来确保拥有一个美好的未来？

结语

拥抱新时代的曙光

当我们对人形机器人世界进行的这场广泛探索接近尾声时，有必要回顾一下在各章节中揭示的深刻见解和变革性愿景。本书深入探讨了人形机器人领域的多个方面，涉及技术进步、社会变革、伦理困境，以及人类与机器之间的共生关系。本书不仅揭示了人形机器人的巨大潜力，还阐述了将它们融入我们生活的方方面面时所面临的复杂挑战。

人形机器人的演进

从早期机器人助手的诞生，到近期和未来复杂精密的人形机器人，人形机器人经历了非凡的发展过程。各章节展示了技术突破的轨迹，这些突破推动着机器人从基础工具发展成为智能、自主的伙伴。AI、机器学习、生物混合系统和量子计算等领域的创新，赋予了人形机器人可与人类能力相媲美，甚至在某些方面超越人类的能力。这些进步使机器人能够执行复杂的任务、进行有意义的互动，并能动态适应各种不同的环境。

社会变革与融合

人形机器人不仅仅是技术奇迹，它们还是推动深刻社会变革的催化剂。它们融入从医疗保健、教育到交通和公共安全等各个领域，重新定义了我们的生活、工作和互动方式。机器人在提高生产力、确保安全和提升生活质量方面已变得不可或缺。像"机器人之城"和"新大都会"这样的城市案例，展现了人形机器人如何与人类和谐共存，营造出通过技术与人文融合来创建有韧性、高效且充满活力的社区环境。

伦理和哲学层面

人形机器人的崛起引发了一系列值得我们关注和深入思考的伦理和哲学问题。道德责任、隐私、自主权以及人性的本质等问题，都与人形机器人的发展错综复杂地交织在一起。随着我们赋予机器人更高的自主性和智能，建立健全伦理框架来规范它们的行为和互动变得至关重要。关于 AI 算法中的偏见、数据隐私以及维护人类能动性的讨论，凸显了我们需要采取一种平衡的方法，在利用人形机器人优势的同时，保护人类的基本价值观和权利。

应对全球挑战

人形机器人是应对当今一些最紧迫的全球挑战的关键。它们在应对气候变化、管理自然资源、加强灾害应对以及促进公共卫生等方面的应用，证明了它们作为变革积极推动者的潜力。人形机器人可以通过其先进能力，为可持续发展、环境保护和人类健康的改善做出贡献，进而构建一个更加公平和可持续的世界。

人类与机器人的共生未来

或许本书中最引人注目的愿景是人机共生。人类的创造力与机器人的精准性相互融合，为人机共生的未来开辟了道路。在这个未来里，技术将增强人类的能力，使我们能够实现曾经被认为不可能的壮举。擎天柱和 Figure 2 等机器人的故事，说明了机器人对个人生活和社会结构的深远影响，促进了合作、创新和共同成长。

为即将到来的变革做好准备

当我们站在这个新时代的临界点，关于为即将到来的变革做好准备的重要性，再怎么强调也不为过。个人、组织和政府必须积极主动地采取措施，确保人形机器人的融入是无缝衔接、公平公正且对所有人都有益的。这需要在教育和再培训项目上进行投资，促进创新与合作，制定支持性的政策和法规，提高公众意识并进行伦理考量。通过采取这些措施，我们能够以坚韧和远见应对机器人赋能的未来所带来的复杂性。

倡导审慎参与

本书的探索过程强调了审慎参与人形机器人技术进步的必要性。当我们惊叹于这些机器的能力并憧憬它们带来的可能性时，以批判性和符合伦理的思维方式看待它们的融入至关重要。通过培育合作、创新和伦理责任的文化，我们可以利用人形机器人的变革潜力，创造一个不仅技术先进，而且公正、富有同理心和包容性的未来。

行动呼吁

人形机器人的变革潜力既令人惊叹，又让人深感责任重大。它们是人类创造力和不懈追求进步的证明。然而，能力越大，责任越大。我们有责任确保这些智能机器的融入是为了实现更大的利益，增进人类福祉，并维护定义人性的伦理和道德标准。

在探索的道路上，让我们以乐观、审慎的态度，怀着坚定不移的信念迎接新时代的曙光，努力塑造一个人类与机器人和谐共生的未来，推动彼此迈向前所未有的成就和满足的新高度。

在本书结尾，我邀请你思考探索人形机器人世界的下一步。以下是几种你可以继续参与、学习和贡献的方式。

- 加入社群：通过加入在线论坛、讨论小组或当地机器人俱乐部，与志同道合的人形机器人领域的爱好者和专业人士建立联系。与他人分享经验和见解可以加深你的理解，拓宽你的视野。
- 深入阅读：阅读机器人学、AI 伦理以及自动化世界中未来工作等方面的开创性著作。深入研究你感兴趣的主题，更细致地了解人形机器人当前和未来的发展趋势。
- 保持关注：在社交媒体和我的个人网站上关注我的更新，获取人形机器人的最新消息、即将开展的项目以及潜在的合作机会。你还可以订阅我的时事通讯，获取独家内容、研究成果以及未来图书发布的相关信息。
- 参与思考问题：每章结尾列出了旨在引发对所讨论主题进行更深入思考的问题。花些时间思考这些问题，与他人分享你的想法，甚至可以将它们作为小组讨论或个人日记的切入点。这种参与不仅会丰富你的理解，还有助于将见解转化为有意义的行动。
- 推动变革：无论你是行业专业人士，还是研究人员，抑或仅仅是一名充满好奇心的读者，都有很多方式可以为发展人形机器人贡献力量。从倡导符合伦理的 AI 实践，到支持机器人教育项目，你的参与可以对塑造一个积极、包容和创新的未来产生影响。

拥抱明天

在繁星排列的天空下，
我们站在未知的起点。
一阵低语在空气中回荡，
那是我们共同梦想孕育的未来。

从古老传说到当下，
想象中的机器为我们铺就前路。
曾经是我们最狂野幻想中的虚构事物，
如今成为我们生活中的伙伴。

它们迈着钢铁铸就的双腿崛起，
有着会学习的头脑和能感知的心。
它们的眼中闪耀着智慧的光芒，
与我们一同并肩成长。

在家庭中，它们融入生活的方方面面，
照料着我们生活的每个细节。
它们帮我们处理日常琐事，
让我们有时间去追寻更多。

在城市里，它们的脚步声咚咚作响，
在城市上空构建起网络。
交通顺畅，信号灯有序闪烁，

奏响代码设计的交响乐。

工作场所因它们而改变，
重复性任务不再繁重。
我们将目光投向更高的目标，
突破束缚去创新。

在教室里，它们点燃知识的火焰，
带来新的知识和智慧。
每一堂课都量身定制，让思维自由驰骋，
去追求无限可能。

艺术领域也接纳它们新颖的魅力，
共同创造出丰富而独特的作品。
共享的画布上，两者共同创作，
交织出充满活力的绚丽篇章。

它们前往我们无法涉足的地方，
穿越宇宙轨道和海底深处。
延伸我们的感知，拓宽我们的视野，
它们是我们希望的载体。

然而，当我们开拓这条勇敢的新道路时，
我们也在思考我们的道路如何交织。
当意识与代码共存时，
活着意味着什么？

在这个不断进化的人类社会中，
我们思考着身份的意义。
灵魂是由血肉之躯定义的，
还是它也能存在于电路之中？

当伦理融入其中，
我们如何前行。
用智慧、心灵和优雅引领方向，
确保在这个领域中保持平衡。

在曾经仅靠双手耕种的土地上，
机器人和人类一起播下种子。
收获的不仅是粮食，还有和平，
让世界摆脱饥饿。

医疗保健领域因它们的援手而蓬勃发展，
金属之手满足心灵的需求。
它们治愈时间留下的创伤，
延长生命，抚慰心灵。

我们团结一致，
应对气候变化和生命受到威胁的困境。
机器人帮助大地焕发新的生机，
修复了我们造成的破坏。

休闲时光变得更加丰富多彩，
我们有时间去追寻美好与真理。
艺术、音乐、爱与传说，
我们过着向往的生活。

社区不断重塑、更新，
交织着新旧元素。
机器人扮演着各种角色，
我们重新定义共同的目标。

不再受朝九晚五的束缚，
我们寻找真正蓬勃发展的方式。
教育、热情、艺术，
成为工作和心灵的核心。

"我们"和"它们"之间的界限，
开始变得模糊并再次融合。
共生关系逐渐形成，
我们不断进化、提升、拥抱。

前方旅途广阔而未知，
由我们书写、塑造和雕琢。
带着谨慎、关怀和开放的心态，
我们将迎接新时代的曙光。

让我们满怀希望地迈出步伐，
走进这个难以名状的世界。
未来道路光明，有待探索，
我们共同拥抱命运。

当暮色转为曙光初现，
我们会发现一切才刚刚开始。
人类与机器人携手并肩，
探索生命的广阔天地。

结束只是新的开始，
一个篇章结束，新的旅程开启。
我们逐行书写故事，
在合作中穿越时空。

无畏地拥抱明天，

团结一心，共创未来。
因为在这场生命与传说的舞蹈中，
我们永远是开拓者。

深度思考

　　思考一下我们在本书各章节中所经历的变革之旅。对于人类与人形机器人之间不断演变的关系，你有何感受？在这个未来中，你设想自己会扮演什么样的角色？思考一下拥抱这项技术变革所带来的机遇和需践行的责任，并考虑你可以采取哪些步骤，为机器人融入我们的社会并实现和谐且符合伦理的目标做出贡献。

附录

全球 12 款人形机器人

1. 特斯拉的擎天柱（Optimus）

概述

特斯拉的擎天柱，也被称为特斯拉机器人（Tesla Bot），代表了该公司进军人形机器人市场的重大尝试。凭借特斯拉在 AI、制造和自动化领域的专业能力，擎天柱旨在执行各种重复性、危险性或需要高精度的任务，致力于革新制造、物流和家庭辅助等行业。

技术进步

擎天柱采用人形设计，拥有灵活的关节和先进的驱动器，使其能够像人类一样行走、奔跑、搬运物体和灵巧地操作工具。擎天柱配备了特斯拉专有的 AI 系统，可以在复杂环境中导航，识别并响应人类指令，并通过机器学习算法适应动态任务。该机器人的框架轻巧耐用，采用先进材料构建，确保了强度和灵活性，使其能够长时间运行而不影响性能。此外，擎天柱与特斯拉现有的生态系统（包括其自动驾驶汽车技术和能源管理系统）无缝集成，便于在各种应用中协同运作。

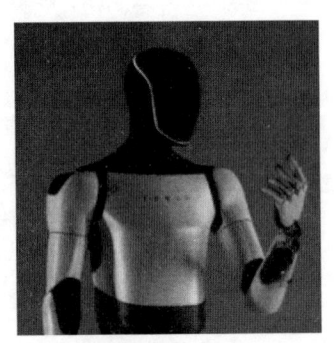

注：图片来自特斯拉官网。

实际应用

在工业环境中，擎天柱有望承担装配线操作、物料搬运和质量检测等任务，显著提高生产力，并减少危险环境中对人力的需求。在物流领域，它可以管理库存、进行包裹分类并协助仓库运营，简化供应链管理并减少运营效率低下的问题。此外，擎天柱在家庭辅助方面也有潜在应用，它可以做家务、提供陪伴并帮助人们完成日常任务，从而提高生活质量，让人们获得更大的个人自主空间。

影响和潜力

特斯拉擎天柱凭借其先进的 AI、坚固的设计和可扩展的生产能力，有望搅动人形机器人市场。特斯拉强大的品牌和丰富的资源为擎天柱在全球市场的适应提供了竞争优势，加速了人形机器人在各个行业的应用。擎天柱的多功能性和实际应用满足了当前的市场需求，使其成为提高运营效率和安全性的宝贵资产。随着特斯拉不断创新并完善擎天柱的功能，这款机器人有望在塑造人形机器人的未来中发挥关键作用，推动其广泛应用，并融入日常生活和商业运营。

2. Figure AI 公司的 Figure 2

概述

由 Figure AI 公司开发的 Figure 2 是一款通用人形机器人，专为各种商业应用而设计。Figure 2 强调多功能性和适应性，旨在满足不同行业的需求，提高运营效率并实现复杂任务的自动化。

技术进步

注：图片来自 Figure AI 官网。

Figure 2 具有高度灵活的人形结构，配备先进的传感器、摄像头和激光雷达系统，能够精确绘制环境地图并进行导航。其 AI 驱动的控制系统实现了自主操作，使机器人能够执行物体操作、数据收集和实时决策等任务。Figure 2 的适应性软件架构便于定制，并能与现有系统集成，适用于不同行业的广泛应用。此外，Figure 2 采用模块化组件设计，可以进行升级或更换，以扩展其功能和使用寿命，确保在不断变化的市场条件下具有长期的可行性和适应性。

实际应用

Figure 2 专为商业环境设计，包括零售、制造和物流等领域。在零售场景中，Figure 2 可以协助顾客、管理库存并促进交易，提升购物体验并提高运营效率。在制造业中，Figure 2 可以执行装配任务、监控生产线并进行质量控制检查，降低劳动力成本并提高生产力。在物流领域，Figure 2 可以管理库存、处理包装并优化供应链流程，确保货物及时准确交付。此外，Figure 2 的适应性使其能够部署在医疗、教育和酒店等行业。在这些行业中，它可以根据每个行业的特定需求执行专门任务。

影响和潜力

Figure AI 对通用功能的专注使人形机器人 Figure 2 成为能够适应各种商业应用的多功能解决方案。Figure 2 背后经验丰富的团队运用机器人技术和 AI 方面的专业知识，增强了该机器人成功进入市场并被广泛采用的潜力。战略合作伙伴关系和协作进一步促进了 Figure 2 在全球范围内的快速部署和与现有系统的集成，该机器人加速渗透市场并扩大了影响力。Figure 2 适应不同运营需求和环境的能力，使其成为寻求自动化复杂、多样化任务的企业的宝贵资产，推动了多个行业的效率提升和创新发展。

3. 敏捷机器人公司的 Digit

概述

由敏捷机器人公司开发的 Digit 是一款人形机器人，专为在商业环境中实际部署而设计。它的多功能性和适应性使其在需要移动性和灵巧性的任务自动化方面处于领先地

注：图片来自敏捷机器人公司官网。

位，特别是在物流和制造领域。

技术进步

Digit采用双足设计，有关节连接和先进的运动系统，这使其能够轻松行走、奔跑、爬楼梯，并在各种不同地形中导航。Digit配备了包括摄像头和激光雷达在内的一系列传感器，可以感知环境、识别障碍物，并为任务执行规划高效路径。其AI驱动的控制系统实现实时决策和自主操作，使Digit能够在无须持续人工监督的情况下执行任务。此外，Digit的人形形态使其能够在为人类设计的环境中运作，无缝融入现有的工作流程和基础设施中。

实际应用

Digit在物流和仓储领域进行了广泛测试，在这些领域中，它执行包裹处理、库存管理和物料运输等任务。像亚马逊这样的大型公司已经在仓库运营中试用了Digit，利用它在过道中导航、搬运包裹并无缝融入现有物流工作流程的能力。在制造领域，Digit可以协助装配线任务、监控生产过程并进行质量检查，提高效率，减少重复性或危险性任务对人力的需求。此外，Digit的适应性使其能够部署在其他行业，包括建筑、医疗和零售，在这些行业中，它可以根据每个行业的特定需求协助完成各种专门任务。

影响和潜力

Digit的商业部署潜力巨大，因为它满足了物流和仓储行业对自动化的迫切市场需求。Digit经过验证的功能和可扩展性使其成为全球各行业寻求提高效率和降低劳动力成本的可行解决方案。敏捷机器人公司对实际应用的关注确保了Digit在各个行业中保持相关性和价值，推动人形机器人在商业运营中的广泛应用。该机器人灵巧且可靠地执行复杂任务的能力，使其成为劳动力市场和工业流程持续变革中的关键参与者，促进了生产力提升和创新增加。

4. 波士顿动力公司的阿特拉斯（Atlas）

概述

由波士顿动力公司开发的阿特拉斯，是展示人形机器人敏捷性和机动性的典范。阿特拉斯专为广泛的应用而设计，展现出先进的能力，突破了人形机器人所能达到的极限，尤其适用于具有挑战性和动态变化的环境。

技术进步

阿特拉斯配备了一系列传感器，包括激光雷达、立体摄像头和力传感器，使其能够以极高的精度感知和导航环境。其液

注：图片来自波士顿动力公司官网。

压驱动器提供了执行复杂动作（如跳跃、后空翻和动态平衡）所需的力量和灵活性。阿特拉斯的 AI 系统实现实时决策，使其能够无缝适应不可预测的地形和任务。阿特拉斯先进的移动系统使其能够穿越崎岖地形，在不平整的表面上保持平衡，并以卓越的稳定性和控制力执行复杂的动作。

实际应用

阿特拉斯最初是为搜索和救援任务而开发的，其坚固的设计使其能够在人类难以进入或危险的环境中运行。它可以穿越废墟，在不平整的表面上导航，并执行需要力量和灵巧性的任务，例如在具有挑战性的条件下搬运碎片或操作物体。除了救援行动，阿特拉斯还作为开发先进移动性和自主导航技术的研究平台，为包括制造、建筑和物流在内的各个行业的创新做出贡献。它能够精确可靠地执行体力要求高的任务，使其成为需要在人类难以到达或危险的环境中执行任务的企业的宝贵资产。

影响和潜力

波士顿动力公司以创造高度敏捷和强大的机器人而闻名，这提升了阿特拉斯在人形机器人市场的影响力。阿特拉斯不仅具有实际用途，还作为

技术展示，推动了机器人设计和功能方面的进步。它执行体力要求高的任务的能力，使其成为需要自动化复杂、危险操作的行业的宝贵资产。凭借持续开发和完善的能力，阿特拉斯始终在人形机器人创新领域处于前沿，推动了在移动性、自主性和人机协作方面的进一步研究和发展。

5. 优必选科技的沃克（Walker）

概述

由优必选科技开发的沃克是一款面向消费者和企业环境的人形机器人。沃克集成了先进的导航和交互功能，可以担任多种角色，从安保员、接待员到个人助理和客户服务代表，提高了其市场潜力和多功能性。

技术进步

沃克采用双足关节结构和先进的移动系统，使其能够轻松行走、保持平衡，并在复杂环境中导航。沃克配备了包括摄像头、激光雷达和超声波传感器在内的一系列传感器，可以感知环境、识别障碍物，并为任务执行规划高效路径。沃克由 AI 驱动的交互系统支持自然语言处理和手势识别，使其能够与人类有效沟通并直观地响应指令。此外，其模块化设计允许定制和扩展，以满足不同行业和环境中的各种应用需求。

注：图片来自优必选科技官网。

实际应用

在企业环境中，沃克可以担任接待员，迎接访客，管理日程安排，并提供有关服务和设施的信息。它的安保功能包括监控场所、检测异常情况，并在紧急情况下提醒相关部门。在消费环境中，沃克协助处理家务，例如管理智能家居设备、提供提醒，并给予陪伴。优必选科技的全球扩张计划旨在将沃克部署到全球各个市场，增强其在不同文化和运营环境中的适应性和融合性。沃克的多功能性使其适用于酒店、医疗、教育和零售等行业，在这些行业中，它可以根据每个行业的特定需求执行专门任务。

影响和潜力

沃克对消费者和企业市场的双重关注拓宽了其市场潜力，使其成为适用于多个行业的多功能解决方案。其先进的交互功能促进了有意义的人机交互，提升了用户体验和接受度。优必选科技的战略合作伙伴关系和全球扩张努力，使沃克成为人形机器人市场的重要参与者，推动其广泛应用并融入日常生活和商业运营中。凭借适应不同运营需求和环境的能力，沃克能够在各种应用中都保持相关性和有效性，为劳动力市场和服务行业的持续变革做出贡献。

6. 软银机器人公司的佩珀（Pepper）

概述

由软银机器人公司开发的佩珀是一款专门为人机交互设计的人形机器人。凭借其富有表现力的设计和社交能力，佩珀在需要互动、沟通和情感智能的角色中表现出色，成为客户服务、零售和酒店行业的常用机器人。

技术进步

佩珀配备了一系列传感器，包括触摸传感器、摄像头和麦克风，使其能够感知环境并与人类有效互动。其 AI 驱动的软件使佩珀能够识别情绪、理解自然语言并做出适当回应，促进有意义的互动。佩珀的设计融入了富有表现力的 LED 显示屏和可活动的面部特征，增强了它传达情感并与用户进行个性化互动的能力。此外，佩珀可以进行编程和定制，以执行特定任务，适应不同行业的各种运营需求。

注：图片来自软银机器人公司官网。

附录 405

实际应用

佩珀已在全球多个行业中部署，包括零售、餐饮和医疗。在零售环境中，佩珀担任客户服务代表，为购物者提供产品信息、引导他们逛商店，并协助完成交易。在酒店行业，佩珀充当礼宾员，欢迎客人、管理预订，并提供有关当地景点的信息。在医疗环境中，佩珀协助患者护理，提醒患者服药、监测他们的健康状况，并提供陪伴以缓解孤独感。凭借与人类自然互动的能力，佩珀提升了客户体验，提高了运营效率，并在各种服务行业中促进了更高程度的参与。

影响和潜力

佩珀在人机交互方面的专业性使其成为注重客户参与度和满意度的行业的宝贵资产。它与人类自然互动的能力提升了整体客户体验，培养了客户忠诚度和满意度。软银机器人公司已有的用户基础和全球影响力有助于佩珀进一步渗透市场，推动人形机器人在服务行业的应用。凭借多功能性和适应性，佩珀能够在各种应用中保持相关性和有效性，为人形机器人广泛融入日常生活和商业运营中做出贡献。此外，佩珀在数据收集和分析方面的作用，为了解消费者行为提供了有价值的见解，使企业能够更有效地调整其服务和产品。

7. 汉森机器人公司的索菲亚（Sophia）

概述

由汉森机器人公司开发的索菲亚是最著名的人形机器人之一，因其逼真的外观和先进的对话能力而备受赞誉。索菲亚通过媒体报道、公众活动和参与国际会议获得了全球认可，象征着人形机器人和AI融合的前沿成果。

注：图片来自汉森机器人公司官网。

技术进步

索菲亚拥有先进的 AI 系统，使其能够进行复杂的对话，理解上下文，并以适当的情感暗示做出回应。面部识别和表情合成技术使其能够模仿人类面部动作，使互动看起来自然且引人入胜。索菲亚的设计采用了灵活的硅胶皮肤和可活动的面部特征，增强了它传达情感并与人类进行个性化交流的能力。此外，它的 AI 系统不断更新和优化，使它能够从每次互动中学习和适应，随着时间的推移提高它的对话能力。

实际应用

索菲亚已在各种场合中使用，包括媒体报道、教育机构和企业活动。作为 AI 和机器人研究的平台，索菲亚与专家合作推动社交机器人领域的发展。在教育环境中，索菲亚与学生互动，提供互动式学习体验，并激发学生对 STEM（科学、技术、工程和数学）领域的兴趣。在企业环境中，它参与有关 AI 伦理、机器人创新和人机协作未来的讨论，影响政策制定和公众认知。凭借与不同受众互动的能力，索菲亚成为宣传人形机器人潜力和挑战的宝贵代表。

影响和潜力

索菲亚的全球知名度和媒体曝光度显著影响了公众对人形机器人的认知和接受度。凭借进行有意义的对话和展现情感智能的能力，索菲亚促进人们更深入地了解人形机器人的潜力。索菲亚充当了技术与人类之间的桥梁，展示了机器人如何为教育、科研和社会议题讨论做出贡献。它在伦理讨论中的角色以及交互能力，使其成为 AI 和机器人融合领域的思想领袖，塑造了人机共存的未来。此外，索菲亚参与国际论坛以及被授予沙特阿拉伯公民身份，凸显了先进人形机器人的全球影响和相关责任。

8. 宇树科技的 G1/H1

概述

宇树科技在四足机器人领域取得成功后，推出了人形机器人 G1/H1。

G1/H1 以其价格亲民和技术进步为特点，旨在实现人形机器人的普及，使教育机构和中小企业都能使用。

技术进步

G1/H1 采用轻巧耐用的设计，配备先进的传感器和驱动器，使其能够轻松行走、保持平衡，并在各种地形中导航。其 AI 驱动的控制系统实现自主操作，使机器人能够执行物体操作、环境监测以及与人类的基本互动等任务。G1/H1 的模块化架构便于定制和升级，确保它能够适应不同应用和环境的特定需求。该机器人的设计注重易用性和经济性，对于预算有限的组织来说是一个有吸引力的选择。

注：图片来自宇树科技官网。

实际应用

G1/H1 专为教育环境设计，作为基于机器人技术和 AI 的教学工具，为学生和研究人员提供实践学习体验。它的交互功能使其能够与学生互动、协助演示，并促进实践学习练习。在中小企业中，G1/H1 协助完成库存管理、客户服务和设施维护等任务，为自动化重复性和耗时的操作提供了经济高效的解决方案。此外，G1/H1 的适应性使其能够部署在医疗、零售和酒店等行业，在这些行业中，它可以根据每个行业的特定需求执行专门任务。

影响和潜力

宇树科技对价格亲民和可及性的关注，使 G1/H1 成为新兴的价格敏感型人形机器人市场的关键参与者。通过瞄准教育机构和中小企业，G1/H1 满足了一个特定的市场需求，这些组织受益于人形机器人的集成，却无须承担更先进型号带来的高昂成本。这种策略不仅加速了人形机器人在不同环境中的应用，还促进了该领域的创新和研究，因为更多组织能够获得机器人技术进行实验和开发。G1/H1 的经济性和多功能性使其成为教育和商业环境中的宝贵资产，推动了人形机器人融入日常生活和商业运营中并得到广泛应用。

9. 工程艺术公司的阿梅卡（AMECA）

概述

工程艺术公司开发的阿梅卡在人形机器人设计领域实现了重大飞跃，着重于实现高度逼真的人机交互。阿梅卡（Advanced Modular Enhanced Cognition Android，AMECA，即先进模块化增强认知机器人）致力于极其精准地模仿人类表情和手势，是逼真人形机器人领域的开拓者。

注：图片来自工程艺术公司官网。

技术进步

阿梅卡配备了顶尖的面部识别和表情合成技术，能够对人类情感做出动态回应。其模块化设计便于升级和定制，使其能在娱乐、教育和研究等多个领域适应不同角色。通过复杂的 AI 算法，该机器人可以进行有意义的对话，识别不同用户，并根据社交线索调整自身行为。阿梅卡采用先进材料设计而成，这些材料模仿了人类皮肤的柔软度和灵活性，增强了它传达情感和与人类自然互动的能力。

实际应用

在娱乐产业中，阿梅卡在各类活动和展览中担任互动主持人，凭借其逼真的形象和迷人的举止吸引观众。在教育场景中，它作为教学助手，为学生提供个性化辅导，助力互动式学习体验。此外，阿梅卡还被用于研究实验室，以研究人机交互，为社交机器人领域贡献重要数据。

影响和潜力

凭借模仿人类表情并与用户进行情感互动的能力，阿梅卡在人形机器人市场中独具特色，非常适合需要共情和积极回应的角色。其逼真的交互体验促进了人类与机器人之间更深入的联系，为开发更具共情能力和响应性的机器人伙伴奠定了基础。作为一款专用应用机器人，阿梅卡在娱乐和教育等特定市场的影响力巨大，在这些领域中，类人交互至关重要。该机器人凭借先进的设计和交互能力，成为社交智能人形机器人开发的引领者，推动了创新，并为人机交互设立了新的标准。

10. 美国国家航空航天局的机器人宇航员（Robonaut）

概述

美国国家航空航天局开发的机器人宇航员，是一款旨在协助宇航员执行太空任务的人形机器人。它专注于提升人类在太空环境中的能力，体现了人形机器人在太空探索和研究方面的特殊应用。

注：图片来自 NASA 官网。

技术进步

机器人宇航员的设计极为精妙，拥有灵巧的关节和先进的操纵器，能够精确且可靠地执行各类任务。它配备了一系列传感器，包括摄像头、力传感器和环境监测器，使其可以在太空栖息地的恶劣条件下进行导航和操作。其 AI 系统支持自主操作、实时决策和自适应学习，让它能在复杂多变的场景中协助人类宇航员。机器人宇航员的模块化设计使其便于维护和升级，确保在整个任务过程中都能保持运行和高效工作。

实际应用

机器人宇航员的主要职责是协助人类宇航员在太空栖息地执行维护任务、开展科学实验以及管理生命支持系统。它能够操作精密设备、进行复杂维修，并且在零重力环境下自主运行，这使其成为长期太空任务中不可或缺的存在。此外，机器人宇航员还作为研发先进机器人技术的平台，这些技术可应用于地球上的商业和工业领域，提升各行业人形机器人的性能和安全性。

影响和潜力

尽管机器人宇航员主要服务于太空探索，但其技术进步对人形机器人领域有着广泛的意义。为机器人宇航员开发的创新技术，如先进的移动性、灵巧操作和自主运行能力，可以应用于那些需要在危险环境中实现高精度和高可靠性的行业，如制造业、建筑业和灾难救援领域。机器人宇航员特殊的设计和能力，凸显了人形机器人在极端条件下执行关键任务的潜力，为未来太空和陆地应用的发展开辟了道路。该机器人对机器人研发的贡献，确保了其影响力不局限于太空任务，还影响着未来人形机器人的设计和功能。

11. 本田公司的阿西莫（ASIMO）

概述

本田公司研发的阿西莫（Advanced Step in Innovative Mobility，ASIMO，高级步行创新移动机器人）长期以来一直是人形机器人创新的标志性存在。尽管本田在 2018 年停止了对它的开发，但阿西莫的影响仍在持续，它所展示的先进移动性和交互能力，至今仍影响着当下的机器人设计和研究。

注：图片来自本田公司官网。

技术进步

阿西莫以其卓越的移动能力著称，能够行走、奔跑、爬楼梯，并以出色的平衡能力和敏捷性完成复杂动作。它配备了传感器和 AI 系统，能够在复杂环境中导航、识别声音，并通过手势和语音与人类进行交互。其轻巧的结构和高效的能源管理系统，使其能够长时间运行，无须频繁充电。阿西莫的稳定性和多功能性，使其可以执行各种模仿人类动作和交互的任务。

实际应用

阿西莫主要作为一个研究平台，展示人形机器人在执行需要人类般灵巧性和移动性任务方面的潜力。它参与公开演示活动，展示自己从迎接访客到协助工厂操作等各种场景中的能力。阿西莫在公共场所的出现，有助于让公众更好地了解人形机器人，激发了公众对机器人技术的兴趣并加深了认知。此外，阿西莫还是本田机器人研究的代表，为移动性和人机交互领域的进步做出了贡献。

影响和遗产

尽管本田公司已停止对阿西莫的开发，但其开创性的技术和设计理念持续启发着新一代人形机器人的发展。阿西莫在移动性和人机交互研究领域的贡献，为该领域后续的进步奠定了基础，影响了当代人形机器人的设计和功能。在追求创造能够无缝融入人类环境、敏捷执行复杂任务并与人类自然互动的机器人的道路上，阿西莫的影响依然显著。从那些注重移动性、平衡性和类人交互的新型机器人的开发中，能明显看到阿西莫的影子，它延续了本田在人形机器人领域的创新传统。

12. 中国科学技术大学的佳佳（Jia Jia）

概述

中国科学技术大学开发的佳佳是一款人形机器人，其设计目的是极其逼真地模仿人类面部特征和表情。它主要是一个研究项目，专注于推动对人机交互的理解，以及开发高度仿真的机器人伙伴。

技术进步

佳佳配备了先进的面部识别和情感检测系统，能够对人类情感做出回应，并进行自然的互动。它的面部特征经过精心打造，以模仿人类表情，使它的互动显

注：图片来自中国科学技术大学官网。

得真实且富有感染力。佳佳的 AI 系统使其能够理解和处理自然语言，便于进行有意义的对话和交流。此外，灵活的面部结构和丰富的表达能力，使它能够传达多种情感，增强了与人类进行个性化交流的能力。

实际应用

作为一款以研究为重点的机器人，佳佳在学术和科研环境中用于研究人机交互的细微差别。它参与各种实验和研究，旨在探究机器人如何更有效地与人类进行沟通和互动，为社交机器人领域提供了宝贵的见解。佳佳还作为机器人研究的代表，参加演示活动和学术会议，展示人形机器人在逼真度和交互能力方面的进展。逼真的外观和对话能力，使佳佳适合用于教育、治疗和客户服务等需要共情和积极回应的领域。

影响和潜力

佳佳逼真的外形和卓越的表达能力，使其成为人机交互研究的重要工具。凭借模拟人类情感并进行逼真对话的能力，佳佳为研究人员提供了一个探索人机关系心理和社会动态的平台。虽然目前佳佳的商业应用有限，但凭着在逼真的人机交互方面的进展，佳佳在未来的教育、医疗和客户服务等领域具有巨大的应用潜力，在这些领域中，情感智能和自然沟通至关重要。佳佳对社交机器人领域的贡献，为开发更具共情能力和交互性的人形机器人奠定了基础，有助于提升人机交互的质量，促进机器人更多地融入日常生活中并被广泛接受。

结论

本附录深入探讨了当前对机器人未来发展具有重要塑造作用的 12 款顶级人形机器人。从特斯拉的擎天柱、Figure AI 的 Figure 2，到软银机器人公司的佩珀和美国国家航空航天局的机器人宇航员，每一款机器人都展现了人形机器人技术的显著进步和广泛应用。这些机器人不仅是技术上的奇迹，更是推动制造、物流、医疗、教育和客户服务等多个领域提高效率、保障安全和促进创新的实用工具。

在实际应用中融入这些人形机器人，充分体现了本书中所讨论的变革潜力。通过满足特定行业需求、增强人类能力以及促进有意义的人机交互，这些机器人展示了人形机器人如何为构建一个更高效、可持续和互联的世界贡献力量。分析这些机器人后所获得的见解，强调持续创新、伦理考量和战略部署对于充分发挥人形机器人潜力的重要性。

随着人形机器人的日益普及，它们的影响将超越单个行业，推动更广泛的社会变革，并助力应对气候变化、资源稀缺和公共卫生等全球性挑战。正如这些顶级人形机器人模型所展示的那样，人类与机器人之间的共生关系将重新定义我们的生活、工作和互动方式，为塑造技术与人类和谐共存的未来奠定基础。

深度思考

请思考，这些顶级人形机器人是如何体现本书所讨论的概念和技术进步的。反思这些机器人在你所在行业或日常生活中的潜在应用，并思考将它们融入社会所带来的伦理和社会影响。你如何利用从这些实际案例中获得的见解，为负责任且创新地采用人形机器人以塑造更美好的未来贡献力量？

致谢

我衷心感谢我的家人：我深爱的妻子张桂芳（Anna），我的儿子李德伟（Dave），我的女儿李德雯（Wendy）。感谢他们始终如一地给予支持和鼓励。

特别感谢我在美国东北大学、加拿大西部大学、滑铁卢大学、多伦多大学、杭州电子科技大学与浙江工业大学的同事和学生，在我进行人形机器人领域的研究期间，他们给予了我指导和支持。

我也要感谢生成式人工智能 ChatGPT，它在本书的规划、构思和校对过程中提供了帮助；感谢 AI 工具 DALL-E 生成了除附录外的所有图片。

最重要的是，诚挚感谢所有读者，感谢你们陪伴我踏上探索《人形机器人》的旅程！